全国高等院校土建类应用型规划教材
住房和城乡建设领域关键岗位技术人员培训教材

房屋建筑构造

主　　编：许　科　　陈英杰
副 主 编：项国平　　吴　静
组编单位：住房和城乡建设部干部学院
　　　　　北京土木建筑学会

中国林业出版社

图书在版编目(CIP)数据

房屋建筑构造/《住房和城乡建设领域关键岗位技术人员培训教材》编写委员会编. -- 北京：中国林业出版社，2017.7

住房和城乡建设领域关键岗位技术人员培训教材

ISBN 978-7-5038-9179-3

Ⅰ. ①房… Ⅱ. ①住… Ⅲ. ①建筑构造－技术培训－教材 Ⅳ. ①TU22

中国版本图书馆 CIP 数据核字(2017)第 171904 号

本书编写委员会
主　编：许　科　陈英杰
副主编：项国平　吴　静
组编单位：住房和城乡建设部干部学院、北京土木建筑学会

国家林业和草原局生态文明教材及林业高校教材建设项目
策　　划：杨长峰　纪　亮
责任编辑：陈　惠　王思源　吴　卉　樊　菲

出版：中国林业出版社
　　　(100009 北京西城区德内大街刘海胡同 7 号)
网站：http://lycb.forestry.gov.cn/
印刷：固安县京平诚乾印刷有限公司
发行：中国林业出版社发行中心
电话：(010)83143610
版次：2017 年 7 月第 1 版
印次：2018 年 12 月第 1 次
开本：1/16
印张：19.75
字数：300 千字
定价：78.00 元

编写指导委员会

组编单位：住房和城乡建设部干部学院　北京土木建筑学会
名誉主任：单德启　骆中钊
主　　任：刘文君
副 主 任：刘增强
委　　员：许　科　陈英杰　项国平　吴　静　李双喜　谢　兵
　　　　　李建华　解振坤　张媛媛　阿布都热依木江·库尔班
　　　　　陈斯亮　梅剑平　朱　琳　陈英杰　王天琪　刘启泓
　　　　　柳献忠　饶　鑫　董　君　杨江妮　陈　哲　林　丽
　　　　　周振辉　孟远远　胡英盛　缪同强　张丹荔　陈　年
参编院校：清华大学建筑学院
　　　　　大连理工大学建筑学院
　　　　　山东工艺美术学院建筑与景观设计学院
　　　　　大连艺术学院
　　　　　南京林业大学
　　　　　西南林业大学
　　　　　新疆农业大学
　　　　　合肥工业大学
　　　　　长安大学建筑学院
　　　　　北京农学院
　　　　　西安思源学院建筑工程设计研究院
　　　　　江苏农林职业技术学院
　　　　　江西环境工程职业学院
　　　　　九州职业技术学院
　　　　　上海市城市科技学校
　　　　　南京高等职业技术学校
　　　　　四川建筑职业技术学院
　　　　　内蒙古职业技术学院
　　　　　山西建筑职业技术学院
　　　　　重庆建筑职业技术学院
策　　划：北京和易空间文化有限公司

前　　言

"全国高等院校土建类应用型规划教材"是依据我国现行的规程规范，结合院校学生实际能力和就业特点，根据教学大纲及培养技术应用型人才的总目标来编写。本教材充分总结教学与实践经验，对基本理论的讲授以应用为目的，教学内容以必需、够用为度，突出实训、实例教学，紧跟时代和行业发展步伐，力求体现高职高专、应用型本科教育注重职业能力培养的特点。同时，本套书是结合最新颁布实施的《建筑工程施工质量验收统一标准》（GB50300—2013）对于建筑工程分部分项划分要求，以及国家、行业现行有效的专业技术标准规定，针对各专业应知识、应会和必须掌握的技术知识内容，按照"技术先进、经济适用、结合实际、系统全面、内容简洁、易学易懂"的原则，组织编制而成。

考虑到工程建设技术人员的分散性、流动性以及施工任务繁忙、学习时间少等实际情况，为适应新形势下工程建设领域的技术发展和教育培训的工作特点，一批长期从事建筑专业教育培训的教授、学者和有着丰富的一线施工经验的专业技术人员、专家，根据建筑施工企业最新的技术发展，结合国家及地方对于建筑施工企业和教学需要编制了这套可读性强，技术内容最新，知识系统、全面，适合不同层次、不同岗位技术人员学习，并与其工作需要相结合的教材。

本教材根据国家、行业及地方最新的标准、规范要求，结合了建筑工程技术人员和高校教学的实际，紧扣建筑施工新技术、新材料、新工艺、新产品、新标准的发展步伐，对涉及建筑施工的专业知识，进行了科学、合理的划分，由浅入深，重点突出。

本教材图文并茂，深入浅出，简繁得当，可作为应用型本科院校、高职高专院校土建类建筑工程、工程造价、建设监理、建筑设计技术等专业教材；也可做为面向建筑与市政工程施工现场关键岗位专业技术人员职业技能培训的教材。

目 录

第一章　概述 ··· 1
　　第一节　我国的建筑方针 ··· 1
　　第二节　建筑物的分类 ··· 1
　　第三节　建筑物的划分等级 ······································· 5
　　第四节　建筑物的组成 ··· 8
　　第五节　建筑工业化简介 ·· 14
　　第六节　建筑设计要求 ·· 18
第二章　基础与地下室 ·· 24
　　第一节　地基与基础 ·· 24
　　第二节　基础的埋深及影响因素 ·································· 27
　　第三节　基础构造 ·· 28
　　第四节　地下室 ·· 32
第三章　墙体 ·· 34
　　第一节　概述 ·· 34
　　第二节　砌体墙的构造 ·· 42
　　第三节　隔墙的构造 ·· 58
　　第四节　墙体隔声构造 ·· 64
　　第五节　防火墙的构造 ·· 66
第四章　楼地面及阳台、雨棚 ·· 67
　　第一节　楼地面概述 ·· 67
　　第二节　现浇钢筋混凝土楼板 ···································· 69
　　第三节　预制钢筋混凝土楼板 ···································· 77
　　第四节　地面的组成及要求 ······································ 79
　　第五节　楼板隔声构造 ·· 83
　　第六节　阳台及雨棚 ·· 84
第五章　屋顶 ·· 87
　　第一节　概述 ·· 87
　　第二节　平屋顶的构造 ·· 90

第三节　坡屋顶构造 ………………………………………………… 96
第六章　楼梯和电梯 …………………………………………………… 105
　　第一节　概述 ……………………………………………………… 105
　　第二节　钢筋混凝土楼梯构造 …………………………………… 108
　　第三节　楼梯细部构造 …………………………………………… 111
　　第四节　台阶与坡道构造 ………………………………………… 118
　　第五节　电梯、自动扶梯与自动人行道构造 …………………… 120
　　第六节　无障碍构造简介 ………………………………………… 123
第七章　变形缝 ………………………………………………………… 127
　　第一节　概述 ……………………………………………………… 127
　　第二节　变形缝构造 ……………………………………………… 130
第八章　门窗与幕墙 …………………………………………………… 137
　　第一节　门窗与幕墙的概述 ……………………………………… 137
　　第二节　门窗构造 ………………………………………………… 145
　　第三节　幕墙构造 ………………………………………………… 154
第九章　建筑装修 ……………………………………………………… 162
　　第一节　地面装修构造 …………………………………………… 162
　　第二节　墙面装修构造 …………………………………………… 167
　　第三节　顶棚装修构造 …………………………………………… 179
第十章　建筑防水 ……………………………………………………… 184
　　第一节　地下室防潮与防水构造 ………………………………… 184
　　第二节　楼地面及淋水墙面构造 ………………………………… 188
　　第三节　屋面防水构造 …………………………………………… 190
第十一章　建筑节能 …………………………………………………… 196
　　第一节　墙体节能 ………………………………………………… 197
　　第二节　屋面节能 ………………………………………………… 203
　　第三节　地面节能 ………………………………………………… 208
　　第四节　特殊部位节能 …………………………………………… 208
第十二章　建筑抗震 …………………………………………………… 211
　　第一节　砌体房屋抗震 …………………………………………… 211
　　第二节　钢筋混凝土房屋抗震 …………………………………… 216
　　第三节　钢结构房屋抗震 ………………………………………… 219
第十三章　建筑智能化 ………………………………………………… 222
　　第一节　概述 ……………………………………………………… 222

第二节　建筑智能化系统的构成 …………………………………… 224
第十四章　民用建筑工业化 …………………………………………… 228
　　第一节　概述 ……………………………………………………… 228
　　第二节　砌块建筑 ………………………………………………… 229
　　第三节　装配式大板建筑 ………………………………………… 231
　　第四节　大模板建筑 ……………………………………………… 239
　　第五节　其他工业化体系建筑 …………………………………… 243
第十五章　工业建筑 …………………………………………………… 247
　　第一节　概述 ……………………………………………………… 247
　　第二节　单层工业厂房的构造 …………………………………… 249
　　第三节　钢结构厂房的构造 ……………………………………… 284
　　第四节　多层厂房构造 …………………………………………… 288
　　第五节　特殊工业厂房构造 ……………………………………… 298

第一章 概 述

第一节 我国的建筑方针

我国自新中国成立以来,建筑事业取得了巨大的成就,旧的城市日新月异,新的城市如同雨后春笋。建国初期,我国曾提出"适用、经济、在可能条件下注意美观"的建筑方针。近年来,建设部总结了以往建设的实践经验,结合我国实际情况,制定了新的建筑技术政策,明确指出建筑业的主要任务是"全面贯彻适用、安全、经济、美观"的方针。在该政策文件中归纳有如下的论述。

适用是指恰当的确定建筑面积,合理的布局,必需的技术设备,良好的设施以及保温、隔声的环境。

安全是指结构的安全度,建筑物耐火等级及防火设计、建筑物的耐久年限等。

经济主要是指经济效益,它包括节约建筑造价,降低能源消耗,缩短建设周期,降低运行、维修和管理费用等,既要注意建筑物本身的经济效益,又要注意建筑物的社会和环境的综合效益。

美观是在适用、安全、经济的前提下,把建筑美和环境美作为设计的重要内容,搞好室内外环境设计,为人民创造良好的工作和生活条件。政策中还提出对待不同建筑物、不同环境,要有不同的美观要求。

第二节 建筑物的分类

用建筑材料构筑的空间和实体,供人们居住和进行各种活动的场所称为建筑物,如民用建筑、工业建筑等;为某种使用目的而建造的、人们一般不直接在其内部进行生产和生活活动的工程实体或附属建筑设施称为构筑物,如水池、水塔、支架、烟囱等。

建筑物分类的方法很多,大体可以从使用性质、结构类型、施工方法、建筑层数(高度)、承重方式及建筑工程等级等几个方面进行区分。

1. 按使用性质分

(1)民用建筑

不以生产为目的,专门提供人们居住生活(住宅、宿舍、别墅等)和公共活动(办公楼、影剧院、医院、体育场馆、商场等)的建筑。

(2) 工业建筑

以生产为主要目的,包括生产车间、仓储用房、动力设施用房等的建筑物。

(3) 农业建筑

以农业生产为主要目的,包括饲养、种植等生产用房和机械、种子等储存用房。由于农业建筑的构造方法与民用建筑、工业建筑的构造基本一样,故本书不再另行介绍。

2. 按特点分

民用建筑还可以按建造和使用特点进行分类。

(1) 大量性民用建筑

大量性民用建筑包括一般的居住建筑和小型公共建筑,如住宅、托儿所、幼儿园、商场及中小学校教学楼等。其特点是与人们日常生活密切相关,而且建造量大、类型多,一般多采用标准设计(一图多用)。

(2) 大型性民用建筑

这类建筑多建造于大中城市,均为比较重要的公共建筑,如大型机场、火车站、会堂、纪念馆、博物馆、购物中心、大型办公楼等。这类建筑建筑面积大、功能复杂、形状特殊、建筑艺术要求也比较高,往往会形成地标性的建筑。此类建筑均需要单独设计。

3. 按结构类型分

结构类型指的是房屋承重构件的类型,主要依据其选材和传力方式的不同而区分。目前大体分为以下几种类型:

(1) 砖木结构

这类房屋的主要承重构件采用砖石、木材做成。其中竖向承重构件的墙体、柱子采用砖石砌筑,水平承重构件的楼板、屋架则采用木材。这类房屋的建造量少,层数多在3层左右,主要用于别墅建筑中。

(2) 砌体结构

这类房屋竖向承重构件的墙体、柱子采用各种类型的砌体材料(如烧结普通砖、烧结多孔砖、蒸压灰砂砖、蒸压粉煤灰砖、砌块、石材)通过砌筑砂浆砌筑而成,水平承重构件的楼板、屋顶板则采用钢筋混凝土浇筑(预制)而成。这类房屋的建造量大,高度也由于材料的改变而不同。例如,240mm 厚的实心砖墙体在8度抗震设防烈度地区的允许建造高度,在设计基本地震加速度为 0.20g 时为18m、6层,而设计基本地震加速度为 0.3g 时只有 15m、5层;190mm 的多孔砖在8度抗震设防烈度地区的允许建造高度,在设计基本地震加速度为 0.20g 时为15mm、5层,而设计基本地震加速度为0.3g时只有12m、4层。

(3)钢筋混凝土结构

这类房屋的竖向承重构件和水平承重构件均采用钢筋混凝土制作。钢筋混凝土结构的类型很多,主要有钢筋混凝土框架结构、钢筋混凝土板墙结构、钢筋混凝土筒体结构、钢筋混凝土板柱结构等类型。建造高度和层数也由于选用材料的不同而改变。如钢筋混凝土框架结构在8度抗震设防烈度地区的允许建造高度,在设计基本地震加速度为0.20g时为40m,而设计基本地震加速度为0.30g时为35m;钢筋混凝土板墙结构在8度抗震设防烈度地区的允许建造高度,在设计基本地震加速度为0.20g时为100m,而设计基本地震加速度为0.30g时为80m。

(4)钢结构

这类房屋的主要承重构件均采用钢材制成,有钢框架结构、钢筒体结构、钢框架－钢支撑结构(剪力墙板)等类型。《高层民用建筑钢结构技术规程》JGJ 99中指出:钢框架结构在8度抗震设防烈度地区的允许建造高度为90m,钢筒体结构在8度抗震设防烈度地区的允许建造高度则为260m。

(5)混合结构

这类房屋的主要承重构件则由钢材和钢筋混凝土两种材料组合而成,是高层建筑所特有的一种结构,其类型有钢框架－混凝土剪力墙、钢框架－混凝土核心筒、钢框筒－混凝土核心筒等类型。《高层民用建筑钢结构技术规程》JGJ 99中指出:钢框架－混凝土剪力墙结构在8度抗震设防烈度地区的允许建造高度为100m,钢框筒－混凝土核心筒结构在8度抗震设防烈度地区的允许建造高度则为150m。

4. 按施工方法分

通常建筑物的施工方法有以下4种形式。

(1)装配式

除基础外,房屋地坪以上的主要承重构件,如墙体、楼板、楼梯、屋顶板、隔墙、门窗等均在加工厂制作成预制构(配)件,在施工现场进行吊装、焊接、安装和处理节点。这类房屋以大板建筑、砌块建筑为代表。

(2)现浇(现砌)式

这类房屋的主要承重构件均在施工现场用手工或机械浇筑和砌筑而成,它以滑升模板为代表。

(3)部分现浇、部分装配式

这类建筑的施工特点是内墙采用现场浇筑混凝土,而外墙及楼板、屋顶板、楼梯、隔墙等均采用预制构件。它是一种混合施工的方法,以大模建筑为代表。

(4)部分现砌、部分装配式

这类房屋的施工特点是墙体采用现场砌筑墙体,而楼板、屋顶板、楼梯均采用预制构件,门窗等均采用预制配件,这是一种既有现砌又有预制的施工方法。它以砌体结构为代表。

5. 按建筑层数及高度分

房屋层数与高度两者密不可分,有的房屋以层数为准,如住宅;有的房屋以高度为准,如公共建筑。

建筑层数是房屋的实际层数,指层高在 2.2m 以上的层数,层高在 2.2m 及以下的设备层、结构转换层和超高层建筑的安全避难层不计入建筑层数内。

坡屋顶的建筑高度是室外地坪至房屋檐口部分的垂直距离。平屋顶的建筑高度是室外地坪至房屋屋面面层的垂直距离。屋顶上的水箱间、电梯机房、排烟机房和楼梯出口等不计入建筑高度。

《建筑设计防火规范》GB 50016 中规定:9 层及 9 层以下的住宅建筑和建筑高度在 24m 及 24m 以下的公共建筑为多层建筑;10 层及 10 层以上的住宅建筑和建筑高度在 24m 以上的公共建筑为高层建筑。

《民用建筑设计通则》GB 50352 中规定:1~4 层的住宅为低层住宅;4~7 层的住宅为多层住宅;7~10 层的住宅为中高层住宅;10 层及 10 层以上的住宅为高层住宅。该规范还规定建筑高度超过 100m 的民用建筑为超高层建筑。

《高层建筑混凝土结构技术规程》JGJ3 中规定:10 层及 10 层以上或房屋高度超过 28m 的住宅建筑以及房屋高度大于 24m 的其他民用建筑为高层建筑。高层建筑按使用性质、火灾危险性、疏散和扑救难度又可以分为一类高层建筑和二类高层建筑(表 1-1)。

6. 按承重方式分

通常房屋的承重方式有以下 3 种。

(1)墙承重式

用墙体支承楼板及屋顶板,并承受上部传来的荷载,如砌体结构。

(2)骨架承重式

用柱、梁、板组成的骨架承重,墙体只起围护和分隔作用,如框架结构。

(3)空间结构

采用空间网架、悬索、各种类型的壳体承受屋面水平荷载,墙柱承受竖直荷载的结构为空间结构,如体育馆、展览馆等建筑。

表 1-1 高层建筑分类

名称	一 类	二 类
居住建筑	十九层及十九层以上的住宅	十层至十八层的住宅
公共建筑	(1)医院； (2)高级旅馆； (3)建筑高度超过 50m 或 24m 以上部分的任一楼层的建筑面积超过 1000m² 的商业楼、展览馆、综合楼、电信楼、财贸金融楼； (4)建筑高度超过 50m 或 24m 以上部分的任一楼层的建筑面积超过 1500m² 的商住楼； (5)中央级和省级(含计划单列市)广播电视楼； (6)局级和省级(含计划单列市)电力调度楼； (7)省级(含计划单列市)邮政楼、防灾指挥调度楼； (8)藏书超过 100 万册的图书馆、书库； (9)重要的办公楼、科研楼、档案楼； (10)建筑高度超过 50m 的教学楼和普通的旅馆、办公楼、科研楼、档案楼等	(1)除一类建筑以外的商业楼、展览楼、综合楼、电信楼、财贸金融楼、商住楼、图书馆、书库； (2)省级以下的邮政楼、防灾指挥调度楼、广播电视楼、电力调度楼； (3)建筑高度不超过 50m 的教学楼和普通的旅馆、办公楼、科研楼、档案楼等

第三节　建筑物的划分等级

1. 耐久等级

建筑物耐久等级的指标是设计使用年限。建筑物的设计使用年限,系指不需要进行结构大修和更换结构构件可正常使用的年限。设计使用年限的长短是依据建筑物的性质决定的。影响建筑寿命长短的主要因素是结构构件的选材和结构体系。

《民用建筑设计通则》GB 50352 中对建筑物的设计使用年限的规定见表 1-2。

表 1-2 设计使用年限分类

类别	设计使用年限/年	示　例
1	5	临时性建筑
2	25	易于替换结构构件的建筑
3	50	普通建筑和构筑物
4	100	纪念性建筑和特别重要的建筑

2. 建筑物的耐火等级

建筑物的耐火等级是根据建筑物构件的燃烧性能和耐火极限确定的。共分为4级,各级建筑物所用构件的燃烧性能和耐火极限,不应低于规定的级别和限额(表1-3)。

表1-3 建筑物构件的燃烧性能和耐火极限

构件名称		不同耐火等级下的燃烧性能与耐火极限/h			
		一级	二级	三级	四级
墙	防火墙	非燃烧体 4.00	非燃烧体 4.00	非燃烧体 4.00	非燃烧体 4.00
	承重墙、楼梯间、电梯井的墙	非燃烧体 3.00	非燃烧体 2.50	非燃烧体 2.50	难燃烧体 0.50
	非承重外墙、疏散走道两侧的隔墙	非燃烧体 1.00	非燃烧体 1.00	非燃烧体 0.50	难燃烧体 4.25
	房间隔墙	非燃烧体 0.75	非燃烧体 0.50	难燃烧体 0.50	难燃烧体 0.25
柱	支承多层的柱	非燃烧体 3.00	非燃烧体 2.50	非燃烧体 2.50	难燃烧体 0.50
	支承单层的柱	非燃烧体 2.50	非燃烧体 2.00	非燃烧体 2.00	燃烧体
梁		非燃烧体 2.00	非燃烧体 1.50	非燃烧体 1.00	难燃烧体 0.50
楼板		非燃烧体 1.50	非燃烧体 1.00	非燃烧体 0.50	难燃烧体 0.25
屋顶承重构件		非燃烧体 1.50	非燃烧体 0.50	燃烧体	燃烧体
疏散楼梯		非燃烧体 1.50	非燃烧体 1.00	非燃烧体 1.00	燃烧体
吊顶(包括吊顶搁栅)		非燃烧体 0.25	非燃烧体 0.25	难燃烧体 0.15	燃烧体

注:引自《建筑设计防火规范》(GB50016—2006)。

构件的耐火极限:对任一建筑构件按时间—温度标准曲线进行耐火试验,从受到火的作用时起,到失去支持能力(木结构)或完整性被破坏(砌体结构),或失去隔火作用(钢结构)时为止的这段时间,用小时表示。

构件的燃烧性能可分为3类,即:非燃烧体、难燃烧体、燃烧体。

非燃烧体:用非燃烧材料做成的构件。非燃烧材料系指在空气中受到火烧或高温作用时不起火、不微燃、不炭化的材料,如金属材料和无机矿物材料。

难燃烧体:用难燃烧材料做成的构件,或用燃烧材料做成而用非燃烧材料做保护层的构件,难燃烧材料系指在空气中受到火烧或高温作用时难起火、难燃烧、难碳化,当火源移走后燃烧或微燃立即停止的材料。如沥青混凝土,经过防火处理的木材等。

燃烧体:用燃烧材料做成的构件。燃烧材料系指在空气中受到火烧或高温作用时立即起火或燃烧,且火源移走后仍继续燃烧或微燃的材料,如木材。

3. 建筑物的工程等级

建筑物的工程等级是以其复杂程度为依据,共分6级,其具体特征详见表1-4。

表1-4 建筑物的工程等级

工程等级	工程主要特征	工程范围举例
特级	1. 列为国家重点项目或以国际性活动为主的特高级大型公共建筑 2. 有全国性历史意义或技术要求特别复杂的中小型公共建筑 3. 30层以上建筑 4. 高大空间有声、光等特殊要求的建筑物	国宾馆、国这大会堂、国际会议中心、国际体育中心、国际贸易中心、国际大型航空港、国际综合俱乐部、重要历史纪念建筑、国家级图书馆、博物馆、美术馆、剧院、音乐厅、三级以上人防等
一级	1. 高级大型公共建筑 2. 有地区性历史意义或技术要求复杂的中、小型公共建筑 3. 16层以上,29层以下或超过50m高的公共建筑	高级宾馆、旅游宾馆、高级招待所、别墅、省级展览馆、博物馆、图书馆、科学实验研究楼(包括高等院校)、高级会堂、高级俱乐部、大于300床位医院、疗养院、医疗技术楼、大型门诊楼、大中型体育馆、室内游泳馆、室内滑冰馆、大城市火车站、航运站、候机楼、摄影棚、邮电通信楼、综合商业大楼、高级餐厅、四级人防、五级平战结合人防等
二级	1. 中高级、大中型公共建筑 2. 技术要求较高的中小型建筑 3. 16层以上,29层以下住宅	大专院校教学楼、档案楼、礼堂、电影院、部、小级机关办公楼、300床位以下(不含300床位)医院、疗养院、地、市级图书馆、文化馆、少年宫、俱乐部、排演厅、报告厅、风雨操场、大中城市汽车客运站、中等城市火车站、邮电局、多层综合商场、风味餐厅、高级小住宅等
三级	1. 中级、中型公共建筑 2. 7层以上(含7层),15层以下有电梯的住宅或框架结构的建筑	重点中学、中等专业学校、教学楼、实验楼、电教楼、社会旅馆、饭店、招待所、浴室、邮电所、门诊所、百货楼、托儿所、幼儿园、综合服务楼、1~2层商场、多层食堂、小型车站等
四级	1. 一般中小型公共建筑 2. 7层以下无电梯的住宅,宿舍及砌体建筑	一盘办公楼、中小学教学楼、单层食堂、单层汽车库、消防车库、消防站、蔬菜门市部、粮站、杂货店、阅览室、理发室、水冲式公共厕所等
五级	1~2层单功能、一般小跨度结构建筑	1~2层单功能、一般小跨度结构建筑

第四节　建筑物的组成

一、民用建筑的组成及常用术语

1. 建筑物的组成

建筑物的基本功能主要有两个,即承载功能和围护功能。建筑物要承受作用在它上面的各种荷载,包括建筑物的自重、人和家具设备等使用荷载、雪荷载、风荷载、地震作用等,这是建筑物的承载功能;为了给在建筑物中从事各种生产、生活活动的人们提供一个舒适、方便、安全的空间环境,避免或减少各种自然气候条件和各种人为因素的不利影响,建筑物还应具有良好的保温、隔热、防水、防潮、隔声、防火的功能,这是建筑物的围护功能。针对建筑物的承载和围护两大基本功能,建筑物的系统组成也就相应形成了建筑承载系统和建筑围护系统两大组成部分。建筑承载系统是由基础、墙体结构、柱、楼板结构层、屋顶结构层、楼梯结构构件等组成的一个空间整体结构,用以承受作用在建筑物上的全部荷载,满足承载功能;建筑围护系统则主要通过各种非结构的构造做法,建筑物的内、外装修以及门窗的设置等,应形成一个有机的整体,用以承受各种自然气候条件和各种人为因素的作用,满足保温、隔热、防水、防潮、隔声、防火等围护功能。

一般民用建筑由基础、墙或柱、楼地面、楼梯、屋顶、门窗等构配件组成,如图1-1所示。

(1)基础

基础是建筑物底部埋在自然地面以下的部分,承受建筑物的全部荷载,并把荷载传给下面的土层——地基。

基础应该坚固、稳定、耐水、耐腐蚀、耐冰冻,不应早于地面以上部分先遭受破坏。

(2)墙和柱

对于墙承重结构的建筑而言,墙承受屋顶和楼地层传给它的荷载,并把这些荷载连同自重传给基础;同时,外墙也是建筑物的围护构件,抵御风、雨、雪、温差变化等对室内的影响,内墙是建筑物的分隔构件,把建筑物的内部空间分隔成若干相互独立的空间,避免使用时的互相干扰。

柱是框架或排架结构的主要承重构件,和承重墙一样,承受屋顶和楼板及吊车传来的荷载,它必须具有足够的强度和刚度。当建筑物采用柱作为垂直承重构件时,墙填充在柱间,仅起围护和分隔作用。

第一章 概 述

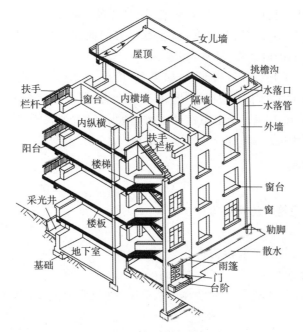

图 1-1 房屋的构造组成

墙和柱应坚固、稳定并耐火,墙还应自重轻,满足保温(隔热)、隔声等使用要求。

(3)楼地面

楼地面包括楼板和室内地坪。楼板是水平方向的承重结构,并用来分隔楼层之间的空间。它支承着人和家具、设备的荷载,并将这些荷载传递给墙或柱,它应有足够的强度和刚度及隔声、防火、防水、防潮等性能。室内地坪是指房屋底层的地坪,应具有均匀传力、防潮、耐磨、易清洁等性能。

(4)楼梯

楼梯是楼房建筑中联系上下各层的垂直交通设施,供人们上下楼层和紧急疏散时使用。

楼梯应坚固、安全,有足够的疏散能力。

(5)屋顶

屋顶是建筑物顶部的承重和围护部分,它承受作用在其上的风、雨、雪、人等的荷载并将荷载传给墙或柱,抵御各种自然因素(风、雨、雪、严寒、酷热等)的影响;同时,屋顶形式对建筑物的整体形象起着很重要的作用。

屋顶应有足够的强度和刚度,并能防水、排水、保温(隔热)。屋顶的构造形式应与建筑物的整体形象相适应。

(6)门窗

门的主要作用是供人们进出和搬运家具、设备,在紧急时疏散用,有时兼起采光、通风作用。窗的作用主要是采光、通风和供人眺望。

门要求有足够的宽度和高度,窗应有足够的面积;据门窗所处的位置不同,有时还要求它们能防风沙、防火、保温、隔声。

除此以外,还有一些附属部分,如阳台、雨篷、台阶、烟囱等。组成房屋的各部分各自起着不同的作用,但归纳起来有两大类,即承重结构和围护构件。墙、柱、基础、楼板、屋顶等属于承重结构。墙、屋顶、门窗等属于围护构件。有些部分既是承重结构也是围护构件,如墙和屋顶。

2. 常用术语

(1)横向

横向是指建筑物的宽度方向。

(2)纵向

纵向是指建筑物的长度方向。

(3)横向轴线

横向轴线是用来确定横向墙体、柱、梁、基础位置的轴线,平行于建筑物的宽度方向。

其编号方法采用阿拉伯数字注写在轴线圆内。

(4)纵向轴线

纵向轴线是用来确定纵向墙体、柱、梁、基础位置的轴线,平行于建筑物的长度方向。

其编号方法采用拉丁字母注写在轴线圆内。

(5)开间

开间是指相邻两条横向轴线之间的距离,单位为mm。

(6)进深

进深是指相邻两条纵向轴线之间的距离,单位为mm。

(7)相对标高

相对标高是指以建筑物首层地坪为零标高面的标高,单位为mm。

(8)绝对标高

绝对标高是指以我国青岛黄海海平面为零标高面的标高,单位为mm。

(9)层高

层高是指层间高度,即本层地(楼)面至上层楼面的垂直距离(顶层为顶层楼面至屋面板上表面的垂直距离),单位为m。

(10)净高

净高是指房间的净空高度,即地(楼)面至上部顶棚底面的垂直距离,单位为m。

(11)建筑高度

建筑高度是指建筑物室外地面到其檐口或屋面面层的高度,单位为 m。

(12)建筑面积

建筑面积由使用面积、交通面积和结构面积组成,是指建筑物外包尺寸(有外保温材料的墙体,应该从外保温材料外皮记起)围合的面积与层数的乘积,单位为 m^2。

(13)结构面积

结构面积是指墙体、柱子所占的面积(装修所占面积计入使用面积),单位为 m^2。

(14)使用面积

使用面积是指主要使用房间和辅助使用房间的净面积(装修所占面积计入使用面积),单位为 m^2。

(15)交通面积

交通面积是指走道、楼梯间等交通联系设施的净面积,单位为 m^2。

(16)净面积

净面积是指房间中开间尺寸与进深尺寸扣除墙厚后的乘积,单位为 m^2。

(17)建筑模数

基本模数是建筑模数协调统一标准中的基本模数数值,用 M 表示,1M=100mm。建筑物的各部尺寸都应是基本模数的倍数。

二、工业建筑的组成及适用范围

1. 单层厂房的构造组成及类型

(1)单层厂房的构造组成

单层厂房的骨架结构是由支承竖向和水平荷载作用的构件所组成。厂房依靠各种结构构件合理地连接为一体,组成一个完整的结构空间以保证厂房的坚固、耐久。我国广泛采用钢筋混凝土排架结构,其结构构件的组成如图 1-2 所示。

1)承重结构

①横向排架由基础、柱、屋架组成,主要是承受厂房的各种荷载。

②纵向联系构件:由吊车梁、圈梁、连系梁、基础梁等组成,与横向排架构成骨架,保证厂房的整体性和稳定性。纵向构件主要承受作用在山墙上的风荷载及吊车纵向制动力,并将这些力传递给柱子。

③支撑系统构件设置在屋架之间的称为屋架支撑;设置在纵向柱列之间的称为柱间支撑系统。支撑构件主要传递水平风荷载及吊车产生的水平荷载,保

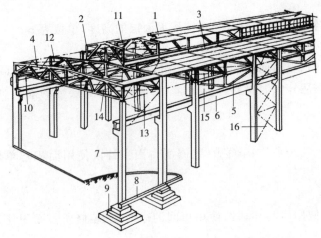

1—屋面板；
2—天窗架；
3—天窗侧板；
4—屋架；
5—托梁；
6—吊车梁；
7—柱子；
8—基础梁；
9—基础；
10—连系梁；
11—天窗支撑；
12—屋架上弦横向支撑；
13—屋架垂直支撑；
14—屋架下弦横向支撑；
15—屋架下弦纵向支撑；
16—柱间支撑；

图1-2 单层厂房构造组成

证厂房空间刚度和稳定性。

2）围护结构

单层厂房的外围护结构包括外墙、屋顶、地面、门窗、天窗、地沟、散水、坡道、消防梯、吊车梯等。

（2）单层厂房结构分类

1）按其承重结构的材料分成混合结构、钢筋混凝土结构、钢结构等；

2）按其施工方法分为装配式和现浇式钢筋混凝土结构；

3）按其主要承重结构的形式分为排架结构、刚架结构和空间结构。

①排架结构厂房

排架结构厂房是将厂房承重柱的柱顶与屋架或屋面梁作铰接连接，而柱下端则嵌固于基础上，构成平面排架，各平面排架再经纵向结构构件连接组成为一个空间结构。它是目前单层厂房中最基本、应用最普遍的结构形式。

②钢架结构厂房

钢架结构的基本特点是柱和屋架（横梁）合并为同一个钢性构件。柱与基础的连接通常为铰接（也有作固接的）。钢筋混凝土钢架与钢筋混凝土排架相比，可节约钢材约10%，节约混凝土约20%。一般常采用预制装配式钢筋混凝土钢架或预应力混凝土钢架，也有选用钢架的。一般重型单层厂房多采用钢架结构。

钢筋混凝土钢架常用于跨度不大于18m厂房跨度（超过18m的数量不多），一般檐高不超过10m，无吊车或吊重10t以下的车间（图1-3）。

③空间结构厂房

屋面为空间结构体系充分发挥了建筑材料的强度潜力和提高结构的稳定

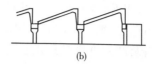

图 1-3 钢架结构厂房
(a)门式钢架;(b)锯齿形钢架

性,使结构由单向受力的平面结构成为多向受力的空间结构体系。一般常见的有折板结构、网格结构、薄壳结构、悬索结构等。

2. 多层厂房的特点及适用范围

(1)多层厂房的特点

1)一般多层厂房的特点

与单层厂房相比,一般多层厂房具有以下特点。

①建筑物占地面积小。多层厂房不仅节约用地,而且还降低了基础和屋顶的工程量,缩短了厂区道路管线的长度,节约建设投资和维护管理费用。

②厂房进深较小。一般不需设天窗,屋面雨雪排除方便,屋顶构造简单,屋顶面积较小,有利于保温隔热、节省能源。

③交通运输面积大。由于多层厂房同时有水平方向和垂直方向的运输系统(如电梯间、楼梯间、坡道等)。交通运输的建筑面积和空间增大了。

④由于多层厂房在楼层上要布置设备,受梁板结构经济合理性的制约,厂房柱网尺寸较小,使得厂房的通用性具有相对的局限性。

⑤楼层上布置荷载大、设备大、振动大的工艺适应性差,且结构计算和构造处理复杂。

2)多层通用厂房的特点

多层通用厂房是专门为出租或出售而建造的,没有固定工艺要求的通用性强的多层厂房,也叫单元厂房(分单元租售)或工业大厦,多层通用厂房具有以下特点。

①有多种单元类型以满足不同厂家的需要,单元面积一般为 150~1500m^2。

②具有较大的柱距、跨度及层高,以利于生产工艺的灵活布置与改进。

③有明确的楼面、地面允许使用荷载。

④房内各单元留有水、电、气接口,并分户计量。

⑤各单元设有独立的厕浴等卫生措施。

⑥厂房仅做简单的内装修,厂家租购后做二次装修。

⑦厂房有完整的消防设施。

(2)多层厂房的适用范围

1)生产工艺垂直布置的企业。这类企业的原材料大部分为粒状和粉状的散料或液体。经一次提升(或升高)后,可利用原料的自重自上而下传送加工,直至产品成型,如面粉厂、造纸厂、啤酒厂、乳品厂和化工厂的某些生产车间。

2)设备、原料及产品重量较轻的企业〔楼面荷载小于 $2t/m^2$,单件垂直运输小于 3t。

生产上要求在不同层高上操作的企业,如化工厂的大型蒸馏塔、碳化塔等设备,高度比较大,生产又需在不同层高上进行。

3)生产工艺对生产环境有特殊要求的企业。由于多层厂房每层空间较小,容易解决生产所要求的特殊环境(如恒温恒湿、净化洁净、无尘无菌等)。如仪表、电子、医药及食品类企业。

4)建筑用地紧张或城建规划需要。

第五节 建筑工业化简介

所谓建筑工业化,就是通过现代化的制造、运输、安装和科学管理的大工业生产方式来替代传统、分散的手工业生产方式。这就意味着要尽量利用先进的技术,在保证质量的前提下,用尽可能少的工时,在比较短的时间内,用最合理的价格来建造符合各种使用要求的建筑。建筑工业化的特征可以概括为设计标准化,构配件生产工厂化,施工机械化,管理科学化。

工业化建筑体系主要是以建筑构配件和建筑制品作为标准化和定型化的研究对象,重点研究各种预制构配件、配套建筑制品及其连接技术的标准化和通用化,是使各种类型的建筑物所需的构配件和节点构造做法可互换通用的商品化建筑体系。

世界各国在建筑业的工业化发展过程中,结合自身的国情实力,采取了不同的方式和途径。归纳起来,主要有两种:

(1)走全部预制装配化的发展道路,其代表性的建筑类型有:大板建筑(图 1-4)、盒子建筑(图 1-5)、装配式框架建筑(图 1-6)、装配式排架建筑(图 1-7)等。

(2)走全现浇(工具式模板、机械化浇筑)或现浇与预制相结合的发展道路,其代表性的建筑类型有:大模建筑(图 1-8)、滑模建筑(图 1-9)、升板(层)建筑(图 1-10)、非装配式框架建筑等。

与传统的建筑类型相比较,工业化建筑类型更多的是施工方法和工艺上的变化和差异,这显然会影响到许多建筑构造具体做法上的改变,但是,从满足建筑物的承载和围护两大基本功能的角度来看,它们的构造做法在原理上是完全相同的。

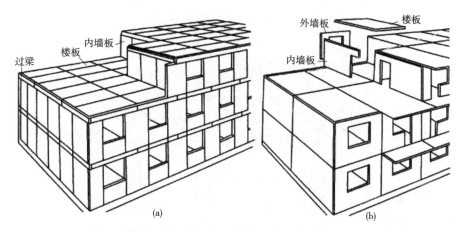

图 1-4　大板建筑（即大型装配式板材建筑）
(a)中型板材；(b)大型板材

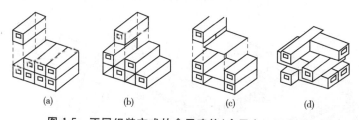

图 1-5　不同组装方式的盒子建筑（盒子在工厂预制）
(a)叠合式；(b)错开叠合式；(c)盒子－板材组合式；(d)双向交错叠合式

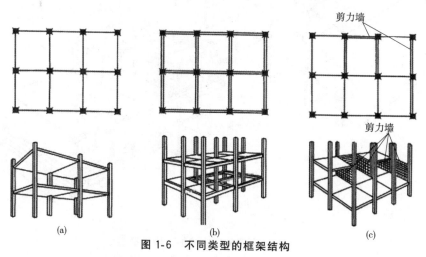

图 1-6　不同类型的框架结构
(a)板柱框架体系；(b)梁板柱框架体系；(c)框架－剪力墙体系

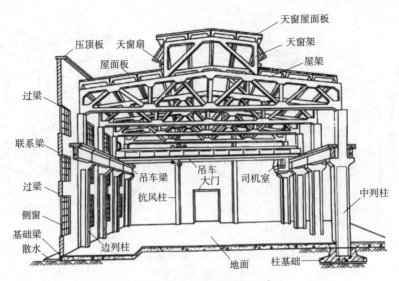

图 1-7 装配式排架结构厂房

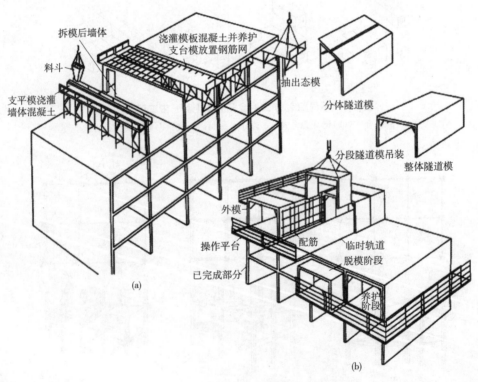

图 1-8 不同施工方式的大模建筑
(a)墙体用平模、楼板用台模;(b)墙体及楼板用隧道模施工

第一章 概 述

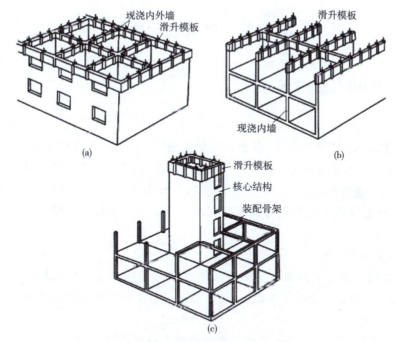

图 1-9 滑模法施工的建筑物
(a)内外墙全部滑模施工;(b)纵横内墙滑模施工;(c)核心结构滑模施工

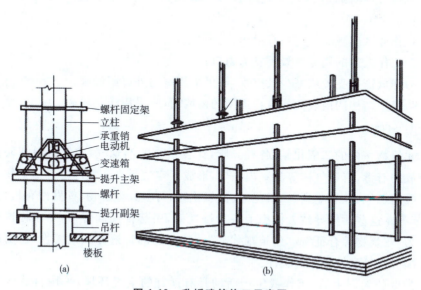

图 1-10 升板建筑施工示意图
(a)升板提升装置;(b)升板建筑的楼板提升

第六节 建筑设计要求

一、室内环境要求及抗震

1. 采光

由于我国国土面积庞大,各地光气候差别较大。为保证人们生活、工作或生产活动具有适宜的光环境,建筑物内部使用空间的天然光照度应满足使用、安全、舒适、美观等要求。国家标准中将我国划分为Ⅰ~Ⅴ个光气候区,采光设计时,各光气候区取不同的光气候系数 K,详见《建筑采光设计标准》GB/T 50033 的有关规定。

(1)采光均匀度

采光均匀度为工作面上的最低采光系数与平均采光系数之比。顶部采光Ⅰ~Ⅳ级采光均匀度需在 0.7 以上,对顶部采光Ⅴ级和侧面采光无要求。

(2)眩光

眩光是在视野中由于亮度的分布或范围不适宜,或存在极端的亮度对比,以致引起人们不舒适和降低物体可见度的视觉条件。眩光会影响人的注意力,增加视觉疲劳,降低视度,甚至丧失视力。采光设计中,减小窗户眩光的主要措施有:

1)作业区应减少或避免直射阳光;
2)工作人员的视觉背景不宜为窗口;
3)降低窗户亮度或减少天空视域,可采用室内外遮阳设施;
4)窗户结构的内表面或窗户周围的内墙面,宜采用浅色粉刷。

2. 通风

建筑物室内的二氧化碳,各种异味,饮食操作的油烟气,建筑材料和装饰材料释放的有毒、有害气体等在室内积聚,形成了空气污染。室内空气污染物主要有甲醛、氨、氡、二氧化碳、二氧化硫、氮氧化物、可吸入颗粒物、挥发性有机物、细菌、苯等。这些污染导致人们患上各种慢性病,引起传染病传播,专家称这些慢性病为"建筑物综合征"或"建筑现代病"。这些病的普遍性和危害性,已引起世界各国对空气环境健康的关注。

为保证人们生活、工作或生产活动具有适宜的空气环境,采用自然或机械方法,对建筑物内部使用空间进行换气,使空气质量满足卫生、安全、舒适等要求。

3. 建筑节能保温

严寒与寒冷地区的民用建筑为了保证冬季室内的气温、湿度、气流速度和室内热辐射在一定允许范围内,建筑围护结构内表面温度不低于室内露点温度,必须进行建筑保温设计。建筑保温就是减少由室内(高温)流向室外(低温)的热流。

建筑物自身(围护结构)的节能保温措施主要包括体形系数、建筑朝向、外围护结构(墙体、地面、屋面、门窗)的保温隔热性能、窗墙面积比以及外门窗的气密性、建筑物遮阳等。

(1) 建筑保温的综合处理措施

1) 控制体形系数:体形系数是指一栋建筑物的外表面积 F_0 与其所包围的体积 V_0 之比。如果建筑外表面凹凸过多,体形系数变大,则建筑物传热耗热量增大。

2) 合理布置建筑朝向:建筑应朝向正南,建筑立面应避开当地冬季主导风向。

3) 防止冷风渗透:冬季通过外围护结构缝隙的冷风渗透使建筑物热损失增大。应提高窗户密封性;建筑立面避开冬季主导风向;设置避风措施;利用地形、树木来挡风。

4) 合理选择窗墙面积比:窗墙面积比(窗墙比)是指窗洞口面积与房间立面单元墙面积之比。为了利用太阳能,南向窗墙比最大,北向窗墙比最小,东、西向窗墙比介于其间。

(2) 建筑围护结构保温设计

1) 最小传热阻:为了控制围护结构内表面温度不低于室内露点温度,保证内表面不结露,围护结构的传热阻不能小于某个最低限度值,这个最低限度称为"最小传热阻"。

2) 围护结构主体部位保温构造

围护结构保温构造分两类:单一材料保温和复合材料保温。单一材料结构如空心板、空心砌块、加气混凝土等,既能承重,又能保温。复合保温结构由保温层和承重层复合而成。复合结构按保温层所处的位置可分为内保温(保温层在室内一侧)、外保温(保温层在室外一侧)和中间保温(保温层夹在中间)三种。外保温的优点较多,包括:

① 减小热桥处的热损失;

② 有利于防止保温层内部产生凝结水;

③ 房间的热稳定性好;

④ 降低墙或屋顶主要部分的温度应力起伏;

⑤有利于旧房节能改造。外保温是我国建筑节能的发展方向。

3）围护结构特殊部位的保温设计

①窗户的保温：可以选用木材、塑料和塑钢窗框；使用断热金属窗框。寒冷地区，可采用多层窗；使用新型节能窗户，如低辐射玻璃窗窗、中空玻璃窗等。

②热桥保温：热桥是热量容易通过的地方（如钢或钢筋混凝土骨架、圈梁、过梁、板材的肋部等），热桥处内表面温度低于主体。对热桥应进行内表面温度验算和保温处理。

③其他异常部位保温：外墙角、外墙与内墙交角、楼地板或屋顶与外墙交角等应加强保温。靠近外墙0.5~1.0m宽的地面散热最大，因此，外墙周边地板采用局部保温措施。

4. **建筑防热**

我国南方地区，夏季气候炎热，高温持续时间长，太阳辐射强度大，相对湿度高。建筑物在强烈的太阳辐射和高温、高湿气候的共同作用下，通过围护构件将大量的热传入室内。室内生活和生产也产生大量的余热。这些从室外传入和室内自身的热量，使室内气候条件变化，引起过热，影响生活和生产（图1-11）。

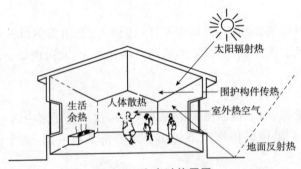

图1-11 室内过热原因

建筑防热设计就是为了尽量减少传入室内的热量并使室内的热量尽快散出。防热设计宜根据当地气候特点，采用围护结构隔热、自然通风、窗户遮阳、绿化等综合措施。隔热就是减少由室外（高温）流向室内（低温）的热流。

夏季防热的建筑物应符合下列规定：

(1)建筑物的夏季防热应采取绿化环境、组织有效自然通风、外围护结构隔热和设置建筑遮阳等综合措施；

(2)建筑群的总体布局，建筑物的平面空间组织、剖面设计的门窗和设置，应有利于组织室内通风；

(3)建筑物的东、西向窗户，外墙和屋顶应采取有效的遮阳和隔热措施；

(4) 建筑物的外围护结构，应进行夏季隔热设计，并应符合有关节能设计标准的规定。

5. 隔声

噪声指由频率和强度都不同的各种声音杂乱地组合产生的声音。城市噪声来自交通噪声、工厂噪声、施工噪声和社会生活噪声。其中交通噪声的影响最大，范围最广。噪声的危害是多方面的。噪声可以使人听力衰退，严重的可导致噪声性耳聋；噪声会引起多种疾病，会影响人的正常生活，使劳动生产率降低等。利用隔声、吸声降噪和消声等技术措施可以有效地控制室内噪声。使用隔声墙或楼板等构件、隔声罩、隔声间、隔声幕等技术能降低噪声级 20～50db。对于内部为清水砖墙或抹灰墙面以及水泥或水磨石地面等坚硬材料的房间，如在室内天花板或墙面上布置吸声材料或吸声结构，可使混响声减弱。这时，人们主要听到的是直达声，那种被噪声"包围"的感觉将明显减弱。这种利用吸声原理降低噪声的方法称为"吸声降噪"。吸声降噪只能降低混响声，而对直达声无效，因此，吸声降噪效果不大于 15db。

在空调系统的管道中使用消声器，可以降低沿管道传播的风机噪声和控制气流噪声，使空调房间达到允许的噪声标准，这就是空调系统的消声设计。消声器分为阻性消声器（中高频消声）、抗性消声器（中高频消声）、阻抗复合消声器（宽频消声）和微穿孔板消声器（宽频消声）四类。消声器的选择应根据系统所需消声量的频谱特性来确定。此外，选用消声器还应考虑所处的环境。例如在潮湿或净化要求较高的环境中，就不宜采用以多孔吸声材料制作的消声器。

6. 抗震

地震中建筑物的破坏是造成地震灾害的主要原因。建筑抗震设计的基本要求是要减轻建筑物在地震时的破坏避免人员伤亡、减少经济损失。建筑物的抗震性能是指建筑物抵御地震破坏的综合能力。为提高建筑物的抗震性能，可以从以下几方面着手。

(1) 地基必须选好，土质坚实，地下水埋深较深，地震时地基不致开裂、塌陷或液化。在不宜建设的地基上建筑，必须首先做好地基处理。

(2) 建筑物平、立面要力求整齐，高度不要超过规定，避免过于空旷，尽可能使开间小，隔墙多，以增加水平抗剪能力。如有特殊要求，必须事先采取措施。

(3) 建筑材料要有足够的强度，联结部位或薄弱环节要加强，增加建筑物的整体性能，同时必须保证施工质量。

二、影响房屋建筑构造的因素

1. 外界环境的影响

外界环境的影响是指自然界和人为的影响,总起来讲有以下三个方面。

(1)外界作用力的影响

外力包括人、家具和设备的重量、结构自重、风力、地震力以及雪重等,这些通称为荷载。荷载对选择结构类型和构造方案以及进行细部构造设计都是非常重要的依据。

(2)气候条件的影响

如日晒雨淋、风雪冰冻、地下水等。对于这些影响,在构造上必须考虑的相应的防护措施,如防水防潮、防寒隔热、防温度变形等。

(3)人为因素的影响

如火灾、机械振动、噪声等的影响,在建筑构造上需采取防火、防振和隔声等措施。

2. 建筑技术条件的影响

建筑技术条件指建筑材料技术、结构技术和施工技术等。随着这些技术的不断发展和变化,建筑构造技术也在不断变化着。建筑构造做法不能脱离一定的建筑技术条件而存在。

3. 建筑标准的影响

建筑标准所包含的内容较多,与建筑构造关系密切的主要有建筑的造价标准、建筑装修标准和建筑设备标准。标准高的建筑,其装修质量好,设备齐全且档次高,建筑的造价也较高;反之,则较低。建筑构造的选材、选型和细部做法无不根据标准的高低来确定。一般来讲,大量民用建筑多属一般标准的建筑,构造方法往往也是常规的做法,而大型公共建筑,标准则要求高些,构造做法也更复杂一些。

三、房屋构造的设计原则

1. 满足建筑物的各种使用功能要求

使用功能要求包括隔热、保温、隔声、吸声、防射线、防腐蚀、防震等。为了满足使用功能的需要,在构造设计时,设计人员必须综合有关技术知识,合理地设计、计算,选择经济合理的构造方案。

2. 有利于结构安全

建筑物除根据荷载大小、结构要求确定构件的必需尺度外,在构造上需采取措施,保证构件的整体刚度和构件与构件之间的连接,使之利于结构的安全和稳定。

3. **适应建筑工业化的需要**

应大力推广先进技术,选择各种新型建筑材料,采用标准设计和定型构件,为生产工厂化、现场施工机械化创造有利条件。

4. **经济合理**

在构造设计上应特别注意节约木材、水泥、钢材三大材料,要尽量利用工业废料,从我国实际情况出发,做到因地制宜,就地取材。

5. **注意美观**

构造方案的处理是否精致和美观,都会影响建筑物的整体效果,因此,应予以充分考虑研究。

第二章 基础与地下室

第一节 地基与基础

一、地基概述

1. 地基

地基是基础下面承受荷载的那部分土体或岩体。当土层承受建筑物荷载作用后,土层在一定范围内产生附加应力和变形,该附加应力和变形随着深度的增加向周围土中扩散并逐渐减弱。所以,地基是有一定深度和范围的,只能将受建筑物影响在土层中产生附加应力和变形所不能忽略的那部分土层称为地基。地基按构成层次可划分为持力层和下卧层(如图 2-1 所示)。

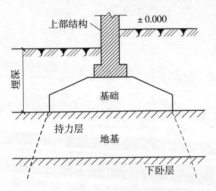

图 2-1 地基与基础示意图

（1）持力层

当地基由两层及两层以上土层组成时,通常将直接与基础底面接触的土层称为持力层。

（2）下卧层

在地基范围内持力层以下的土层称为下卧层(当下卧层的承载力低于持力层的承载力时,称为软弱下卧层)。

2. 地基承载力

地基承载力是指地基土单位面积上所能承受荷载的能力。地基承受荷载作用后,内部应力发生变化。一方面,附加应力引起地基内土体变形,造成地基沉降;另一方面,引起地基内土体的剪应力增加。当荷载继续增大,地基出现较大范围的塑性变形区时,显示地基承载力不足而失去稳定,此时地基达到极限承载力。

3. 地基土层的分类

建筑地基的土层可分为岩石、碎石土、砂土、粉土、黏性土和人工填土。

(1) 岩石

岩石是指颗粒间连接牢固，呈整体或具有节理、裂隙的岩体。

(2) 碎石土

碎石土是指粒径大于 2mm 的颗粒含量超过全重 50% 的土。碎石土根据粒组含量及颗粒形状分为漂石或块石、卵石或碎石、圆砾或角砾。

(3) 砂土

砂土是指粒径大于 2mm 的颗粒含量不超过全重 50%、粒径大于 0.075mm 的颗粒含量超过全重 50% 的土。砂土按照粒组含量分为砾砂、粗砂、中砂、细砂和粉砂。

(4) 粉土

粉土介于无黏性土与黏性土之间，是指塑性指数 $I_p > 10$，粒径大于 0.075mm 的颗粒含量不超过全重 50% 的土。

(5) 黏性土

黏性土是指塑性指数 $I_p > 10$ 的土，按其塑性指数的大小又可以分为黏土 ($I_p > 17$) 和粉质黏土 ($10 < I_p \leq 17$) 两大类。

(6) 人工填土

人工填土根据其组成和成因，可分为素填土、压实填土、杂填土、冲填土。素填土是指由碎石土、砂土、粉土、黏性土等组成的填土。经过压实或夯实的素填土为压实填土。杂填土是指含有建筑垃圾、工业废料、生活垃圾等杂物的填土。冲填土是指由水力冲填泥沙形成的填土。人工填土的承载力较低，不适宜用作地基土的持力层。

4. 地基的分类

地基可以分为天然地基和人工地基两大类。

(1) 天然地基 天然地基是指天然土层具有足够的承载力，不需人工加固处理便可直接承受建筑物荷载的地基。岩石、碎石、砂石、黏土等，一般均可作为天然地基土，上部的基础一般为浅基础。这种地基的造价较低，在工程允许的情况下，优先采用天然地基。

(2) 当土层的承载力较差或虽然土层较好，但上部荷载较大时，为使地基具有足够的承载能力，可以对土层进行人工加固，这种经人工处理的土层，称为人工地基。

常用的人工加固地基的方法有压实法、换土法和桩基。桩基由设置于土中的桩和承接上部结构的承台组成。桩基的桩数不止一根，各桩在桩顶通过承台连成一体(图 2-2),按桩的受力方式分为端承桩和摩擦桩。

二、基础概述

1. 基础

基础是将结构所承受的各种作用传递到地基上的结构组成部分,它是建筑物的地面以下的组成部分。

2. 基础埋深

基础埋深是指从室外设计地面到基础底面的垂直距离,如图 2-3 所示。

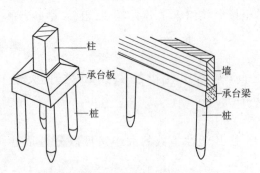

图 2-2 桩基的组成

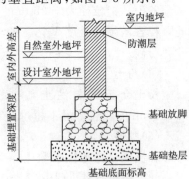

图 2-3 基础的埋深

室外地坪分为自然地坪和设计地坪,自然地坪是指施工建造场地的原有地坪,设计地坪是指按设计要求,工程竣工后室外场地经过挖填后的地坪。

在满足地基稳定和变形要求的前提下,基础宜浅埋,一般民用建筑的基础应优先考虑浅基础,除岩石地基外,基础埋深不宜小于 0.5m。否则,地基受到建筑物荷载作用后,四周土层可能因遭受挤压而变得松散,使基础失去稳定性。另外,基础容易受到地表面的各种侵蚀、雨水冲刷、机械破坏而导致基础暴露,从而影响建筑安全。

3. 基础宽度

基础的宽度由工程设计计算决定。柔性基础底面的宽度不包括垫层的宽度。

4. 大放脚

基础墙加大加厚的部分,用烧结砖、混凝土、灰土等刚性材料制作的基础均应做大放脚。

5. 基础与地基的区别

基础是建筑物的组成部分,而地基不是建筑物的组成部分。基础将承受的上部结构的荷载传给地基。

三、地基与基础的要求

1. 地基承载能力和均匀程度

建筑物的建造地址尽可能选在地基土的地基承载力较高且分布均匀的地段,如岩石类、碎石类等土质地段。若地基土质不均匀,会给基础设计增加困难。若处理不当将会使建筑物发生不均匀沉降而引起墙身开裂,甚至影响建筑物的使用。

2. 地基强度和耐久性

基础是建筑物的重要承重构件,它对整个建筑的安全起着保证作用。因此,基础所用的材料必须具有足够的强度,才能保证基础能够承担建筑物的荷载并传递给地基。

基础是埋在地下的隐蔽工程,由于它在土中经常受潮,而且建成后检查和加固也很困难,所以在选择基础的材料和构造形式时,应与上部结构的耐久性相适应。

第二节 基础的埋深及影响因素

一、基础的埋置深度

(1)浅基础

埋深小于 5m 或埋深小于 4B 称为浅基础(B 为基础宽度,埋深最小为 500mm)。

(2)深基础

埋深大于等于 5m 或埋深大于等于 4B 称为深基础。

二、基础埋置深度的影响因素

(1)工程地质条件

基础的埋深应选择厚度均匀、压缩性小、承载力高的土层作为基础的持力层,且尽量浅埋,但埋置深度不宜小于 0.5m。若地基土质差,承载力低,则应该将基础深埋,或结合具体情况另外进行加固处理。

(2)水质条件

决定基础的埋置必须确定地下水的常年水位和最高水位。因为地下水对某些土层的承载能力有很大影响。如黏性土在地下水上升时,将因含水量增加而膨胀,土的强度降低;当地下水下降时,基础将产生下沉,所以为避免地下水的变化影响地基承载力及防止地下水对基础施工带来的影响,一般基础宜埋在地下常年水位之上,这样可不需进行特殊防水处理,节省造价。

(3)建筑物上部荷载的大小和性质

一般高层建筑的箱形和筏形基础埋置深度为地面以上建筑物总高度的1/15;多层建筑一般根据地下水位及冻土深度来确定埋深尺寸。

(4)建筑物的用途、有无地下室、设备基础和地下设施

当建筑物设有地下室时,基础埋深要受地下室地面标高的影响,给水排水、供热等管道原则上不允许从基础底下通过,一般可以在基础上设洞口,且洞口顶面与管道之间要留有足够的净空高度,以防止基础沉降压裂管道。

(5)相邻建筑物的基础埋深

新建房屋的基础埋置深度不宜大于原有房屋的基础埋深,并应考虑新加荷载对原有建筑物的不利作用。若新建房屋的基础埋深大于原有房屋的基础深度,两基础间应保持一定间距或采取一定措施加以处理。

(6)地基土壤冻胀深度

应根据当地的气候条件了解土层的冻结深度,一般基础的埋深应在土层的冻结深度以下。若将基础埋在冻胀土之上,冬天土层的冻胀力会把房屋拱起,产生变形,天气转暖,冻土解冻时又会产生陷落。

第三节 基 础 构 造

一、无筋扩展基础

凡由刚性材料建造、受刚性角限制的基础,如素混凝土、毛石混凝土、毛石、砖、灰土、三合土等材料组成的墙下条形基础或柱下独立基础称无筋扩展基础,也称刚性基础。砖、毛石或毛石混凝土基础剖面如图2-4所示。

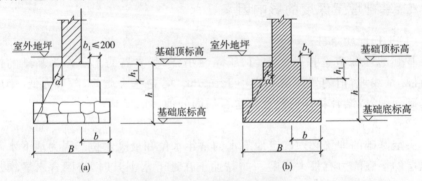

图 2-4 无筋扩展基础剖面图
(a)毛石或毛石混凝土基础剖面图;(b)砖基础剖面图

无筋扩展基础的放脚(基础的扩大部分)较高,体积较大,埋置较深,但有利于使用地方材料,成本较低,施工简便,应用很广。无筋扩展基础适用于土质较均匀、地下水位较低、层数为六层以下的砖墙承重建筑。无筋扩展基础构造如图 2-5 所示。

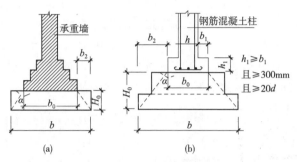

图 2-5 无筋扩展基础(刚性基础)构造示意图

(a)断面图;(b)构造示意图

d—柱中纵向钢筋直径

二、扩展基础

扩展基础是指柱下钢筋混凝土独立基础和墙下钢筋混凝土条形基础。当建筑物的荷载较大而地基承载能力较小时,基础底面必须加宽,如果仍采用混凝土材料做基础,势必加大基础的埋深,这样很不经济。如果在混凝土基础的底部配以钢筋,利用钢筋来承受拉应力,使基础底部能够承受较大的弯矩,这时基础宽度不受刚性角的限制,因而放脚矮、体积小、挖方少、埋置浅,故称钢筋混凝土基础为非刚性基础或柔性基础。但其耗用钢材、水泥和模板量大,且技术要求较高,因而多用于土质较差、荷载较大、地下水位较高等条件下的大中型建筑,如图 2-6 所示。钢筋混凝土基础下一般要做 70~100mm 厚的混凝土垫层。

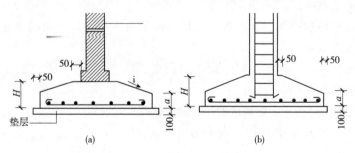

图 2-6 扩展基础(单位:mm)

(a)墙下条形基础断面;(b)柱下独立基础断面

三、柱下条形基础

在连续的墙下或密集的柱下宜采用条形基础。这种基础纵向整体性好,可减缓局部不均匀下沉。缺点是土方量大,施工场地开挖纵横沟槽,搬运不便,如图2-7所示。按基础的受力情况分刚性与柔性两种。

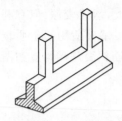

图2-7 柱下条形基础

(1)刚性条形基础采用混凝土、毛石混凝土、毛石浆砌、石灰三合土、片石、普通砖和灰土等抗弯强度不高的材料,仅用于五层及以下的一般民用建筑或砖石承重的轻型厂房,如图2-8所示。

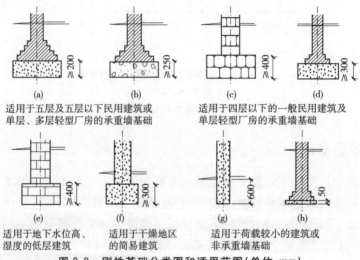

图2-8 刚性基础分类图和适用范围(单位:mm)
(a)混凝土;(b)毛石混凝土;(c)浆砌毛石;(d)石灰石合土;
(e)片石或卵石;(f)灰土;(g)土坯墙;(h)砖基础

1)混凝土及毛石混凝土基础适用于五层及以下民用建筑或单层、多层轻型厂房的承重墙基础。

2)浆砌毛石和石灰三合土基础适用于四层以下的一般民用建筑及单层轻型厂房的承重墙基础。

3)片石(或卵石)基础适用于地下水位高、湿度大的底层建筑基础。

4)灰土地基适用于干燥地区的建议建筑基础。

5)土坯墙和砖基础适用于荷载较小的建筑或非承重墙基础。

(2)柔性条形基础主要采用钢筋混凝土,其剖面如图2-9所示。

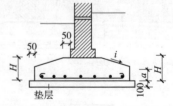

图2-9 条形基础断面(单位:mm)

四、筏形基础与箱形基础

由整片的钢筋混凝土板承受整个建筑的荷载并传给地基,这种基础形似筏子,故称筏形基础,也称满堂基础。筏形基础的结构形式又可分为平板式和梁板式两大类。板式基础板的厚度较大、结构简单,基础底板扩大到同底面积一样或更大;梁板式基础板的厚度较小,但增加了双向梁,将纵横两向的条形基础联结成十字形整体,构造复杂;梁板式基础又分为单向肋式和双向肋式。筏形基础适用于地基承载力较差、荷载较大的建筑,如图 2-10 所示。

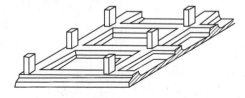

图 2-10 梁板式筏形基础

对于上部结构荷载大、对地基不均匀沉降要求严格的高层建筑、重型建筑或软土地基上的多层建筑,为增加基础刚度,常将基础做成箱形基础。

箱形基础是指由底板、顶板、侧墙及一定数量内隔墙构成的整体刚度较好的单层或多层钢筋混凝土基础。基础的中空部分可用作地下室或地下停车库。箱形基础埋深较大,空间刚度大,整体性强,能抵抗地基的不均匀沉降,较适用于高层建筑或在软弱地基上建造的重型建筑物,如图 2-11 所示。

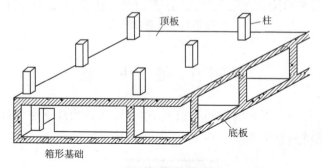

图 2-11 箱形基础

五、桩基础

桩基础是深基础的一种形式,也是一种地基加固的方法。当建筑物的上部荷载很大,并且地基土的上部软弱土层很厚时,如果基础埋在软弱土层,且采用对软弱土层进行人工处理又有困难或者不经济时,建筑物的基础可以考虑采用桩基础的形式。桩基础由桩身和承台梁(或板)组成。桩基础是按照设计的点位将桩身置入土中,在桩的顶部浇筑钢筋混凝土承台梁,承台梁上接柱或墙体,以便将建筑荷载均匀地传递到桩基上,如图 2-12 所示。在寒冷地区,承台梁下应铺设100mm左右厚的粗砂或焦碴,以防止土壤冻胀引起承台梁的反拱破坏。桩基础的形式又可以分为多种类型,如图2-13所示。

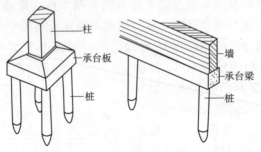

图2-12 桩基础构造

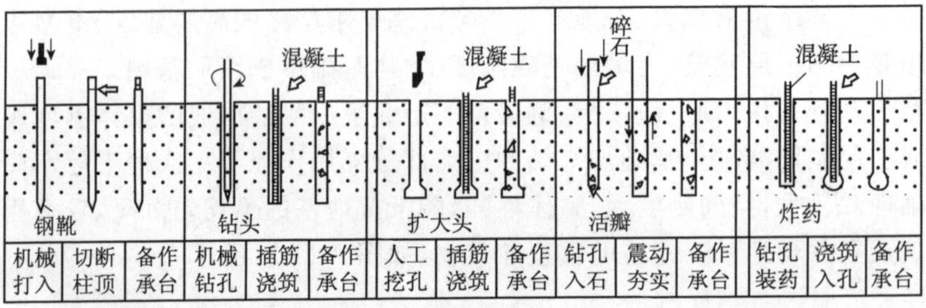

图2-13 桩基础形式

第四节 地 下 室

建筑物室外地坪以下的房间叫做地下室,因其利用地下空间而节约了建设用地。地下室的示意图如图2-14所示。

图2-14 地下室示意图

一、地下室分类

地下室按使用功能分,分为普通地下室和防空地下室;按顶板标高分,分为半地下室(埋深为地下室净高的 1/3~1/2)和全地下室(埋深为地下室净高的 1/2 以上);按结构材料分,分为砖混结构地下室和钢筋混凝土结构地下室。

二、地下室的组成

地下室由墙体、顶板、底板、门窗、楼(电)梯五大部分组成。

1. 墙体

地下室的外墙应按挡土墙设计,如用钢筋混凝土或素混凝土墙,应按计算确定,其最小厚度除应满足结构要求外,还应满足抗渗厚度的要求,其最小厚度不应低于 250mm,外墙应作防潮或防水处理。

2. 顶板

顶板可用预制板、现浇板,或者预制板上作现浇层(装配整体式楼板)。在无采暖的地下室顶板上,即首层地板处应设置保温层,以便首层房间使用舒适。

3. 底板

底板处于最高地下水位以上,并且无压力产生作用的可能时,可按一般地面工程处理;如底板处于最高地下水位以下时,底板不仅承受上部垂直荷载,还承受地下水的浮力荷载,因此应采用钢筋混凝土底板,并双层配筋,底板下垫层上还应设置防水层,以防渗漏。

4. 门窗

普通地下室的门窗与地上房间、门窗相同,地下室外窗如在室外地坪以下时,应设置采光井和防护箅,以便室内采光、通风和室外行走安全。防空地下室一般不允许设窗,如需开窗,应设置暂时堵严措施。防空地下室的外门应按防空等级要求,设置相应的防护构造。

5. 楼(电)梯

楼(电)梯可与地面上房间结合设置,层高小或用作辅助房间的地下室可设置单跑楼梯,防空要求的地下室至少要设置两部楼梯通向地面的安全出口,并且必须有个是独立的安全出口;这个安全出口周围不得有较高建筑物,以防空袭倒塌时堵塞出口,影响疏散。

第三章 墙　　体

第一节　概　　述

在砌体结构房屋中,墙体是主要的承重构件。在其他类型的建筑中,墙体可能是承重构件,也可能是围护构件。由于它所占的造价比重较大,因而在工程设计中,合理地选择墙体材料、结构方案及构造作法十分重要。

一、墙体的作用

1. 承重作用

墙体承受楼板、屋顶传来的竖向荷载,水平的风荷载、地震作用,还有墙体的自重,并传给下面的基础。

2. 围护作用

墙体抵御自然界风、雪、雨的侵袭,防止太阳辐射和噪声的干扰,起到保温、隔热、隔声等作用。

3. 分隔作用

墙体可以将空间分为室内和室外空间,也可以将室内分成若干个小空间或小房间。各使用空间相对独立,可以避免或减小相互之间的干扰。

4. 装修作用

墙面装修是建筑装修的重要部分,对整个建筑物的装修效果影响很大。墙体的作用不一定是单一的,根据所处的位置可以兼有几种作用。

二、墙体的分类

墙体按所处位置可以分为外墙和内墙。墙体按布置方向又可以分为纵墙和横墙。另外,根据墙体与门窗的位置关系,平面上窗洞口间的墙体可以称为窗间墙,立面上窗洞口之间的墙体可以称为窗下墙。不同位置的墙体名称如图 3-1、图 3-2 所示。

按受力情况可以将墙体分为承重墙和非承重墙两种。承重墙直接承受楼板

第三章 墙 体

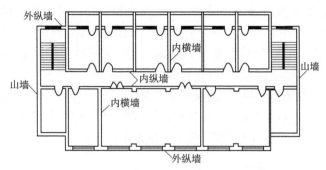

图 3-1 墙体按水平位置和方向分类

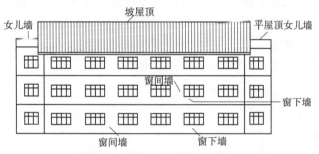

图 3-2 墙体按垂直位置分类

及屋顶传下来的荷载。在混合结构中,非承重墙可以分为自承重墙和隔墙。自承重墙仅承受自身重量,并把自重传给基础。隔墙则把自重传给楼板层或附加的小梁。

按照构造方式墙体可以分为实体墙、空体墙和组合墙三种。实体墙由单一材料组成,如砖墙、砌块墙等。空体墙也是由单一材料组成,可由单一材料砌成内部空腔,也可用具有孔洞的材料建造成,如空斗砖墙、空心砌块墙等。组合墙由两种以上材料组合而成,例如混凝土、加气混凝土复合板材墙。其中混凝土起承重作用,加气混凝土起保温隔热作用。墙体构造形式如图 3-3 所示。

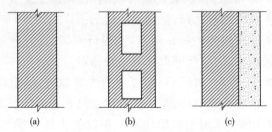

图 3-3 墙体构造形式
(a)实体墙;(b)空体墙;(c)组合墙

· 35 ·

按施工方法和构造可分为叠砌墙、版筑墙和装配式墙。叠砌墙包括实砌砖墙、空斗墙和砌块墙等,是各种材料制作的块材(如黏土砖、空心砖、灰砂砖、石块、小型砌块等),用砂浆等胶结材料砌筑而成,也叫块材墙。版筑墙是在施工时,先在墙体部位竖立模板,然后在模板内夯筑或浇筑材料夯实而成的墙体。如夯土墙、灰砂土筑墙以及滑模、大模板施工的混凝土墙体等。装配式墙是在预制厂生产的墙体构件,运到施工现场进行机械安装的墙体,包括板材墙、组合墙等。装配式墙的特点是机械化程度高,施工速度快、工期短。

三、墙体的功能要求

墙体应具有足够的强度和稳定性,其中包括合适的材料性能、适当的截面形状和厚度以及连接的可靠性,并且要有必要的保温、隔热等方面的性能。墙体选用的材料及截面厚度,应符合防火规范中相应燃烧性能和耐火极限所规定的要求,并满足隔声、防潮、防水以及经济等方面的要求。

四、墙体主要材料

1. 砖墙材料

砖墙是用砂浆将砖按一定技术要求砌筑而成的砌体,主要材料是砖与砂浆。

(1)砖

砖的种类较多,承重墙部位应用较多的是多孔砖和实心砖,空心砖主要应用在非承重墙部位。

烧结普通砖是我国传统的墙体材料,标准烧结普通砖的规格为 240mm×115mm×53mm,加上砌筑时的灰缝尺寸 10mm,形成 4:2:1 的尺度关系,如图 3-4 所示。砌筑 1m³ 砖砌体,需要 512 块标准砖。标准砖的强度等级有五个:MU30、MU25、MU20、MU15、MU10,砌墙用砖的强度等级一般为 MU7.5 和 MU10。需要指出的是,烧结普通砖中的黏土砖,因其毁田取土,能耗大、块体小、施工效率低,砌体自重大,抗震性差等缺点,在我国主要大、中城市及地区已被禁止使用。需重视烧结多孔砖、烧结空心砖的推广应用,因地制宜地发展新型墙体材料。利用工业废料生产的粉煤灰砖、煤矸石砖、页岩砖等以及各种砌块、板材正在逐步发展起来,应将逐渐取代普通烧结砖。

多孔砖是以黏土、页岩、煤矸石、粉煤灰为主要原料,经焙烧而成,孔多而密,孔洞率≥25%,用于承重墙体,是一种替代烧结普通砖的新型产品,具有节约土地资源和能源的功效,适用于多层住宅及相近的建筑工程。目前北京和华北西北地区多孔砖有 P 型多孔砖和模数(DM 型或 M 型)砖两大类。孔洞的形式有圆形和方形通孔。多孔砖在使用上更接近普通砖。模数多孔砖在推进建筑产

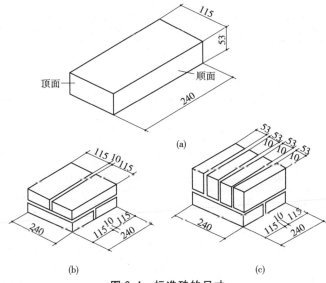

图 3-4 标准砖的尺寸

品规范化、提高效益等方面有进一步的优势,工程设计可根据实际情况选用。多孔砖在具备普通砖各种天然优点的同时,在减少土地资源消耗,减轻建筑墙体自重,增强保温隔热性能,节约能耗及抗震性能方面均优于实心砖。

烧结空心砖的外形为直角六面体,长、宽、高应符合下列系列 290mm×190(140)mm×90mm;240mm×180(175)mm×115mm。在与砂浆的结合面上设有增加结合力 1mm 以上的空洞采用矩形条孔或其他孔形,且平行于大面和条面。烧结空心砖主要用于填充墙和隔断墙,只承受自身的重量。空心砖的抗压强度比实心砖和多孔砖低得多,分为 MU5.0、MU3.0、MU2.0 三个等级。

在砌筑过程中,为保证错缝搭接,避免形成通缝,通常还与主规格砖配合使用的配砖,如半砖、七分头(3/4 砖)、M 型砖的系列配砖等。

黏土模数多孔砖和 KP1 多孔砖的砖型及其主要性能指标见表 1、表 3-2 和图 3-5、图 3-6。表 3-1 与表 3-2 中,DPM 为配砖,KP-P 为七分砖;—1 为圆形孔,—2 为长方形孔。

表 3-1 黏土模数多孔砖砖型及主要性能指标

砖型	规格/mm	孔洞率(%)	强度等级	重量/kg	平均热导率/[W/(m·K)]
DM_1—1	190×240×90	29.5	MU10,MU15	5.3	<0.60
DM_1—2		30	MU10,MU15	5.2	<0.60
DM_2—1	190×190×90	27.4	MU10,MU15	4.3	<0.60
DM_2—2		32.3	MU10,MU15	4.0	<0.60

续表

砖型	规格/mm	孔洞率(%)	强度等级	重量/kg	平均热导率/[W/(m·K)]
DM_3-1	190×140×90	28.1	MU10,MU15	3.2	<0.60
DM_3-2		28.6	MU10,MU15	3.2	<0.60
DM_4-1	190×90×90	24.5	MU10,MU15	2.1	≤0.60
DM_4-2		28.5	MU10,MU15	2.0	<0.60
DMP	190×90×40	0	MU10,MU15	1.9	(配砖)

表 3-2 黏土 KP_1 多孔砖砖型及主要性能指标

砖型	规格/mm	孔洞率(%)	强度等级	重量/kg	平均热导率/[W/(m·K)]
KP_1-1	240×115×90	25.1	MU10,MU15	3.4	≤0.60
KP_1-2		29.1	MU10,MU15	3.2	<0.60
$KP-P_1$	180×115×90	25.7	MU10,MU15	2.6	<0.60
$KP-P_2$		25.7	MU10,MU15	2.5	<0.60

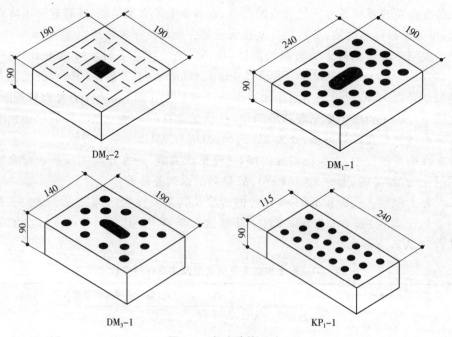

图 3-5 多孔砖的尺寸

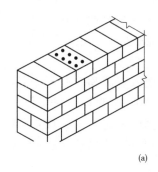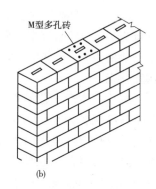

图 3-6 多孔砖的组砌

(a)P 型多孔砖;(b)M 型多孔砖

(2)砂浆

砂浆的作用是粘接砌块、填实缝隙、传递荷载。砂浆按其成分有水泥砂浆、石灰砂浆和混合砂浆等。

1)水泥砂浆由水泥、砂加水拌和而成,属于水硬性材料。这种砂浆强度较高、保水性好,用在砌筑潮湿环境下的砌体、地下工程等。

2)石灰砂浆由石灰膏、砂加水拌和而成,属于气硬性材料。这种砂浆强度不高、和易性好,用在砌筑次要的、临时的、简易的民用建筑中地面以上的砌体。

3)混合砂浆由水泥、石灰膏、砂和水拌和而成。混合砂浆的强度较高、和易性好、保水性好,多用在砌筑地面以上的砌体。

用在地面以下的砂浆只能选用水泥砂浆。水泥砂浆的强度等级有 M15、M10、M7.5、M5 四个等级。

2. 砌块墙体材料

砌块一般为天然石料或以水泥、硅酸岩、煤矸石、天然熟料以及煤灰、石灰、石膏等胶结材料,与砂石、煤渣、天然轻集料等集料,经原料处理加压或冲击、振动成形,再以干或湿热养护而制成的砌墙块材。

3. 砌块的类型与规格

(1)砌块按材料可分为普通混凝土砌块、加气混凝土砌块、轻集料混凝土砌块及利用各种工业废料制成的砌块。

(2)砌块按在组砌中的作用与位置可分为主砌块和辅助砌块。

(3)砌块按用途可分为承重砌块和非承重砌块。

(4)砌块按生产工艺可分为烧结砌块和蒸养蒸压砌块。

(5)砌块按单块重量和幅面大小可分为小型砌块(主规格高度为 115~380mm)、中型砌块(主规格高度为 380~980mm)和大型砌块(主规格高度大于

980mm)。小型砌块的重量一般不超过20g,适合人工搬运和砌筑;中型砌块的重量为20~350g,有空心砌块和实心砌块之分,需要用轻便机具搬运和砌筑;大型砌块的重量一般在350g以上,是向板材过渡的一种形式,需要用大型设备搬运和施工。

砌块的生产工艺简单,生产周期短;可以充分利用地方资源和工业废渣,有利于环境保护;尺寸大,砌筑效率高,可提高工效;通过空心化,可以改善墙体的保温、隔热性能,是当前大力推广的墙体材料之一。我国各地生产的砌块,其规格、类型极不统一,从使用情况来看,主要以中、小型砌块和空心砌块居多(如图3-7所示)。目前常用砌块有以下几种类型:

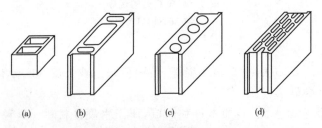

图 3-7 空心砌块的形式
(a)、(b)单排方孔;(c)单排圆孔;(d)多排扁孔

1)混凝土小型空心砌块

混凝土小型空心砌块是普通混凝土小型空心砌块和轻集料小型空心砌块的总称,简称小砌块,由普通混凝土或轻集料混凝土制成,空心率为25%~50%,其孔洞有单排孔、双排孔和多排孔之分。单排孔小砌块是指沿厚度方向只有一排孔洞的小砌块,沿厚度方向有双排条形孔洞或多排条形孔洞的小砌块称为双排孔或多排孔小砌块,如图3-8所示。砌块的强度等级为MU5、MU7.5、MU10、MU15和MU20。其中,轻集料有天然轻集料(浮石、火山渣)、工业废渣(煤渣、天然煤矸石)和人造轻集料(黏土陶粒、页岩陶粒、粉煤灰陶粒混凝土小型空心砌块具有保护耕地,节约能源、充分利用地方资源和工业废渣,劳动生产率高,有利于建筑节能和综合效益,是一种可持续发展的墙体材料,发展前景广阔。

小型空心砌块尺寸多为190mm×190mm×390mm,辅助块尺寸为90mm×190mm×190mm 和 190mm×190mm×90mm,一般为单排孔。

2)蒸压加气混凝土砌块

加气混凝土砌块是含硅材料(如砂、

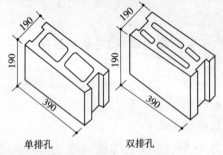

图 3-8 混凝土小型空心砌块

粉煤灰、尾矿粉等)和钙质材料(如水泥、石灰等)加水并加适量的发气剂和其他外加剂,经混合搅拌,浇铸成形、胚体静停与切割后,再经蒸压或常压蒸气养护制成。

主要规格尺寸有:600mm×100mm×200mm、600mm×150mm×200mm、600mm×60mm×240mm、600mm×120mm×240mm,等等几种类型。

这种砌块具有表观密度小,保温及耐火性好,易于加工,抗震性强,隔声性好等优点,适用于低层建筑的承重墙,多层和高层建筑的非承重墙、隔断墙、填充墙,以及工业建筑物的围护墙体和绝热材料。这种砌块易干缩开裂,必须做好饰面层。若无有效措施不得用于以下部位:建筑物标高±0.000以下;长期浸水或经常受干湿交替作用;受酸碱化学物质腐蚀;制品表面温度高于80℃。

3)粉煤灰硅酸盐砌块

粉煤灰硅酸盐砌块是以粉煤灰、石灰、石膏和集料为原料,加水搅拌,振动成形,蒸汽养护制成的一种密实砌块。硅酸盐砌块是利用工业废料经过加工处理制成,强度比实心砖低。砌块的主规格尺寸为880mm×380mm×240mm和880mm×430mm×240mm。

这类砌块主要用于工业与民用建筑的墙体和基础,但不适用于有酸性侵蚀介质的、密封性要求高的、易受较大震动的建筑物,以及受高温潮湿的承重墙。粉煤灰小型空心砌块是一种新型材料,其性能应符合相关标准的规定,适用于非承重墙和填充墙。

4)石膏砌块

石膏砌块是以建筑石膏为原料,经料浆搅拌浇筑成形,自然干燥或烘干而制成的轻质块状材料。有时可以加入各种轻集料、填充料、纤维增强材料、发泡剂等辅助材料。

石膏砌块具有特殊的"呼吸"功能。因其表观密度小,孔隙率高,具有良好的蓄热功能和保温、隔热性能,有利于建筑节能。同时,石膏中含有结晶水,在遇火时可以释放结晶水,吸收大量热量,并形成水雾以阻止火势蔓延。石膏砌块适用于框架结构和其他结构中的非承重墙体,一般作内隔墙用,尤其适用于高层建筑和有特殊防火要求的建筑。

4. 砌筑砂浆及砌块灌孔混凝土

混凝土砌块砌筑砂浆是由水泥、砂、水以及根据需要掺入的掺合料和外加剂等组分,按一定比例,采用机械拌和制成,专门用于砌筑混凝土砌块的砌筑砂浆,简称砌块专用砂浆,混凝土小型空心砌块砌筑砂浆的强度等级为M5、M7.5、M10和M15。

砌块灌孔混凝土是由水泥、集料、水以及根据需要掺入的掺合料和外加剂等组分,按一定比例,采用机械搅拌后,用于浇筑混凝土砌块砌体芯柱或其他需要填实部位孔洞的混凝土,简称砌块灌孔混凝土,混凝土小型空心砌块的灌孔混凝土强度等级为C20、C25和C30。

第二节　砌体墙的构造

一、实心砖墙构造

墙身的细部构造一般指在墙身上的细部做法,其中包括防潮层、勒脚、散水、明沟、窗台、过梁等。

1. 防潮层

在墙身中设置防潮层的目的是防止土壤中的水分沿基础墙上升及勒脚部位的地面水进入影响墙身。它的作用是提高建筑物的耐久性,保持室内干燥。

防潮层的高度应在室内地坪与室外地坪之间,标高多为$-0.07\sim-0.06$m,以地面垫层中部为最理想,其主要有防水砂浆防潮层、油毡防潮层和混凝土防潮层。

(1)防水砂浆防潮层

防水砂浆防潮层的一种做法是抹一层20mm厚的1∶3水泥砂浆加5%防水剂拌和而成的防水砂浆。另一种是用防水砂浆砌筑4皮至6皮砖,位置在室内地坪上下(图3-9)。

(2)油毡防潮层

在防潮层部位先抹20mm厚的砂浆找平层,然后干铺油毡一层或用热沥青粘贴一毡二油。油毡的宽度应与墙厚一致,或稍大一些。油毡沿长度铺设,搭接长度不小于100mm。油毡防潮较好,但使基础墙和上部墙身断开,减弱了砖墙的抗震能力(图3-10)。

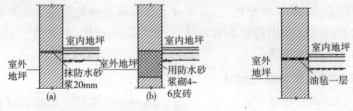

图3-9　防水砂浆防潮层　　　　图3-10　油毡防潮层

(3)混凝土防潮层

由于混凝土本身具有一定的防水性能,常把防水要求和结构做法合并考虑。即在室内外地坪之间浇筑60mm厚的混凝土地梁防潮层,内放3φ6、φ4@250

钢筋(图 3-11)。

此外,湿度大的房间的外墙或内墙内侧应设置防潮层。

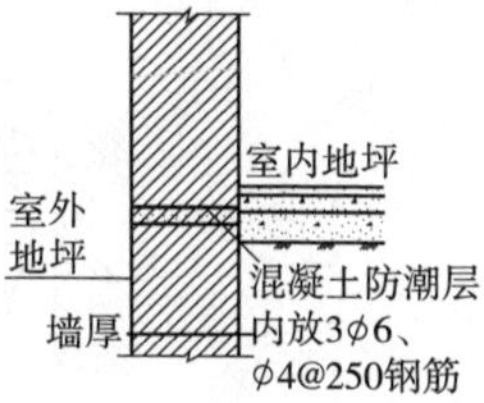

2. 勒脚

外墙墙身下部靠近室外地坪的部分叫勒脚。勒脚的作用是防止地面水、屋檐滴下的雨水的侵蚀,从而保护墙面,保证室内干燥,提高建筑物的耐久性;同时,还有美化建筑外观的作用。勒脚经常采用抹水泥砂浆、水刷石或加大墙厚的办法做成。勒脚的高度一般为室内地坪与室外地坪的高差,也可以根据立面的需要而提高勒脚的高度尺寸(图 3-12)。

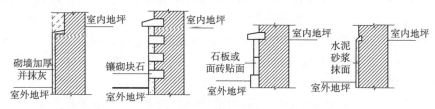

图 3-11 混凝土防潮层

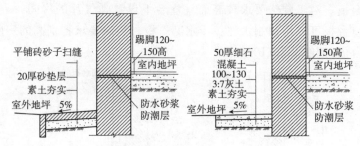

图 3-12 勒脚

3. 散水与明沟

散水指的是靠近勒脚下部的排水坡;明沟是靠近勒脚下部设置的排水沟。它们的作用都是为了迅速排除从屋檐滴下的雨水,防止因积水渗入地基而造成建筑物的下沉。散水的宽度应稍大于屋檐的挑出尺寸,且不应小于 600mm。散水坡度一般在 5% 左右,外缘高出室外地坪 20~50mm 较好。散水的常用材料为混凝土、砖、炉渣等(图 3-13)。当散水采用混凝土时,宜按 20~30m 间距设置伸缩缝。散水与外墙之间宜设缝,缝宽可为 20~30mm,缝内应填沥青类材料。

图 3-13 散水(单位:mm)

明沟是将积水通过明沟引向下水道,一般在年降雨量为 900mm 以上的地区才选用。沟宽一般在 200mm 左右,沟底应有 5% 左右的纵坡。明沟的材料可以用砖、混凝土等(图 3-14)。

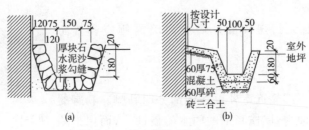

图 3-14 排水明沟(单位:mm)

4. 窗台

窗洞口的下部应设置窗台。窗台根据窗子的安装位置可形成内窗台和外窗台。外窗台是为了防止在窗洞底部积水,并流向室内;内窗台则是为了排除窗上的凝结水,以保护室内墙面及存放东西、摆放花盆等。窗台高度一般取 900mm(窗台高度低于 800mm,住宅窗台低于 900mm 时,应采取防护措施)。窗台的净高或防护栏杆的高度均应从可踏面起算,以保证净高达到 900mm 的要求。窗台的底面檐口处,应做成锐角形或半圆凹槽(称为"滴水"),以便于排水,减少对墙面的污染。

(1)外窗台的做法

1)砖窗台。砖窗台应用较广,有平砌挑砖和立砌挑砖两种做法。表面可抹 1:3 水泥砂浆,并应有 10% 左右的坡度。挑出尺寸大多为 60mm。

2)混凝土窗台。这种窗台一般是现场浇筑而成。

(2)内窗台的做法

1)水泥砂浆抹窗台。一般是在窗台上表面抹 20mm 厚的水泥砂浆,并应突出墙面 5mm 为好,如图 3-15(a)所示。

2)窗台板。对于装修要求较高而且窗台下设置暖气片的房间,一般均采用窗台板。窗台板可以用预制水泥板或水磨石板。装修要求特别高的房间还可以采用木窗台板,如图 3-15(b)所示。

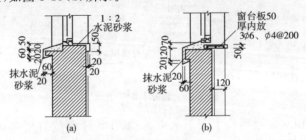

图 3-15 窗台

(a)外侧半砖内侧抹砂浆;(b)外侧立砖内侧窗台板

5. 过梁

为承受门窗洞口上部的荷载,并把它传到门窗两侧的墙上,以免门窗框被压坏或变形,所以在其上部要加设过梁。过梁上的荷载一般呈三角形分布,为计算方便,可以把三角形折算成1/3洞口宽度,过梁只承受其上部1/3洞口宽度的荷载,因而过梁的断面不大,梁内配筋也较少(图3-16)。过梁一般分为钢筋混凝土过梁、砖砌平拱、钢筋砖过梁等几种。

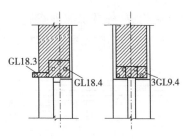

图 3-16 过梁

GL-过梁;18-洞口宽度;
4-荷载等级和截面形式

(1) 预制钢筋混凝土过梁

预制钢筋混凝土过梁是采用比较普遍的一种过梁。

图3-16所列矩形截面的过梁主要用于内墙和外墙的里皮;小挑檐过梁和大挑檐过梁主要用于外墙的外侧。选用过梁时根据墙厚来确定数量,根据洞口来确定型号。例如宽900mm的门洞口,墙厚为360mm,应选3根GL9.4;再如1800mm的窗口外墙为360mm,采用大挑檐过梁,应选取GL18.3和GL18.4两根过梁。

(2) 钢筋砖过梁

钢筋砖过梁又称苏式过梁。这种过梁的用砖应不低于MU7.5,砂浆不低于M12.5,洞口上部应先支木模,上放直径不小于5mm的钢筋,间距不大于120mm,伸入两边墙内应不小于240mm。钢筋上下应抹砂浆层。这种过梁的最大跨度为1.5m(图3-17)。

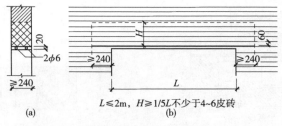

图 3-17 钢筋砖过梁

(3) 砖砌平拱

这种过梁是采用竖砌的砖作为拱券。这种券是水平的,故称平拱。砖应不低于MU7.5,砂浆不低于M2.5。这种平拱的最大跨度为1.2m(图3-18)。

6. 窗套与腰线

窗套与腰线都是立面装修的做法。窗套由带挑檐的过梁、窗台和窗边挑出立砖构成,外抹水泥砂浆后,可再刷白浆或做其他装饰。腰线是指过梁和窗台形成的上下水平线条,外抹水泥砂浆后,刷白浆或做其他装饰(图3-19)。

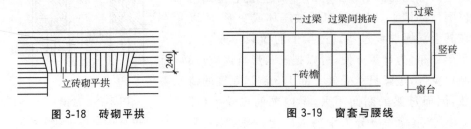

图3-18 砖砌平拱   图3-19 窗套与腰线

7. 檐部

墙身上部与屋檐相交处的构造称为檐部。檐部包括女儿墙、挑檐板和斜板挑檐等。

8. 烟道与通风道

在住宅或其他民用建筑中,为了排除炉灶的烟气或其他污浊空气,常在墙内设置烟道和通风道。烟道和通风道分为现场砌筑或预制构件进行拼装两种做法。

砖砌烟道和通风道的断面尺寸应根据排气量来决定,但不应小于120mm×120mm。烟道和通风道除单层房屋外,均应有进气口和排气口。烟道的排气口在下,距楼板1m左右较合适;通风道的排气口应靠上,距楼板底300mm较合适。烟道和通风道不能混用,以避免串气(图3-20)。

混凝土烟风道及烟风道。一般为每层一个预制构件,上下拼接而成,其断面形状如图3-21所示。

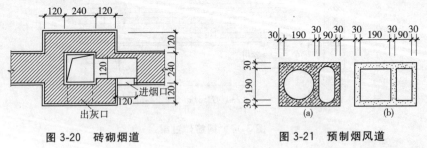

图3-20 砖砌烟道   图3-21 预制烟风道

二、多孔砖墙构造

1. DM多孔砖墙体构造

(1)墙脚

DM多孔砖墙墙脚构造,如图3-22所示。

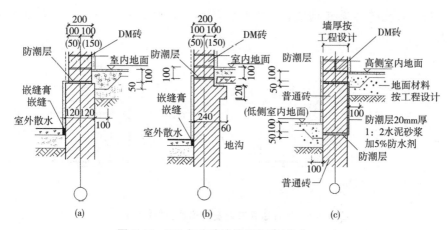

图 3-22　DM 多孔砖墙墙脚构造（单位：mm）
(a)做法一；(b)做法二；(c)做法三

防潮层以下墙体采用普通砖，墙脚厚度可为 200mm、250mm、300mm、350mm，其中 300mm 厚墙脚可采用一砖加斗砖，砂浆必须饱满。

(2)窗台及窗套

1)DM 多孔砖墙窗台构造，如图 3-23 所示。窗台板采用预制水磨石、石材、木材或水泥砂浆抹面。窗台粉刷均为 1:2.5 水泥砂浆抹面。

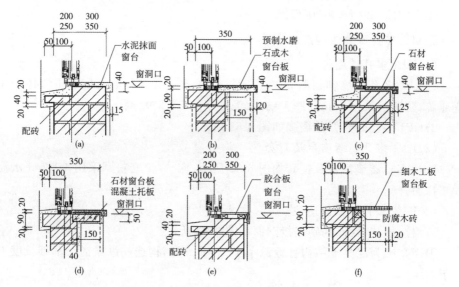

图 3-23　DM 多孔砖墙窗台构造（单位：mm）
(a)水泥抹面窗台；(b)预制水磨石或木窗台板；(c)石材窗台板；
(d)石材窗台板加混凝土托板；(e)胶合板；(f)细木工板窗台板

2)面多孔砖墙窗套构造,如图3-24所示。窗套粉刷为1∶2.5水泥砂浆抹面。

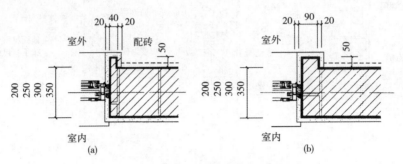

图3-24　DM多孔砖墙窗套构造(单位:mm)
(a)做法一;(b)做法二

(3)DM多孔砖墙构造柱
1)构造柱与墙身基础连接,如图3-25所示。
2)构造柱与墙身拉结筋
①一字墙身及构造柱,如图3-26所示。
②外墙转角,如图3-27所示。
③丁字墙,如图3-28所示。
④十字墙,如图3-29所示。

2. KP1多孔砖墙体构造

(1)KP1多孔砖墙脚
1)KP1多孔砖墙脚如图3-30所示。KP1多孔砖墙体防潮层以下墙体采用普通砖,防潮层采用20mm厚1∶2水泥砂浆加5%防水剂。
2)KP1多孔砖高低差墙脚如图3-31所示。
(2)KP1多孔砖墙窗台及窗套
KP1多孔砖墙窗台及窗套如图3-32所示,窗台、窗套粉刷采用1∶2.5水泥砂浆抹面。
(3)KP1多孔砖墙构造柱
1)构造柱与墙身、基础连接剖面如图3-33所示
①当基础为混凝土结构且埋深小于500mm时,构造柱纵筋锚入基础长度不小于l_a。
②构造柱最小配筋为纵筋4ϕ12,箍筋ϕ5@250,且在柱上下端加密至ϕ6@100;抗震设防烈度为7度时超过6层、8度时超过5层和9度时,构造柱最小配筋为纵筋4ϕ14,箍筋ϕ6@200,房屋四角的构造柱可适当加大截面和配置。

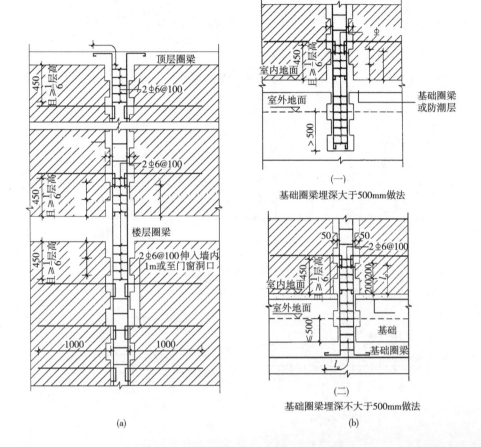

图 3-25 构造柱与墙身基础连接(单位:mm)

(a)构造柱与墙身连接剖面;(b)构造柱与基础连接剖面

注:1. 当基础为混凝土结构且埋深不大于 500mm 时,构造柱纵筋锚入基础长度不小于 la。

2. 构造柱最小配筋为纵筋 4φ12、箍筋 φ6@250,且在柱上下端加密至 φ6@100;抗震设计 7 度时超过 6 层、8 度时超过 5 层和 9 度时,构造柱最小配筋为纵筋 4φ12,箍筋 φ6@200。房屋四角的构造柱可适当加大截面和配筋。

3. 构造柱与墙体的拉结筋应从室内地面以上 500mm 高处起设置。

4. 基础圈梁截面高度为 180mm,当为防止或减轻底层墙体裂缝时,基础圈梁高度应适当增大;基础圈梁纵筋:墙厚为 190mm、240mm 时纵筋为 4φ12;墙厚为 290mm、340mm 时纵筋为 6φ12,基础圈梁箍筋为 6@200。

5. 当有地沟贴墙时,该处构造柱底部应伸至沟底。

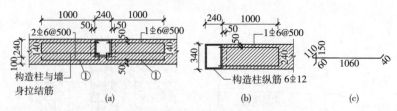

图 3-26 一字墙身及构造柱(单位:mm)

(a)一字形墙体;(b)大洞口边做法;(c)①号钢筋

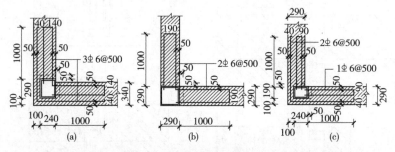

图 3-27 外墙转角(单位:mm)

(a)外墙转角(340 墙);(b)外墙转角(290 墙);(c)外墙转角(290 墙拉结筋)

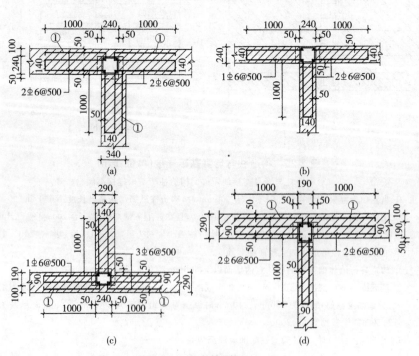

图 3-28 丁字墙(单位:mm)

(a)340 墙;(b)240 墙;(c)290 墙;(d)290 墙,内墙 90

第三章　墙　体

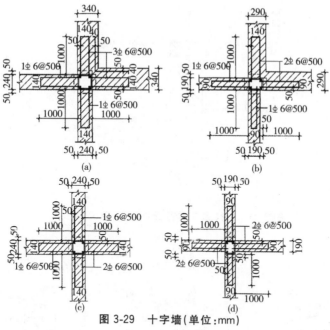

图 3-29　十字墙(单位:mm)

(a)340墙;(b)290墙;(c)140墙;(d)190墙

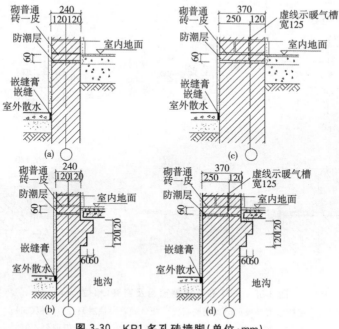

图 3-30　KP1 多孔砖墙脚(单位:mm)

(a)240墙(一);(b)240墙(二);(c)370墙(一);(d)370墙(二)

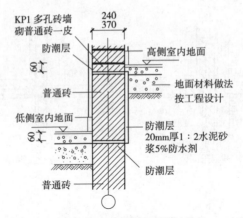

图 3-31　KP1 多孔砖高低差墙脚(单位:mm)

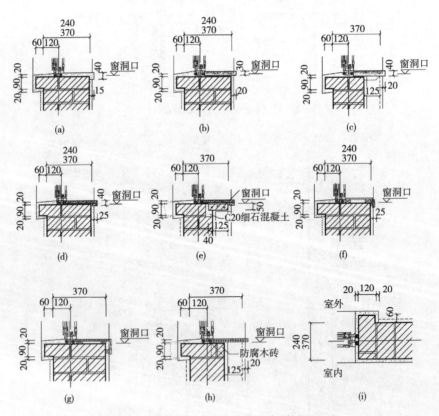

图 3-32　KP1 多孔砖墙窗台及窗套(单位:mm)
(a)水泥抹面窗台板;(b)预制磨石窗台板(一);(c)预制磨石窗台板(二);
(d)石材窗台板;(e)石材窗台板混凝土托板;(f)胶合板窗台;
(g)细木工板窗台板(一);(h)细木工板窗台板(二);(i)窗套

第三章 墙 体

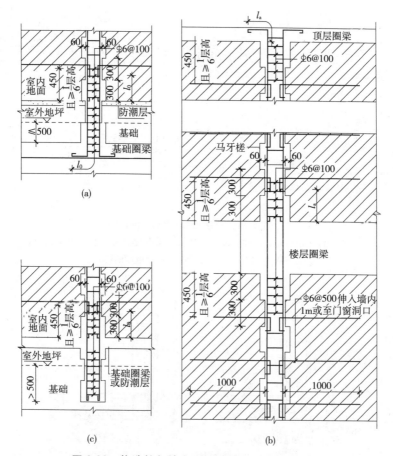

图 3-33 构造柱与墙身、基础连接剖面(单位:mm)
(a)基础埋深不大于 500mm;(b)构造柱与墙身连接剖面;(c)基础埋深大于 500mm

③构造柱与墙体的拉结筋应从室内地面以上 500mm 高处起设置。

④基础圈梁截面高为 180mm,当为防止或减轻底层墙体裂缝时,基础圈梁高度应适当增大,基础圈梁纵筋:墙厚为 240mm 时纵筋为 4φ12,墙厚为 365mm 时纵筋为 6φ12,基础圈梁箍筋为 φ6@200。

⑤当有地沟贴墙时,该处构造柱底部应伸至沟底。

2)构造柱与墙身拉结筋

①一字形墙,如图 3-34 所示。

②外墙转角,如图 3-35 所示。

③丁字墙,如图 3-36 所示。

④十字墙,如图 3-37 所示。

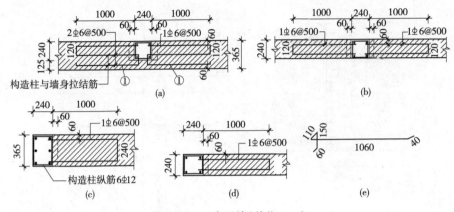

图 3-34 一字形墙(单位:mm)

(a)365 墙;(b)240 墙;(c)365 墙大洞口边;(d)240 墙大洞口边;(e)①号钢筋

注:①号钢筋仅用于抗震设防 8、9 度地区的建筑。

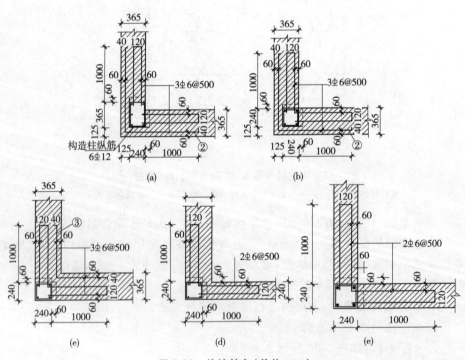

图 3-35 外墙转角(单位:mm)

(a)365 墙(一);(b)365 墙(二);(c)365 墙(一);(d)240 墙(一);(e)240 墙(二)

注:②号钢筋仅用于抗震设防 8、9 度地区的建筑。

第三章 墙 体

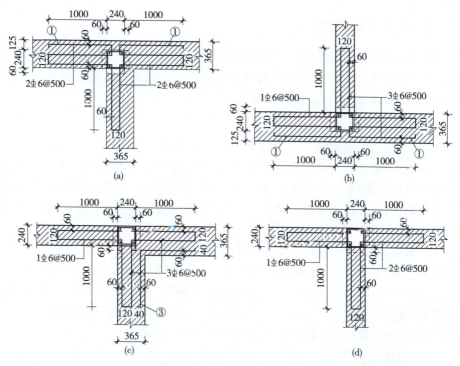

图 3-36 丁字墙（单位：mm）
(a)365 墙（一）；(b)365 墙（二）；(c)365 墙（三）；(d)240 墙
注：③号钢筋仅用于抗震设防 8、9 度地区的建筑。

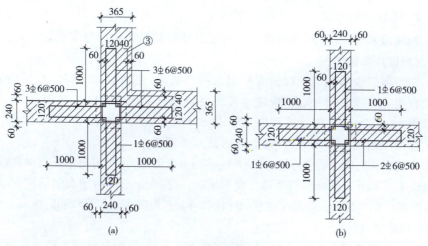

图 3-37 十字墙（单位：mm）
(a)365 墙；(b)240 墙
注：③号钢筋仅用于 8、9 度地区的建筑。

三、砌块墙体构造

砌块墙体是指利用预制厂生产的块材所砌筑的墙体。其优点是采用胶凝材料并能充分利用工业废料和地方材料加工制作，且制作方便，施工简单，不需大型的起重运输设备，具有较大的灵活性。

1. 砌块的组合

砌块的组合是根据建筑设计作砌块的初步试排工作，即按建筑物的平面尺寸、层高，对墙体进行合理的分块和搭接，以便正确选定砌块的规格、尺寸。在设计时，不仅要考虑到大面积墙面的错缝、搭接、避免通缝，而且还要考虑内、外墙的交接、咬砌，使其排列有致。此外，应尽量多使用主要砌块，并使其占砌块总数的70%以上。

(1)砌块墙体划分，应考虑以下几个方面：

1)排列整齐，考虑建筑物的立面要求及施工方便。

2)保证纵横墙搭接牢固，以提高墙体的整体性。砌块上下搭接至少上层盖住下层砌块1/4长度。若为对缝须另加铁件，以保证墙体的强度和刚度。

3)尽可能少镶砖，必须镶砖时，则尽可能分散、对称。

(2)墙面砌块的排列

常见的排列方式多依起重能力而定。小型砌块多为人工砌筑。中型砌块的立面划分与起重能力有关，当起重能力在0.5t以下时可采用多皮划分，当起重能力在1.5t左右时，可采用四皮划分。

2. 砌块墙的构造

砌块墙和砖墙一样，在构造上应增强其墙体的整体性与稳定性。

(1)砌块墙的拼接

在中型砌块的两端一般设有封闭式的包浆槽，在砌筑、安装时，必须使竖缝填灌密实，水平缝砌筑饱满，保证连接。一般砌块采用M5级砂浆砌筑，灰缝厚一般为15~20mm。当垂直灰缝大于30mm时，须用C20细石混凝土灌实。在砌筑过程中出现局部不齐时，常以普通黏土砖填嵌。

中型砌块砌体应错缝搭接，搭缝长度不得小于150mm，小型砌块要求对孔错缝，搭缝长度不得小于90mm，当搭缝长度不足时，应在水平灰缝内增设钢筋网片，如图3-38所示。砌块墙体的防潮层设置同砖砌体，同时，应以水泥砂浆作勒脚抹面。

(2)圈梁与过梁

过梁起到连系梁的作用，承受门窗洞孔上部荷载，同时又是调节砌块。为加强砌块建筑的整体性，多层砌块建筑应设置圈梁。当圈梁与过梁位置接近时，往往将圈梁和过梁一并考虑。圈梁设置要求见表3-3圈梁有现浇和预制两种，现浇圈梁

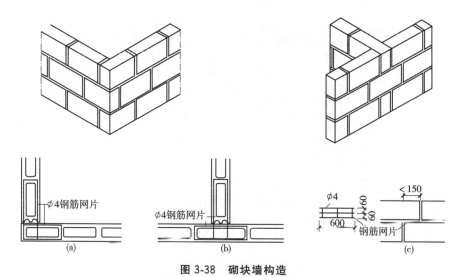

图 3-38 砌块墙构造

(a)转角搭砌;(b)内外墙搭砌;(c)上下皮垂直缝小于150mm时的处理

整体性强。为方便施工,可采用 U 形预制砌块代替模板,在凹槽内配制钢筋,并现浇混凝土,如图 3-39 所示。预制圈梁之间一般采用焊接,以提高其整体性。

表 3-3 多层砌块建筑圈梁设置要求

墙类	抗震设防烈度	
	6、7 级	8 级
内横墙	屋盖处及每层楼盖处;屋盖处沿所有横墙;楼盖处间距不应大于 7m;构造柱对应部位	屋盖处及每层楼盖处;各层所的横墙

(3)构造柱

为加强砌块的整体性刚度和变性能力,常在外墙转角和必要的内、外墙交接处设置构造柱。构造柱多利用空心砌块上下孔洞对齐,在孔中配置不小于 1ϕ12 钢筋分层插入,并用 C20 细石混凝土分层填实,如图 3-40 所示,构造柱与圈梁、基础须有可靠的联结,这对提高墙体的抗震能力十分有利。

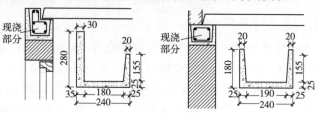

图 3-39 砌块现浇圈梁

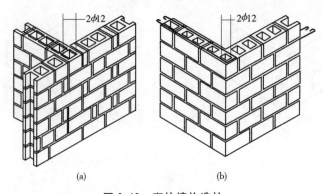

图 3-40 砌块墙构造柱
(a)内外墙交接处构造柱；(b)外墙转角处构造柱

第三节 隔墙的构造

非承重的内墙通常称为隔墙,起着分隔房间的作用。根据所处位置的不同,隔墙应具有自重轻、隔声以及防火、防潮、防水等要求。

一、砌筑隔墙

砌筑隔墙是指利用普通砖、多孔砖、空心砌块以及各种轻质砌块等砌筑的墙体。

1. 砖隔墙

砖隔墙有半砖隔墙和 1/4 砖隔墙,其构造如图 3-41 所示。

①半砖墙:当采用 M2.5 级砂浆砌筑时,其高度不宜超过 3.6m,长度不宜超过 5m;当采用 M5 级砂浆砌筑时,高度不宜超过 4m,长度不宜超过 6m。否则在构造上除砌筑时应与承重墙或柱固结外,还应在墙身每隔 1.2m 高度处,加 2φ6 拉结钢筋予以加固。

②1/4 砖隔墙:利用标准砖侧砌,其高度一般不应超过 2.8m,长度不超过 3.0m,须用 M5 级砂浆砌筑,多用于住宅厨房与卫生间之中的分隔。

2. 多孔砖和空心砖隔墙

多采用立砌,厚度为 90mm,在 1/4 砖和半砖墙之间。其加固措施可以参照半砖隔墙的构造进行。在接合处设半块时,可用普通砖填嵌空隙。

此外,砖隔墙的上部与楼板或梁交接处,不宜过于填实或使砖砌体直接顶住楼板或梁,应留有约 30mm 的空隙或将上两皮砖斜砌,以预防楼板结构产生挠度,致使隔墙被压坏。

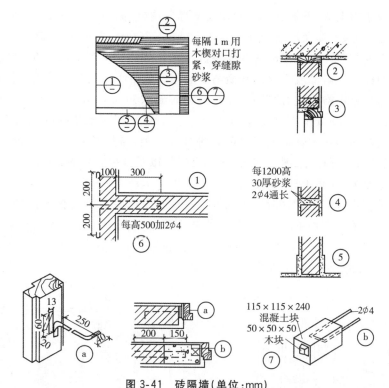

图 3-41 砖隔墙(单位:mm)

3. 砌块隔墙

常采用粉煤灰硅酸盐、加气混凝土、水泥煤渣等制成的实心或空心砌块砌筑而成。墙厚由砌块尺寸定,一般为90~120mm。由于墙体稳定性较差,需对墙身进行加固处理。通常是沿墙身横向配置钢筋,如图 3-42 所示。对空心砌块墙有时也可在竖向配筋。

二、骨架隔墙

骨架隔墙有木骨架隔墙和金属骨架隔墙。

1. 木骨架隔墙

木骨架隔墙根据饰面材料的不同有板条抹灰隔墙、装饰板隔墙和镶板隔墙等多种。由于其自重轻、构造简单,在过去应用较广。

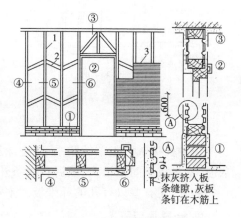

图 3-42 砌块隔墙
(a)空心砖;(b)空心砌砖

木骨架由上槛、下槛、墙筋、斜撑及横撑等构成,如图3-43所示。墙筋靠上、下槛固定。上、下槛及墙筋断面通常为50mm×70mm或50mm×100mm。墙筋之间沿高度方向每隔1.5m左右设斜撑一道。当表面系铺钉面板时,则斜撑改为水平的横撑。斜撑或横撑的断面与墙筋相同或略小于墙筋。墙筋与横撑的间距由饰面材料规格而定,通常取400mm、450mm、500mm及600mm。一般灰板条抹灰饰面取400mm,饰面板取500mm,胶合板、纤维板取600mm或450mm。

隔墙饰面是在木骨架上铺设的各种饰面材料,常用板条抹灰、装饰吸声板、钙塑板、纸面石膏板、水泥刨花板、水泥石膏板以及各种胶合板、纤维板等。板条抹灰隔墙是在墙筋上钉木板条,然后抹灰。木板条一般为6mm×30mm×1200mm,钉在骨架上,其间隙为9mm左右,以便让底灰挤入板条间隙的背面,"咬"住灰板条。钉板条时,一根板条搭接三个墙筋间距。为避免因板条搭接接缝在一根墙筋上过长,导致外部抹灰开裂、脱落,当板条搭接接缝长达600mm时,必须使接缝位置错开,如图3-44所示。

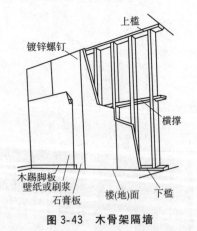

图3-43 木骨架隔墙

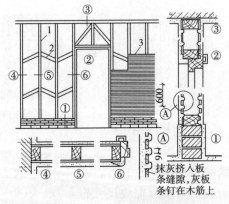

图3-44 板条抹灰隔墙
1-墙筋;2-斜撑;3-板条

为加强抹灰与板条的联系,防止抹灰面层开裂,或需在板条外作水泥砂浆抹灰时,常将板条间距增大,然后在板条外铺钢板网或钢丝网后,再进行抹灰。

此外,还有些以打孔的纤维板或木丝板代替灰板条,然后在外抹灰。

2. 金属骨架隔墙

金属骨架隔墙为金属骨架外铺顶面板而制成的隔墙。它具有节约木材、重量轻、强度高、刚度大、结构整体性强及拆装方便等特点。骨架由各种形式的薄壁型钢加工而成,如图3-45所示。

骨架用板厚0.6~1.5mm,经冷轧成型为槽型截面,其尺寸为100mm×50mm或75mm×45mm。骨架包括上槛、下槛、墙筋和横档。骨架和楼板、墙或

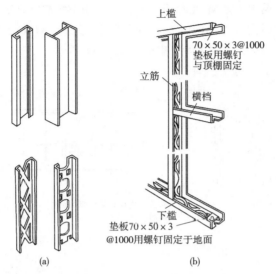

图 3-45 金属骨架隔墙
(a)薄壁金属墙筋形式；(b)骨架组合

柱等构件相接时，多用膨胀螺栓或射钉来固接，螺钉间距 600~1000mm。墙筋、横挡之间靠各种配件相互连接。墙筋间距由面板尺寸定，一般为 400~600mm。

面板多为胶合板、纤维板、石膏板和纤维水泥板等，面板用镀锌螺钉、自攻螺钉固牢在金属骨架上。采用后两种面板者，可作为不燃烧材料隔墙。如要达到耐火极限 1h 以上，则需采用多层岩锦或矿棉填充，可查阅防火规范有关规定。

三、条板隔墙

条板隔墙是指采用各种轻质材料制成的各种预制轻型板材安装而成的隔墙。常见的板材有加气混凝土条板、石膏条板、钢丝网夹芯水泥条板等。特点是自重轻、安装方便。

普通条板的安装、固定主要靠各种黏结砂浆或胶黏剂进行黏结，待安装完毕，再在表面进行装修，如图 3-46 所示。

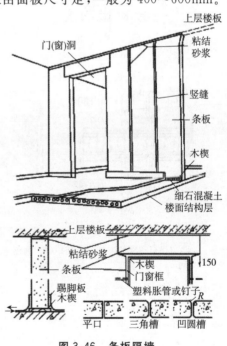

图 3-46 条板隔墙

钢丝网架水泥聚苯乙烯夹芯板(简称GSJ板)墙体是三维空间焊接的钢丝网架和内填阻燃型聚苯乙烯泡沫塑料板整板(或条板)构成的网架芯板,经现场安装并双面抹灰形成的墙体构件,构造如图3-47所示。

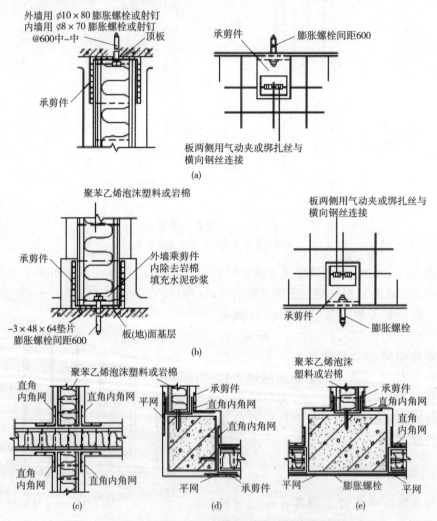

图3-47 钢丝网架水泥聚苯乙烯夹芯板墙体构造
(a)与楼板顶部的连接;(b)与地(楼)面连接;(c)十字墙节点;(d)转角框架节点;(e)框架节点

四、屏风式隔墙

屏风式隔墙通常是不隔到顶,使空间通透性强。隔墙与顶棚保持一段距离,起到分隔空间和遮挡视线作用,形成大空间中的小空间。常用于办公室、餐厅、展览馆以及门诊部的诊室等公共建筑中。厕所、淋浴间等也多采用这种形式。

隔墙高一般为 1050mm、1350mm、1500mm、1800mm 等,可根据不同使用要求进行选用。

从构造上,屏风式隔墙有固定式和活动式两种。固定式构造又可分为立筋骨架式和预制板式。预制板式隔墙借预埋铁件与周围墙体、地面固定。而立筋骨架式屏风隔墙则与隔墙相似,它可以在骨架侧铺钉面板,也可镶嵌玻璃。玻璃可以是磨砂玻璃、彩色玻璃、菱花玻璃等。骨架与地面的固定方式如图 3-48 所示。活动式屏风隔墙可以引动放置。最简单的支撑方式是在屏风扇下安装一金属支撑架。支架可以直接放在地面上,也可以在支架下安装橡胶滚动轮或滑动轮,移动起来更加方便,如图 3-49 所示。

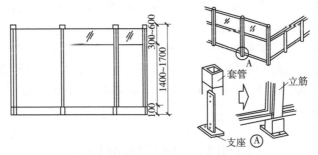

图 3-48　屏风式隔墙

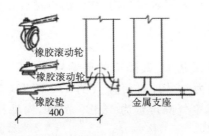

图 3-49　活动式支架

五、镂空式隔墙

镂空花格式隔墙是公共建筑门厅、客厅等处分隔空间常用的一种形式。有竹、木制的隔墙,也有混凝土预制构件制成的隔墙,形式多样。隔墙与地面、顶棚的固定也根据材料不同而不同,可用钉、焊等方式联结。

六、玻璃隔墙

玻璃隔墙有玻璃砖隔墙和空透式隔墙两种。玻璃砖隔断是采用玻璃砖砌筑而成,既分隔空间,又透光。常用于公共建筑的接待室、会议室等处。透空玻璃隔墙是采用普通平板玻璃、磨砂玻璃、刻花玻璃、压花玻璃、彩色玻璃以及各种颜色的有机玻璃等嵌入木框或金属框的骨架中,具有透光性。当采用普通玻璃时,玻璃隔墙具可视性,主要用于幼儿园、医院病房、精密车间走廊以及仪器仪表控制室等处。如果采用彩色玻璃、压花玻璃或彩色有机玻璃制作隔墙,除遮挡视线外,还具有丰富的装饰性,可用于餐厅、会客室、会议室等。

七、其他形式隔墙

移动式隔墙可以随意闭合、开启,是使相邻的空间随之变化成独立的或合一的空间的一种隔墙形式,具有使用灵活多变的特点。它可分为拼装式、滑动式、折叠式、悬吊式、卷帘式和起落式等多种形式。

家具式隔断是利用各种室内家具来分隔空间的一种设计处理方式。它把空间分隔与功能使用巧妙地结合起来,既节约费用,又节省面积,既提高了空间组合的灵活性,又使家具布置与空间相协调。这种形式多用于住宅的室内设计以及办公室的分隔等处。

第四节　墙体隔声构造

隔除噪声的方法包括采用实体结构、增设隔声材料和加做空气层等。

一、实体结构隔声

构件材料的体积质量越大,其隔声效果就越高。例如,双面抹灰的1/4砖墙,空气隔声量平均值为32dB;双面抹灰的1/2砖墙,空气隔声量平均值为45dB;双面抹灰的砖墙,空气隔声量为48dB。另外,构件材料越密实,其隔声效果也越好。

二、采用隔声材料隔声

隔声材料指的是玻璃棉毡、轻质纤维板等材料,一般放在靠近声源的一侧。其构造做法如图3-50所示。

三、采用空气层隔声

夹层墙可以提高隔声效果,中间空气层的厚度以80～100mm为宜。常见的建筑材料的隔声构造见表3-4。

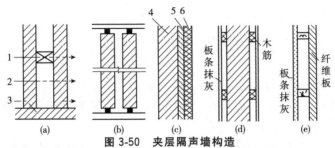

图 3-50 夹层隔声墙构造

(a)影响双层墙隔声的因素;(b)双层墙的边缘作弹性垫可改善隔声量 5~10dB;
(c)弹性层类似空气层可改善隔声量 8~10dB;(d)双面空气间层隔声量为 50dB;(e)空气隔声量为 35dB
1-声桥;2-空气层厚度;3-边界的联系情况;4-大于等于 115mm 的砖墙或混凝土;
5-弹性层,如玻璃棉毡;6-软质纤维板

表 3-4 常见建筑材料的隔声构造

材料	做法		隔声量/dB
加气混凝土	厚 75mm,双面抹灰	砌块	38.8
	厚 100mm,双面抹灰	砌块	40.6
		条板	39.3
	厚 150mm,双面抹灰	砌块	43
	厚 200mm,双面抹灰	条板	43.2
	(1)饰面层;(2)条板;(3)空气层;(4)条板;(5)饰面层	有拉结	48.8
		无拉结	54
石膏板	(1)双层石膏板;(2)石膏龙骨;(3)空气层;(4)双层石膏板		45~47
	轻钢龙骨石膏板,中空或中填 40mm 厚岩棉		46~57
	(1)增强空心石膏条板;(2)空气层;(3)增强空心石膏条板		45
实心砖	厚 240mm 双面抹灰		52.4

第五节　防火墙的构造

为减少火灾的发生或防止其蔓延、扩大,在建筑设计时除应考虑到防火分区、选用难燃或不燃材料制作构件、增加消防设防设施等之外,在墙体构造上,尚需注意防火墙的设置问题。

防火墙的作用在于截断防火区域的火源,防止火势蔓延。根据防火规范规定,防火墙应该采取以下措施。

(1)耐火极限不小于4.0h。

(2)直接设在基础或钢筋混凝土框架上,并高出不燃烧体屋面不小于400mm;高出燃烧体或难燃烧体屋面不小于500mm,如图3-51所示。当屋顶承重构件为耐火极限不低于0.5h的不燃烧体时,防火墙(包括纵向防火墙)可砌至屋面基层的底部,不必高出屋面。

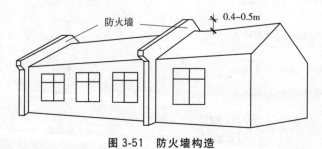

图3-51　防火墙构造

(3)防火墙上不应开设门窗洞口,如必须开设时,应采用甲级防火门窗,并应能自动关闭。

(4)防火墙上不应设排气道,必须设时,两侧的墙厚不小于120mm。

(5)防火墙不应设在建筑物的转角处,否则内转角两侧的门窗洞口的水平距离不小于4m。紧靠防火墙两侧的门窗洞口最近距离不小于2m。设耐火0.9h的非燃烧固定扇的采光窗时不受此限。

第四章 楼地面及阳台、雨棚

第一节 楼地面概述

楼地面包括楼板和室内地坪,是分割房间空间水平方向的承重构件。

1. **楼板和室内地坪的作用**

楼板是多层建筑层与层之间的水平分隔构件,它承受作用其上的活荷载和构件本身的重力荷载,并将这些荷载传给墙或柱,它在水平方向起到水平隔板和连接竖向构件的作用,保证竖向构件的稳定。同时,楼板层还提供了敷设各类水平管线的空间,如电缆、水管、通风管等。

室内地坪是指建筑物室内与土壤直接相接或接近土壤的水平构件,它承受作用其上的全部荷载,并将它们均匀地传给土壤或通过其他构件传给土壤。

2. **楼板和室内地坪的组成**

为满足多种要求,楼板和室内地坪都由若干层次组成,各层起不同的作用,如图 4-1 所示。

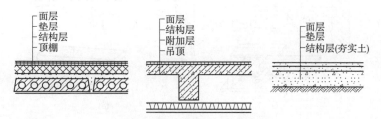

图 4-1 楼板和室内地坪的组成

(1)结构层

结构层是楼板和室内地坪的承重部分,承受作用其上的荷载,并将荷载传至墙、柱或直接传给土壤。

(2)垫层

垫层是结构层和面层的中间层,起着隔声、吸声、保温、防水、敷设管线等功能。

(3)楼、地面层

楼、地面层即楼板面和地面面层,起着保护结构层、分布荷载、室内装饰作用。

(4)顶棚层

顶棚层是在楼板层的结构层之下,有保护结构层、安装灯具、敷设管线、装饰室内顶部空间等功能。

3. 楼板的要求

楼板是房屋的水平承重结构,它的主要作用是承受人、家具等荷载,并把这些荷载和自重传给承重墙。楼板和地面应满足以下要求。

(1)楼板和地面均应有足够的强度,能够承受自重和不同要求下的荷载;同时,要求具有一定的刚度,即在荷载作用下挠度变形不超过规定数值。

(2)楼板的隔声包括隔绝空气传声和固体传声两个方面,楼板的隔声量一般应在40~50dB。空气传声的隔绝可以采用将构件做成空心,并通过铺垫陶粒、焦碴等材料来达到。隔绝固体传声应通过减少对楼板的撞击来达到。在地面上铺设橡胶、地毯可以减少一些冲击量,达到满意的隔声效果。

(3)一般楼板和地面的造价约占建筑物总造价的20%~30%,选用楼板时应考虑就地取材和提高装配化程度。

(4)一般楼板和地面应有一定的蓄热性,即地面应有舒适的使用感觉。防火要求应符合防火规范中耐火极限的规定。

4. 楼板的类型

楼板根据其所用材料的不同,可分为木楼板、砖拱楼板、钢筋混凝土楼板、压型钢板组合楼板等,如图4-2所示。

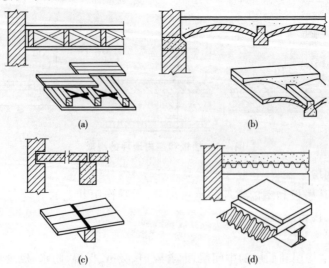

图 4-2 楼板的类型

(a)木楼板;(b)砖拱楼板;(c)钢筋混凝土楼板;(d)压型钢板组合楼板

(1)木楼板

木楼板由木梁和木地板组成。这种楼板的构造虽然简单,自重也较轻,但防火性能不好,不耐腐蚀,又由于木材昂贵,故一般工程中应用较少,当前只应用于等级较高的建筑中。

(2)砖拱楼板

这种楼板采用钢筋混凝土倒T形梁密排,其间填以普通黏土砖或特制的拱壳砖砌筑成拱形,故称为砖拱楼板。这种楼板虽比钢筋混凝土楼板节省钢筋和水泥,但是自重大,作地面时使用材料多,并且顶棚成弧拱形,一般应作吊顶棚,故造价偏高。此外,砖拱楼板的抗震性能较差,故在要求进行抗震设防的地区不宜采用。

(3)钢筋混凝土楼板

钢筋混凝土楼板坚固,耐久,刚度大,强度高,防火性能好,当前应用比较普遍。钢筋混凝土楼板按施工方法可以分为现浇钢筋混凝土楼板和装配式钢筋混凝土楼板两大类。

现浇钢筋混凝土楼板一般为实心板,经常与现浇梁一起浇筑,形成现浇梁板。现浇梁板常见的类型有肋楼板、井字梁楼板和无梁楼板等。装配式钢筋混凝土楼板,除极少数为实心板以外,绝大部分采用圆孔板和槽形板(分为正槽形与反槽形两种)。装配式钢筋混凝土楼板一般在板端都伸有钢筋,现场拼装后用混凝土灌缝,以加强整体性。

(4)压型钢板组合楼板

压型钢板组合楼板是一种新型的楼板形式,它利用钢板作永久性模板且又起受弯构件的作用,既提高了楼板的强度和刚度,又加快了施工进度,同时还可利用压型钢板的肋间空隙敷设管线等,是现在大力推广的一种新型建筑楼板。

第二节 现浇钢筋混凝土楼板

现浇钢筋混凝土楼板包括现浇楼板和现浇梁板两大部分。为了掌握现浇钢筋混凝土楼板的构造特点,应该对有关钢筋混凝土的基本知识有必要的了解。

一、钢筋混凝土的基本知识

1. 混凝土

(1)混凝土的强度等级

混凝土的强度等级应按立方米抗压强度标准值确定。混凝土的代号为"C",强度等级共有14个,分别是:C15、C20、C25、C30、C35、C40、C45、C50、C55、

C60、C65、C70、C75 和 C80。

(2)构件的强度等级要求

素混凝土结构的强度等级不应低于 C15；钢筋混凝土结构的混凝土强度等级不应低于 C20，当采用 400MPa 级钢筋时混凝土强度等级不宜低于 C25，当采用 500MPa 钢筋时混凝土强度等级不应低于 C30。

承受重复荷载的钢筋混凝土构件，混凝土强度等级不应低于 C30。

预应力混凝土结构的混凝土强度等级不宜低于 C40，且不应低于 C30。

2. 钢筋

(1)钢筋种类和级别

1)纵向受力普通钢筋宜采用 HRB400、HRB500、HRBF400 和 HRBF500 钢筋，也可采用 HPB300、HRBF335、HRBF335 和 RRB400 钢筋；

2)梁、柱纵向受力普通钢筋应采用 HRB 400、HRB8 500、HRBF400 和 HRBF500 钢筋；箍筋宜采用 HRB400、HRBF400、HPB300、HRB500 和 HRBF500 钢筋，也可采用 HPB 335、HRB335 钢筋；

3)预应力钢筋宜采用预应力钢丝、钢绞线和预应力螺纹钢筋。

(2)钢筋直径

钢筋的直径以 mm 单位，通常有 6、8、10、12、14、16、18、20、22、25、28、32、36、40 和 50 等共 15 种。使用时只注钢筋代号和直径数字，不注单位。

(3)钢筋保护层

钢筋混凝土构件中的钢筋不能外露，以防锈蚀。钢筋外表的混凝土面层叫保护层。钢筋保护层厚度与混凝土结构的环境类别有关，表 4-1 为混凝土结构环境类别的有关规定，表 4-2 为混凝土中纵向受力钢筋保护层的最小厚度。

表 4-1 混凝土结构的环境类别

环境类别	条 件
Ⅰ	室内干燥环境；无侵蚀性静水浸没环境
Ⅱa	室内潮湿环境；非严寒和非寒冷地区的露天环境；非严寒和非寒冷地区与无侵蚀的水或土壤直接接触的环境；严寒和寒冷地区的冰冻线以下与无侵蚀性的水和土壤直接接触的环境
Ⅱb	干湿交替环境；水位频繁变动环境；严寒和寒冷地区的露天环境；严寒和寒冷地区的冰冻线以上与无侵蚀性的水和封直接接触的环境
Ⅲa	严寒和寒冷地区冬季水位变动区环境；受冰盐影响环境；海风环境
Ⅲb	盐渍土环境；爱冰盐作用环境；海岩环境
Ⅳ	海水环境
Ⅴ	受人为或自然的侵蚀性物质影响的环境

表 4-2　受力钢筋保护层的最小厚度　　　　　　　单位：mm

环境类别	板、墙、壳	梁、柱、杆
Ⅰ	15	20
Ⅱa	20	25
Ⅱb	25	35
Ⅲa	30	40
Ⅲb	40	50

注：①混凝土强度等级不大于 C25 时，表中保护层厚度数值应增加 5mm；
　②钢筋混凝土基础设置混凝土垫层，基础中的混凝土保护层应从垫层顶面算起，且不应小于 40mm。

(4) 钢筋弯钩

为保证钢筋和混凝土共同工作，在采用 HRB300 钢筋的部位为受力钢筋和箍筋时，钢筋端部应加弯钩，以加强钢筋与混凝土的锚固作用，以防脱节。

钢筋弯钩以 90°钩和 135°钩居多。HRB300 钢筋弯钩加长量为：90°弯钩内径为 4d（d 为主筋直径），直线长度在板中为构件厚度减去保护层尺寸，在梁中为 12d；135°弯钩内径为 4d，直线长度为 5d。

钢筋的端部除采用弯钩做法外，还可采用一侧贴焊锚筋、两侧贴焊锚筋、穿孔塞焊锚板、螺栓锚头等机械锚固做法，如图 4-3 所示。

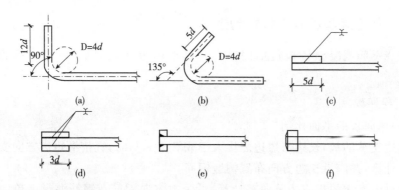

图 4-3　弯钩和机械锚固做法
(a) 90°弯钩；(b) 135°弯钩；(c) 一侧贴焊锚筋；(d) 两侧贴焊锚筋；
(e) 穿孔塞焊锚板；(f) 螺栓锚头

(5) 弯起钢筋

为解决梁或板中承受斜截面剪力的问题，常采用弯起钢筋（弓起钢筋），弯起钢筋的角度有 30°、45°和 60°三种，30°的弓起筋主要用于梁高在 190mm 及以下的板中,45°的弯起筋主要用于梁高在200～950mm的梁中,60°的弯起筋主要用于梁高在1000mm及以上的梁中。

弯起钢筋的斜线长度为：

梁高度在190mm以下时,斜线长度为2倍板的有效高度(有效高度为板厚扣除上下保护层)；

高度在200～950mm时,斜线长度为1.414倍的有效梁高(有效高度为梁高扣除上下保护层)；

高度在1000mm及以上时,斜线长度为1.154倍的有效梁高(有效高度为梁高扣除上下保护层)。

(6)钢筋接头

钢筋接头有绑扎连接、机械连接和焊接连接等做法。钢筋接头应放在受力较小的部位。受压钢筋的接头附加长度不应小于受拉钢筋的70%。

受力钢筋采用绑扎连接时,受拉钢筋直径不宜大于25mm,受压钢筋直径不宜大于28mm。受拉钢筋接头的搭接长度最小值为300mm,受压钢筋接头的搭接长度最小值为2.00mm。

受力钢筋采用机械连接时,接头应相互错开,钢筋机械连接区段的长度为35d(d为连接钢筋的较小直径)。

受力钢筋采用焊接连接时,焊接接头应相互错开,钢筋焊接接头连接区段的长度为35d且不小于500mm(d为连接钢筋的较小直径)。

二、现浇钢筋混凝土楼板构造

现浇钢筋混凝土楼板包括四面支承的单向板和双向板、单面支承的悬臂板等。

1. 单向板

(1)单向板的平面比例

四边支承的板,长边与短边之比大于或等于3.0时,宜按沿短边方向受力的单向板计算,并应沿长边方向布置构造钢筋。

两对边支承的板应按单向板计算,沿受力方向配筋。钢筋混凝土单向板的厚度与跨度的关系为不大于30,即板的厚度为跨度的1/30。单向板的最小厚度为60mm。

(2)单向板的配筋

单向板的配筋为网片筋,由受力主筋和分布钢筋组成。受力主筋应放在分布钢筋的下部,钢筋网片应放在受拉部位(即截面的底部)配筋方式有分离式与弓起式两种,如图4-4所示。

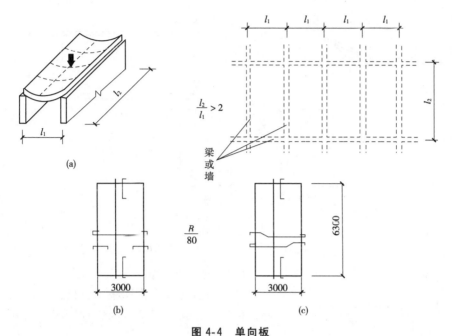

图 4-4 单向板
(a)单向板；(b)分离式配筋；(c)弓起式配筋

2. 双向板

(1)双向板的平面比例

四边支承的板，长边与短边之比小于 2.0 时，应按双向板计算。当长边与短边之比介于 2.0~3.0 之间时，宜按双向板计算。

钢筋混凝土双向板的厚度与跨度的关系为不大于 40，即板的厚度为跨度的 1/40。双向板的最小厚度为 80mm。

(2)双向板的配筋

双向板的配筋亦为网片筋，双向钢筋均为受力主筋。钢筋网片中受力大的钢筋应放在下部，受力小的钢筋放在上部，钢筋网片应放在受拉部位（即截面的底部）。配筋方式有分式与弓起式两种，如图 4-5 所示。

3. 悬臂板和其他类型的板

(1)悬臂板的做法

悬臂板有单面支承三面悬挑、两面支承两面悬挑等做法。悬臂板的平衡主要通过雨罩梁解决，主要用于雨罩(雨篷)、阳台等部位。

(2)悬臂板的配筋

悬臂板的配筋为网片筋，钢筋网片应放在截面的上部，如图 4-6 所示。

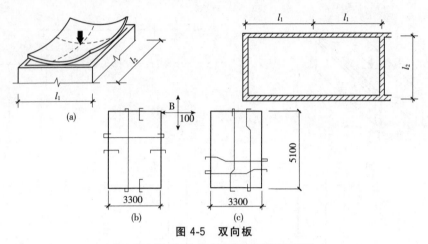

图 4-5 双向板

(a)双向板;(b)分离式配筋;(c)弓起式配筋

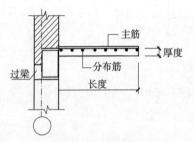

图 4-6 悬臂板

(3)其他类型的板

其他类型的板有密肋板、无梁楼板、现浇空心楼板等。无梁楼板又分为带柱帽板结构和托板结构,板的厚度不应小于150mm。

4. 各类现浇钢筋混凝土板的最小厚度

各类现浇钢筋混凝土板的最小厚度应以表 4-3 为准。

表 4-3 现浇钢筋混凝土板的最小厚度　　　　　单位:mm

板的类别		最小厚度
单向板	屋面板	60
	民用建筑楼板	60
	工业建筑楼板	70
	行车道下的楼板	80
双向板		80
密肋板	面板	50
	肋高	250
悬臂板(根部)	悬臂长度不大于 500mm	60
	悬臂长度 1200mm	100
无梁楼板		150
现浇空心楼板		200

其他构件的截面尺寸应以相关规范的规定为准,如钢筋混凝土梁、柱应以《建筑抗震设计规范》GB 50011—2010 为准,钢筋混凝土基础应以《高层建筑混凝土结构技术规程》JGJ 3—2010 为准。

三、现浇钢筋混凝土梁板构造

现浇钢筋混凝土梁包括单向梁(简支梁)、双向梁(主次梁)、井字梁等类型。

1. 单向梁

单向梁的梁高一般为跨度的 1/10～1/12,板厚包括在梁高之内,梁宽取梁高的 1/2～1/3,单向梁的经济跨度为 4～6m。

2. 双向梁

双向梁又称肋形楼盖。其构造顺序为板支承在次梁上,次梁支承在主梁上,主梁支承在墙上或柱上。次梁的梁高为跨度的 1/10～1/15;主梁的梁高为跨度的 1/8～1/12,梁宽为梁高的 1/2～1/3。主梁的经济跨度为 5～8m。主梁或次梁在墙或柱上的搭接尺寸应不小于 240mm。梁高包括板厚。

3. 井字梁

井字梁是肋形楼盖的一种,其主梁、次梁高度相同,一般用于正方形或接近正方形的平面中。板厚包括在梁高之中。图 4-7 中表达了几种楼盖的情况。

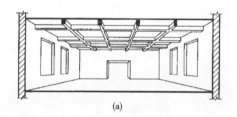
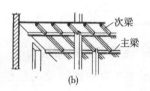

图 4-7 常见的楼盖类型
(a)井字梁楼盖;(b)肋形楼盖

4. 简支梁的配筋构造

图 4-8 为一简支梁的纵剖面和横剖面。断面尺寸为 200mm×500mm,梁长为 5340mm,伸入墙内(支座)每侧为 240mm。其中①号筋为受力主筋,钢筋规格为 2φ20;②号筋为弓起筋,规格为 1φ25;③号筋为架立筋,规格为 2φ10;④号筋为箍筋,钢筋为φ6,间距 200mm。表 4-4 为梁的配筋表。保护层为 25mm。

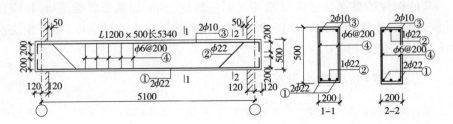

图 4-8 筒支梁的配筋

表 4-4 配筋表

编号	直径	数量	形状	一根长度/mm
①	φ22	2	5290, 200	5690
②	φ22	1	200, 265, 636, 3860, 636, 265, 200	6062
③	φ10	2	5290	5290
④	φ6	28	60, 450, 60, 150, 450, 150	1320

5. 连续梁的配筋构造

图 4-9 为一连续梁的配筋图。

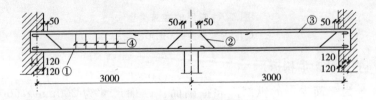

图 4-9 连续梁的配筋
①-主筋；②-弓起筋；③-架立筋；④-箍筋

图 4-9 中所列钢筋，除主筋、弓起筋、架立筋、箍筋以外，还有承受负弯矩，在中间支座上部的负筋。

6. 柱子的配筋构造

钢筋混凝土柱子由竖向的受力钢筋和箍筋构成。柱子的主筋为受压钢筋（图 4-10）。

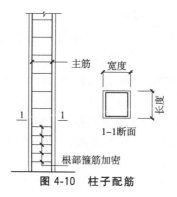

图 4-10 柱子配筋

第三节 预制钢筋混凝土楼板

1. 预制楼板的类型

预制钢筋混凝土楼板分为普通钢筋混凝土楼板和预应力钢筋混凝土楼板两大类。

目前，我国普遍采用预应力钢筋混凝土构件，少量地区采用普通钢筋混凝土构件。楼板大多预制成空心构件或槽形构件。空心楼板又分为方孔和圆孔两种；槽形板又分为槽口向上的正槽形和槽口向下的反槽形。楼板的厚度与楼板的长度有关，但大多为 120～240mm，楼板宽度有 600、900、1200mm 等规格。楼板的长度应符合 300mm 模数的"三模制"，图 4-11 表示了几种预制板的剖面。

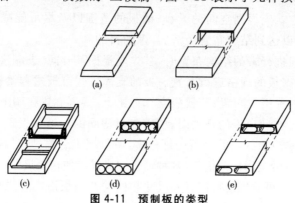

图 4-11 预制板的类型
(a)实心板；(b)正槽形板；(c)反槽形板；(d)圆孔板；(e)方孔板

2. 预应力的概念

混凝土的抗压能力很强,但抗拉能力却很弱,经实验可知,抗拉强度仅为抗压强度的 1/10。在混凝土构件中加钢筋可以提高抗拉能力。取一根梁为例,受力以后我们可以发现梁的上部受压、下部受拉。由于混凝土的抗拉能力低,故容易在梁的下部产生裂缝,因而在梁、板等构件中,钢筋应加在受拉部位。

使构件下部的混凝土预先受压的预应力叫预压应力。混凝土的预压应力是通过张拉钢筋实现的。钢筋的张拉有先张和后张两种工艺。先张法是先张拉钢筋、后浇筑混凝土,待混凝土有一定强度以后切断钢筋,使回缩的钢筋对混凝土产生压力(图 4-12)。后张法是先浇筑混凝土,在混凝土的预留孔洞中穿放钢筋,再张拉钢筋并锚固在构件上,由于钢筋收缩对混凝土产生压力,使混凝土受压(图 4-13)。采用预应力钢筋混凝土可以延缓混凝土的过早开裂,增加构件的寿命。小型构件一般采用先张法,并多在加工厂中进行。大型构件一般采用后张法,多在施工现场进行。目前在我国应优先选用预应力构件。

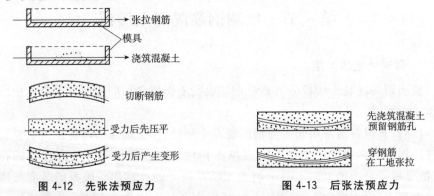

图 4-12 先张法预应力　　　　图 4-13 后张法预应力

3. 预制楼板的布置方式

板的布置方式应根据空间的大小、铺板的范围以及尽可能减少板的种类等因素综合考虑,以达到结构布置经济、合理的目的。

对一个房间进行班的结构布置时,首先应根据其开间、进深尺寸确定板的支撑方式,然后根据板的规格进行布置。板的支撑方式有板式和梁板式,预制板直接搁置在墙上的称板式布置;若楼板支撑在梁上,梁再搁置在墙上的称为梁板式布置(图 4-14)。在确定板的规格时,应首先以房间的短边为板跨进行,一般要求板的类型、规格愈少愈好。因为板的规格多,不仅施工麻烦,同时容易搞错。狭长空间如走廊处,可沿走廊横向铺板,这种铺板方式采用的板跨尺寸小,板底平整,如图 4-15(a)所示,也可采用与房间开间尺寸相同的预制板沿走廊纵向铺设,但需要设置梁支撑,当板底不做吊顶时,走廊内可见板底的梁,如图 4-15(b)所示。

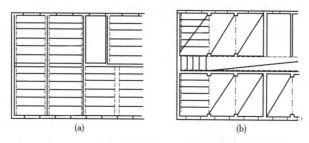

图 4-14 预制钢筋混凝土楼板结构布置

(a)板式结构布置;(b)梁板式结构布置

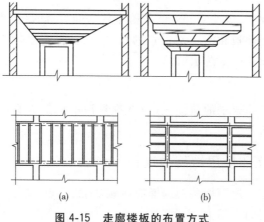

图 4-15 走廊楼板的布置方式

(a)走廊横向铺板;(b)走廊纵向铺板

第四节 地面的组成及要求

地面包括底层地面与楼层地面两大部分。地面属于建筑装修的一部分,各类建筑对地面的要求不尽相同。

一、地面的要求

1. 坚固耐久

底层地面(即地坪)直接与人接触,家具、设备也大多都摆放在地面上,因而地面必须耐磨,行走时不起尘土、不起砂,并有足够的强度。

2. 减小吸热

由于人们直接与地坪接触,地面则直接吸走人体的热量,为此应选用吸热系数小的材料作地面面层,或在地面上铺设辅助材料,以减少地面的吸热。如采用木材或其他有机材料(塑料地板等)作地面面层,比一般水泥地面的效果要好得多。

3. 满足隔声

隔声要求主要在楼层地面。楼层上下的噪声,一般通过空气传播或固体传播,而其中固体噪声是主要的隔除对象,其方法取决于楼地面垫层材料的厚度与材料的类型。北京地区大多采用1:6水泥焦渣垫层,厚度为50~90mm(其代用材料为1:6水泥陶粒)。

4. 防水要求

用水较多的厕所、盥洗室、浴室、实验室等房间,应满足防水要求。一般应选用现浇钢筋混凝土楼板和密实不透水的面层材料,并适当做排水坡度。在楼地面的垫层上部有时还应做防水层。

5. 经济要求

地面在满足使用要求的前提下,应选择经济的构造方案,尽量就地取材,以降低整个房屋的造价。

二、楼层地面和底层地面的选择

楼层地面与底层地面做法的选择应兼顾功能、美观、实用、经济等诸多方面,主要体现在对面层的选择上。

1. **有清洁和弹性要求的地面**

(1)有一般清洁要求时,可选用水泥石屑面层、石屑混凝土面层。

(2)有较高清洁要求时,可选用水磨石面层、涂刷涂料的水泥砂浆面层、石材面层、釉面砖面层等。

(3)有较高清洁和弹性使用要求时,可选用菱苦土、聚氯乙烯板、木地板等面层。

2. **空气洁净度要求较高的地面**

(1)空气洁净度指的是空气中含尘量的多少,一般分为100级、1000级、10000级、100000级。空气洁净度要求越高,意味着空气中含尘量就越少。空气洁净度要求较高的房间地面应平整、耐磨、不起尘,并容易除尘、清洗。

(2)空气洁净度为100级、1000级的地面可选用导静电塑料贴面面层、聚氨酯自流平面层等。

(3)空气洁净度为10000级、100000级的地面可以选用现浇水磨石,亦可在水泥类面层上刷聚氨酯涂料、环氧涂料等。

3. 有防静电要求的地面

有防静电要求的房间应采用导静电面层材料,大多数采用架空地板。

4. 有水和非腐蚀液体的地面

有水和非腐蚀性经常浸湿的地段,宜采用现浇水泥类面层。经常有水流淌的地段,应采用不吸水、易冲洗、防滑的面层材料,并应设隔离层。

5. 湿热地区非空调建筑的底层地面

湿热地区非空调建筑的底层地面,可采用微孔吸湿、表面粗糙的面层。

6. 采暖房间的地面

采暖房间的地面,可不采用保温措施。但遇到下列情况之一时,可采取局部保温措施。

(1)架空或悬挑部分直接对室外的采暖房间的楼层地面或对非采暖房间的楼地面。

(2)当建筑物周围无采暖通风管道时,严寒地区底层地面,在外墙内侧0.50~1.00m范围内宜采取保温措施,其热阻值不应小于外墙的热阻值。

(3)季节性冰冻地区非采暖房间的地面以及散水、明沟、踏步、台阶和坡道等,当土壤标准冻结深度大于600mm,且在冰冻深度范围内为冻胀土或强冻胀土时,宜采用碎石、矿渣地面或预制混凝土板面层。当必须采用混凝土垫层时,应在垫层下加设防冻胀层。

(4)防冻胀层的材料应选用中粗砂、砂卵石、炉渣或渣石灰土等非冻胀材料。防冻胀层的厚度见表4-5。

表4-5 防冻胀层厚度

土壤标准冻深/mm	防冻胀层厚度/mm	
	土壤为冻胀土	土壤为强冻胀土
600~800	100	150
1200	200	300
1800	350	450
2200	500	600

7. 人员流动较多的地面

公共建筑中,经常有大量人员走动或小型推车行驶的地段,其面层宜采用耐磨、防滑、不易起尘的无釉面砖、大理石、花岗石、水泥花砖等块料面层和水泥类整体面层。

8. 要求安静的地段

室内环境具有较高安静要求的地段，其面层宜采用地毯、塑料或橡胶等柔性材料。

9. 供儿童和老年人公共活动的地段

供儿童和老年人公共活动的主要地段，面层宜采用木地板、塑料或地毯等暖性材料。

10. 特殊房间的地面选择

(1)存放食品、饮料或药品等房间，其存放物有可能与楼地面面层直接接触时，严禁采用有毒的塑料、涂料或水玻璃等做面层材料。

(2)对于图书馆的非书资料库、计算机房、档案馆的复印室、交通工具停放和维修区、易燃物品库等用房，楼地面不应采用容易产生火花静电的材料。

(3)语言教室应做防尘地面。

(4)车库楼地面应选用强度高、具有耐磨防滑性能的非燃烧材料，并应设不小于1‰的排水坡度。当汽车库面积较大、设置坡度导致做法过厚时，可局部设置坡度。

(5)加油、加气站场内和道路不得采用沥青路面，宜采用可行驶重型汽车的水泥路面或不产生静电火花的路面。

(6)室外地面面层应避免选用釉面或磨光面等反射率较高和光滑的材料，以减少光污染和热岛效应及雨雪天气滑跌。

(7)室外地面宜选择具有渗水透气性能的饰面材料及垫层材料。

三、楼层地面和底层地面的构造层次

1. 楼层地面

楼层地面的构造层次为楼地面面层和楼板。附加层次有结合层、隔离层、填充层、找平层、顶棚等，如图4-16所示。

2. 底层地面

底层地面的构造层次为面层、垫层和基层。附加层次有结合层、隔离层、找平层、保温层等，如图4-17所示。

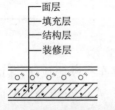

图4-16 楼层地面的构造层次

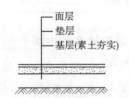

图4-17 底层地面的构造层次

四、地面的类型和构造

地面的类型和构造将在第九章第一节地面装修构造中着重介绍。

第五节　楼板隔声构造

当物体与楼板发生撞击时,楼板成为声源而直接向四周辐射声能。因此不能以隔声量等指标来衡量隔绝撞击声的效果。目前,很多国家采用标准撞击声级作为评价指标。

撞击声的产生是由于振源撞击楼板,楼板受迫振动而发声;同时由于楼板与四周墙体的刚性连接,将振动能量沿结构向四处传播,导致其他结构也辐射声能。因此,要降低撞击声的声级,首先应对振源进行控制,然后是改善楼板隔绝撞击声的性能。

一、楼板设弹性面层

在楼板表面(结构层表面)铺设柔软材料(地毯、橡皮布、软木板、再生橡胶板、塑料表面等)减弱撞击楼板的能量,从而减弱楼板本身的振动。在楼板面层处进行处理,使撞击声能减弱,以降低楼板本身的振动。如图 4-18 所示为楼板面层的几种处理做法。这几种处理面层的措施,一般对降低高频噪音的效果最显著。

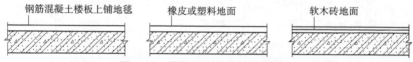

图 4-18　楼板面层的几种处理做法

二、楼板设弹性垫层

在楼板结构层与面层之间做弹性垫层,以降低结构层的震动。弹性垫层可做成片状、条状或块状,放在面层下面。如图 4-19 所示为两种"浮筑式"楼板,它

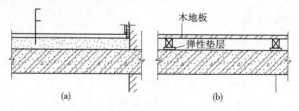

图 4-19　浮筑式楼板构造做法
(a)实铺浮筑层;(b)架空弹性层

们的隔声性能比普通楼板有显著的改善。但注意这种楼板在面层和墙的交接处也要采用隔离措施,以避免引起墙体的振动。

三、楼板做吊顶处理

当楼板整体因被撞击而产生振动时,则可用空气声隔绝的办法设吊顶来降低楼板产生的固体声。吊顶的隔声能力可按质量定律估算,其单位面积质量大一些较好,如一般抹灰吊顶就比轻质纤维板吊顶好。同时,吊顶的隔声作用还决定于它与楼板刚性连接的程度如何,如采用弹性连接,则隔声能力可以提高。图4-20为一种隔声吊顶的构造方案。在隔声要求较高的房间中,可以同时采用"浮筑式楼板"与"分离式吊顶"。

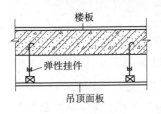

图4-20 楼板吊顶处

第六节 阳台及雨棚

一、阳台构造

阳台是楼房中挑出于外墙面或部分挑出于外墙面的平台。阳台按其与外墙的相对位置关系可分为凸阳台、凹阳台、半凸半凹阳台,如图4-21所示。

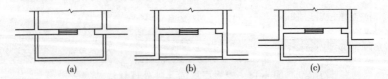

图4-21 阳台的平面形式
(a)凸阳台;(b)凹阳台;(c)半凸半凹阳台

阳台的挑出长度为1.5m左右。当挑出长度超过1.5m时,应做凹阳台或采取可靠的防倾覆措施。阳台的栏杆或栏板的高度常取1050mm(图4-22),通常有以下几种类型:

(1)钢筋混凝土栏板

钢筋混凝土栏板有现浇和预制两种。现浇钢筋混凝土栏板通常与阳台(或边梁)整浇在一起。预制混凝土栏板可预留钢筋与阳台板的后浇混凝土挡水边坎浇筑在一起,浇筑前应将阳台板与栏板接触处凿毛,或与阳台板上的预埋件焊接。若是预制的钢筋混凝土栏杆,也可预留插筋插入阳台板的预留孔内,然后用水泥砂浆填实牢固。

第四章 楼地面及阳台、雨棚

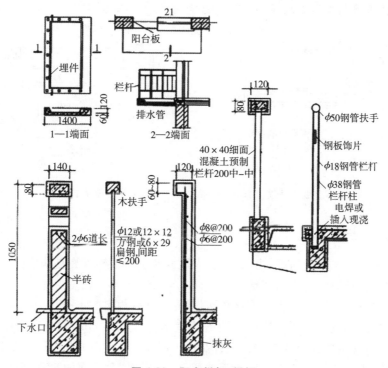

图 4-22 阳台栏杆、栏板

(2) 金属栏杆

金属栏杆一般用方钢、圆钢、扁钢或钢管等焊接成各种形式的漏花。空花栏杆的垂直杆件之间的距离不大于 130mm。金属栏杆可与阳台板顶面预埋通长扁钢焊接,也可采用预留孔洞插接等办法。金属栏杆要注意进行防锈处理。

(3) 组合式栏杆

混凝土与金属组合式栏杆中的金属栏杆可与混凝土栏板内的预埋件焊接。

阳台通常用钢筋混凝土制作,它分为现浇和预制两种。现浇阳台要注意钢筋的摆放,注意区分是悬挑构件还是一般梁板式构件,并注意锚固。预制阳台一般均做成槽形板。支撑在墙上的尺寸应为 100~120mm。

预制阳台的锚固应通过现浇板缝或用板缝梁来进行连接。

阳台板上面应预留排水孔,其直径应不小于 32mm,伸出阳台外应有 80~100mm,排水坡度为 1%~2%。板底面抹灰,喷白浆。

二、雨棚构造

雨棚是建筑物外门顶部悬挑的水平挡雨构件。多采用现浇钢筋混凝土悬臂梁板,有板式和梁板式之分,其悬臂长度一般为 1~1.5m。为防止雨棚产生倾覆,常将雨棚与入口处门过梁(或圈梁)浇筑在一起,如图4-23、图4-24所示。

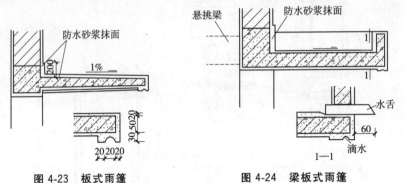

图4-23 板式雨篷　　　　图4-24 梁板式雨篷

三、防护栏杆

阳台、外廊、室内回廊、内天井、上人屋面及室外楼梯等临空处应设置防护栏杆。防护栏杆应符合下列规定。

(1)栏杆应以坚固、耐久的材料制作,并能承受规定的水平荷载。

(2)临空高度在24m以下时,栏杆高度不应低于1.05m,临空高度在24m及24m以上(包括中高层住宅)时,栏杆高度不应低于1.10m;封闭阳台栏杆亦应满足上述要求。栏杆高度应从楼地面或屋面至栏杆扶手顶面的垂直高度计算,如底部有宽度大于或等于0.22m,且高度小于或等于0.45m的可踏部位,应从可踏部位顶面起计算。

(3)栏杆离楼面或屋面0.10m高度内不宜留空。

(4)住宅、托儿所、幼儿园、中小学及少年儿童专用活动场所的栏杆高度必须有防止少年儿童攀登的构造,当采用垂直杆件做栏杆时,其杆件净距不应大于0.11m。

(5)文化娱乐建筑、商业服务建筑、体育建筑、园林景观建筑等允许少年儿童进入活动的场所,当采用垂直杆件做栏杆时,其杆件净距不应大于0.11m。

第五章 屋 顶

第一节 概 述

一、屋顶的作用与要求

屋顶是建筑物最上层起覆盖作用的围护构件,用以抵抗雨雪、避免日晒等自然因素的影响。

屋顶由屋面面层和承重结构两部分组成,它应该满足以下几点要求:

(1)承重要求。屋顶应能够承受积雪、积灰和人所产生的荷载并顺利地将这些荷载传递给墙柱。

(2)保温要求。屋顶面层是建筑物最上部的围护结构。它应具有一定的热阻能力,以防止热量从屋面过分散失。

(3)防水要求。屋顶积水(积雪)以后,应很快地排除,以防渗漏。屋面在处理防水问题时,应兼顾"导"和"堵"两个方面。"导"就是要将屋面积水顺利排除,因而应该有足够的排水坡度及相应的排水设施;"堵"就是要采用相应的防水材料,采取妥善的构造做法,防止渗漏。

(4)美观要求。屋顶是建筑物的重要装修内容之一。屋顶采取什么形式,选用什么材料和颜色均与美观有关。在解决屋顶构造做法时,应兼顾技术和艺术两大方面。

二、屋顶的类型

1. 按功能划分

(1)保温屋顶

屋顶设置保温层,以减少室内热量向外散失,达到冬季节能保暖的目的。

(2)隔热屋顶

屋顶设置隔热层,以阻止室外热量进入室内,达到夏季降温的目的。

(3)采光屋顶

屋顶采用透光材料,以满足室内的采光要求。

(4) 蓄水屋顶

屋顶上做蓄水池,即可起到隔热、降温的作用,又可起到一定的景观效果。

(5) 上人屋顶

上人屋顶可以为人们提供室外休闲的活动场所。

2. 按屋面坡度及结构选型划分

按屋面坡度及结构选型的不同,可分为平屋顶、坡屋顶及其他形式的屋顶三大类。

(1) 平屋顶 平屋顶一般是指屋面坡度小于10%的屋顶,常用坡度为2%～5%,如图5-1所示。

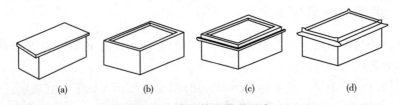

图5-1 常见的平屋顶形式

(a)挑檐;(b)女儿墙;(c)挑檐女儿墙;(d)盝顶

(2) 坡屋顶 坡屋顶是指屋面坡度大于10%的屋顶,常用坡度范围为10%～60%,如图5-2所示。

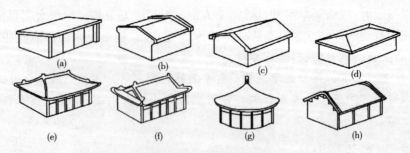

图5-2 常见的坡屋顶形式

(a)单坡屋顶;(b)硬山双坡屋顶;(c)悬山双坡屋顶;(d)四坡屋顶;
(e)庑殿式屋顶;(f)歇山式屋顶;(g)攒尖式屋顶;(h)卷棚式屋顶

(3) 其他屋顶

随着使用要求的变化和科学技术的发展,出现了许多新的屋顶结构形式,如拱结构、薄壳结构、悬索结构等。这些结构受力合理,能充分发挥材料的力学性能,节约材料,但施工复杂,造价较高,常用于大跨度的大型公共建筑当中,如图5-3所示。

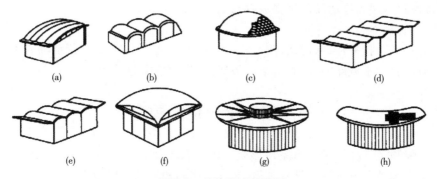

图 5-3 其他形式的屋顶

(a)双曲拱屋顶;(b)砖石拱屋顶;(c)球形网壳屋顶;(d)V形网壳屋顶;
(e)筒壳屋顶;(f)扁壳屋面;(g)车轮形悬索屋顶;(h)鞍形悬索屋顶

三、屋顶的组成

1. 屋顶承重结构

坡屋顶的屋顶承重结构包括屋架、檩条、椽条等部分。平屋顶的屋顶承重结构包括钢筋混凝土屋面板、加气混凝土屋面板等。

2. 屋面部分

坡屋顶的屋面包括瓦、挂瓦条、顺水条和防水卷材等部分;平屋顶的屋面则包含防水层、保温层、找平层、找坡层、面层(保护层)等。

3. 屋面坡度

(1)平屋面

1)卷材防水屋面

卷材防水屋面包括采用合成高分子防水卷材、高聚物改性沥青防水卷材和石油沥青防水卷材制作的屋面。用于平屋顶时材料的坡度宜为2%,结构找坡不应小于3%。屋面最大坡度不宜超过25%,当坡度超过25%时,应采取防止卷材下滑的措施。水落管周围500mm范围内的坡度应不小于5%。

2)涂膜防水屋面

涂膜防水屋面包括沥青基防水涂料、合成高分子防水涂料和高聚物改性沥青防水涂料。屋面坡度超过25%时,应选择成膜时间较短的材料。

3)保温隔热屋面

保温隔热屋面包括保温屋面和隔热屋面两大部分。保温屋面指的是在卷材防水屋面、涂膜防水屋面和刚性防水屋面中加入保温层的做法;隔热屋面即在屋面上层安装建筑材料进行房顶防晒隔热,使最顶楼层不会受太阳辐射而温度过高,提高最顶楼层舒适度。排水坡度与上述屋面要求相同。

(2)瓦屋面

瓦屋面包括平瓦(水泥瓦、陶瓦)屋面,排水坡度为≥20%;玻纤胎沥青瓦(油毡瓦)屋面,排水坡度为≥20%;金属板屋面,排水坡度为≥10%。

第二节 平屋顶的构造

平屋顶是一种较常见的屋顶形式。由于其屋面较平坦,可用作各种活动场地。这种屋顶形式可使建筑外观简洁,其结构和构造较坡屋顶简单。

一、平屋顶组成

平屋顶主要由结构层、屋面层和顶棚层组成(图5-4)。

屋面层主要是防水,一般包括防水层和保护层。

结构层:承受屋顶荷载并将荷载传递给墙或柱,常用钢筋混凝土楼板。

顶棚层:作用和构造做法与楼板层的顶棚层相同。

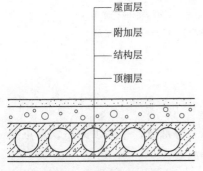

图 5-4 平屋顶基本组成

附加层:根据不同情况而设置的保温层、隔热层、隔气层、找平层、结合层等。

二、平屋顶的构造要求

1. 卷材防水屋面

(1)卷材防水的每道卷材厚度应符合表5-1的要求。

表 5-1 每道卷材防水层最小厚度(mm)

防水等级	合成高分子防水卷材	高聚物改性沥青防水卷材		
		聚酯胎、玻纤胎、聚乙烯胎	自粘聚酯胎	自粘无胎
Ⅰ级	1.2	3.0	2.0	1.5
Ⅱ级	1.5	4.0	3.0	2.0

(2)构造要求

1)屋面保温层干燥有困难时,可以使用排汽屋面。排汽屋面每 $36m^2$ 设 1 个排气孔,排气管直径不应小于 40mm,如图 5-5 所示。

2)上人屋面选用块体材料与细石混凝土面层时,应在面层与防水层之间设置隔离层。

3)卷材屋面应有保护层,易积灰的屋面应采用刚性保护层,当卷材本身无保护层时,应另做保护层。

2. 涂膜防水屋面

(1)涂膜防水的每道涂膜防水层厚度见表5-2。

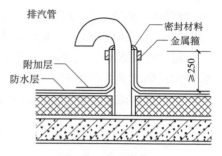

图 5-5 排气屋面

表 5-2 每道涂膜防水层最小厚度(mm)

防水等级	合成高分子防水涂膜	聚合物水泥防水涂膜	高聚物改性沥青防水涂膜
Ⅰ级	1.5	1.5	2.0
Ⅱ级	2.0	2.0	3.0

(2)构造要求

1)对易开裂、渗水的部位,应留凹槽嵌填密封材料,并应设1层或1层以上带有胎体增强材料的附加层。

2)应在找平层分格缝处增设带有胎体增强材料的空铺附加层,其宽度宜为100mm。

3)除防水层改用涂料以外,其他各层的要求与卷材防水屋面相同。

三、平屋顶檐部构造

檐部做法指的是墙身与屋面交接处的做法。这部分构造不但应满足技术方面(如排水、保温)的要求,也要考虑建筑艺术方面的要求。檐部常见的做法如下所示。

1. 女儿墙的构造

上人的平屋顶一般要做女儿墙。女儿墙用以保护人员的安全,并对建筑立面起装饰作用,其高度应不小于1300mm(从屋面上皮计起)。

不上人的平屋顶也应做女儿墙,它除了起立面装饰作用外,还可固定油毡,其高度应不小于800mm(从屋面上皮计起)。

女儿墙的厚度可以与下部墙身相同,但不应小于240mm。当女儿墙的高度超过500mm时,应有锚固措施。其常用做法是将下部的构造柱上伸到女儿墙压顶,形成锚固柱,其最大间距为4000mm。

女儿墙的材料为普通砖或加气混凝土块时,墙顶部应做压顶。压顶宽度应超出墙厚,外侧可挑出墙面或不挑出墙面,内侧必须挑出60mm,并做成内低、外高,坡向平顶内部。压顶用细石混凝土浇筑,内放钢筋,沿墙长放 3φ6 钢筋,沿墙宽放 φ6 钢筋,间距为 300mm,以保证其强度和整体性。

屋顶卷材遇有女儿墙时,应将卷材沿内墙面上卷,高度不应低于 250mm,然后固定在墙上预埋的木砖、木块上,并用 1:3 水泥砂浆做披水。也可直接粘贴在墙面上或将油毡上卷,压在压顶板的下皮(图 5-6)。

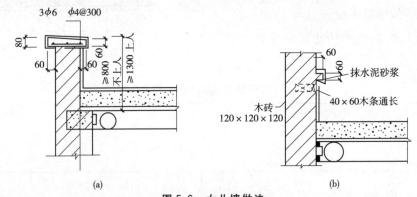

图 5-6 女儿墙做法

(a)女儿墙高度及压顶做法;(b)卷材固定

2. 挑檐板的构造

挑檐板可以现浇,也可以预制,目前预制的较多。预制挑檐板是将板安放在屋顶板上,并用 1:3 水泥砂浆找平,并要妥善解决挑檐板的锚固问题。图 5-7 为挑檐板的锚固做法。

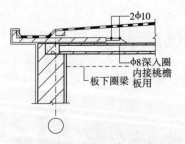

图 5-7 挑檐板的锚固

3. 挑檐与女儿墙混合

为丰富檐部的立面形式,还可以采用女儿墙与檐沟相结合的做法。其相关尺寸应分别与女儿墙或挑檐板吻合,排水方式以檐沟排水为主(图 5-8)。

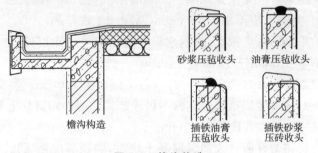

图 5-8 檐沟构造

4. 斜板挑檐

为丰富檐部的立面形式，还可以在女儿墙与挑檐板之间铺放斜板，形成斜板挑檐。斜板的外侧可以用瓦檐作装饰（图 5-9），其中预埋件及靠墙木料要做防腐处理。挑檐板、圈梁混凝土标号钢筋应按不同的工程情况设计。选用的各类檐口，其坡度应在具体工程设计中说明。

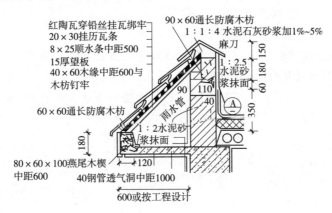

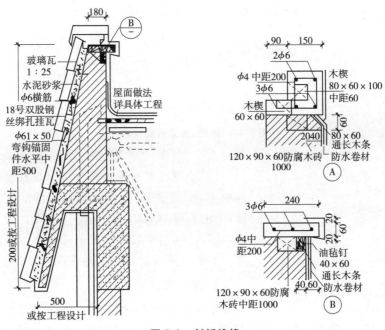

图 5-9 斜板挑檐

四、平屋顶排水

1. 排水找坡

保证屋面排水通畅,首先应选择合适的屋面排水坡度。从排水角度考虑,排水坡度越大越好;但从结构、经济以及上人活动角度考虑,坡度越小越好。一般常视屋面材料的防水性能和功能需要而定,上人屋面的坡度一般采用1‰~2‰,不上人屋面的坡度一般采2%~3%。

平屋顶排水坡度的形成分为搁置找坡和垫置找坡两种方式。

(1)搁置找坡又称结构找坡。将支承屋面板的墙或梁做成一定的坡度,屋面板铺设在其上后就形成相应的坡度。这种做法特点是省工省料、较为经济,适用于平年形状较简单的建筑物如图5-10、图5-11所示。

图 5-10 横墙、横梁搁置找坡
(a)横墙搁屋面板;(b)横梁搁屋面板;(c)屋架搁屋面板

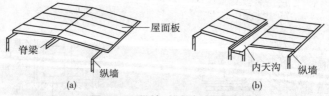

图 5-11 纵墙、纵梁搁置找坡
(a)纵梁纵墙搁屋面板;(b)内外纵墙搁屋面板

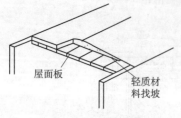

图 5-12 垫置找坡

(2)垫置找坡又称材料找坡。是在水平的屋面板上,采用廉价、轻质的材料铺垫成一定的坡度,上面再做防水层(图 5-12)。须设保温层的地区,也可以利用保温材料来形成坡度。找坡材料多用炉渣等轻质材料加水泥或石灰形成。

2. 排水方式

平屋顶的排水坡度较小,要把屋面上的雨雪水尽快地排出,就要组织好屋顶的排水系统,选择合理的排水方式。屋面的排水方式分为无组织排水和有组织排水两种方式。

(1)无组织排水又称自由落水,是使屋面的雨水由檐口自由滴落到室外地面的方式。这种做法构造简单、经济,一般适用于低层和雨水少的地区(图 5-13)。

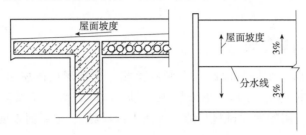

图 5-13 无组织排水

(2)有组织排水是将屋面划分成若干个排水区,按一定的排水坡度把屋面雨水有组织地排到檐沟或雨水口,通过雨水管排泄到散水或明沟中(图 5-14)。有组织排水可分为外排和内排两种。一般大量民用建筑多采用外排水方式(图 5-15);某些大型公共建筑、高层建筑以及严寒地区为保证建筑物外观效果和防止雨水管冰冻堵塞可采用内排水方式,如图 5-16 所示。

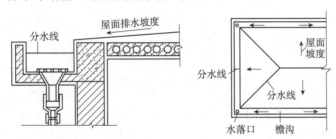

图 5-14 有组织排水

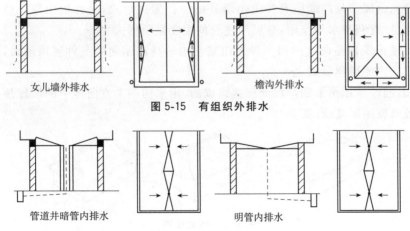

图 5-15 有组织外排水

图 5-16 有组织内排水

第三节 坡屋顶构造

一、坡屋顶的形式

坡屋顶是由一个倾斜面或几个倾斜面相互交接形成的屋顶,又称斜屋顶。根据斜面数量的多少,可分为单坡屋顶、双坡屋顶、四坡屋顶及其他形式屋顶。屋面坡度随所采用的屋面材料与铺盖方法不同而异,一般屋面坡度大于10%。

1. 坡屋顶的形式

(1)单坡屋顶即一面坡屋顶。一般用于民居或辅助性建筑上,雨水仅向一侧排下(图5-17)。

(2)双坡屋顶是由两个交接的倾斜屋面覆盖在房屋顶部,雨水向两侧排下的坡屋顶。这种形式应用较广泛。根据屋面(檐口)和山墙的处理方式不同可分为悬山屋顶和硬山屋顶(图5-18)。

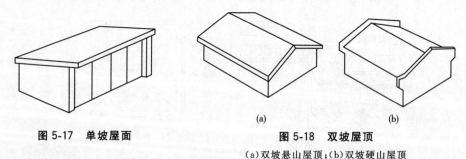

图5-17 单坡屋面　　图5-18 双坡屋顶
(a)双坡悬山屋顶;(b)双坡硬山屋顶

1)悬山屋顶是两端屋面伸出山墙外的一种屋顶形式,又称挑山顶。挑檐有保护墙身、有利排水等作用,是民用建筑的主要屋顶形式之一。

2)硬山屋顶是两端屋面不伸出山墙且山墙高出屋面的一种屋顶形式,是民居建筑的主要屋顶形式之一。

(3)四坡屋顶是由四个坡面交接组成的,雨水向四个方向排下的坡屋顶。构造上较双坡屋顶复杂(图5-19)。

图5-19 四坡屋顶
(a)四坡屋顶;(b)庑殿屋顶;(c)歇山屋顶

1)庑殿顶,又称四阿、五脊殿,是一条正脊与四条垂脊组成的四面坡式屋顶。庑殿顶是古建筑形式中最高等级,为宫殿、寺庙等大型建筑群中主要殿阁所采用。对一些大型殿宇常采用重檐做法,称重檐庑殿。

2)歇山顶,屋顶上半部为两坡顶,下半部为四坡顶,共有九条脊,故又称九脊殿。屋顶等级仅次于庑殿顶,常用于宫殿、寺庙等大型建筑群中,大型殿宇常采用重檐做法,称重檐歇山顶。

(4)其他形式。

1)攒尖顶,又称斗尖,是屋顶向上呈尖锥状,无正脊,数条垂脊交合于顶部,上面再覆以宝顶的屋顶形式。攒尖顶有三角攒尖、方攒尖、多角攒尖、圆攒尖等,多用于亭阁建筑,如图5-20(a)所示。

2)卷棚,又称回顶。是屋顶前后两坡交界处不用正脊,而做成弧形曲面的屋顶。有卷棚悬山顶、卷棚歇山顶等。屋顶外观卷曲,舒展轻巧,多用于园林建筑,如图5-20(b)所示。

3)囤顶是呈微曲面形的一种屋顶。在华北、东北民居中常见,如图5-20(c)所示。

图 5-20 其他形式屋顶

(a)攒尖顶;(b)卷棚;(c)囤顶

2. 坡屋顶的坡面组织名称

坡屋顶的坡面组织是由房屋平面和屋顶形式所决定,对屋顶的结构布置和排水方式均有一定的影响。坡屋顶的倾斜面相互交接成线,其位置不同名称各异,如图5-21所示。

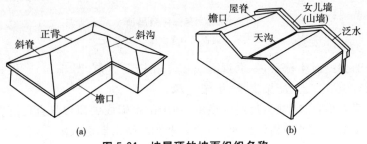

图 5-21 坡屋顶的坡面组织名称

(a)四坡屋顶;(b)并立双坡屋顶

二、坡屋顶的组成

坡屋顶主要由结构层、屋面和顶棚层组成(图5-22)。

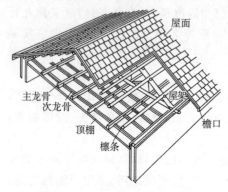

图 5-22 坡屋顶基本构造组成

结构层:承受屋顶荷载并将荷载传递给墙或柱,一般由屋架或大梁、檩条、椽子等组成。

屋面层是屋顶上的覆盖层,直接承受风雨、冰冻和太阳辐射等大自然气候的作用。它包括屋面盖料和基层(如挂瓦条、屋面板等)。

顶棚层是屋顶下面的遮盖部分,使室内上部平整,有一定光线反射,起保温隔热和装饰作用。其构造做法与楼板层的顶棚层相同。

附加层是根据不同情况而设置的保温层、隔热层、隔气层、找平层、结合层等。

1. 坡屋顶的承重结构体系

(1)有檩体系屋顶

有檩体系屋顶是由屋架(屋面梁)、檩条、屋面板组成的屋顶体系(图 5-23)。其特点是构件较小、重量轻、吊装容易;但构件数量多、施工繁琐、整体刚度较差。多用于中小型厂房。

图 5-23 有檩体系屋顶
(a)支承屋面板;(b)支承椽子、屋面板

檩条的类型有木檩条、钢筋混凝土檩条和轻钢檩条(图 5-24)。檩式屋顶的支承体系有山墙支承、屋架支承、梁架支承。

1)山墙支承:山墙常指房屋的横墙,利用山墙砌成尖顶形状直接搁置檩条以承受屋顶重量。这种结构形式叫"山墙承重"或"硬山搁檩"(图 5-25)。山墙到顶直接搁置的做法简单经济,一般适合于大多为相同开间并列的房屋,如宿舍、办公室等。

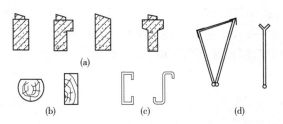

图 5-24 檩条的类型
(a)钢筋混凝土檩条;(b)木檩条;(c)薄壁钢檩条;(d)钢桁架檩条

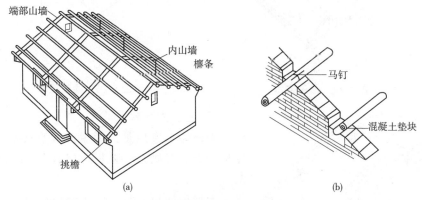

图 5-25 山墙支承
(a)山墙支檩屋顶;(b)檩条在山墙上的搁置形式

2)屋架支承:一般建筑常采用三角形屋架,用来架设檩条以支承屋面荷载(图 5-26)。通常屋架搁置在房屋纵向外墙或柱墩上,使建筑有较大的使用空间(图 5-27)。当房屋内部有纵向承重墙或柱可作为屋架支点,也作为内部支承。

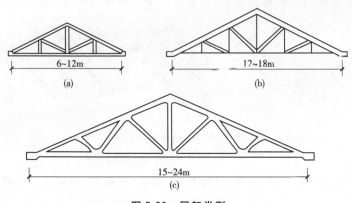

图 5-26 屋架类型
(a)木屋架;(b)钢木屋架;(c)钢筋混凝土屋架

3)梁架支承:我国传统的屋顶结构形式,以柱和梁形成梁架支承檩条,每隔两根或三根檩条立一柱,并利用檩条及连系梁(枋),把整个房屋形成一个整体骨架(图5-28)。墙只起围护和分隔作用,不承重,因此这种结构形式有"墙倒,屋不塌"之称。

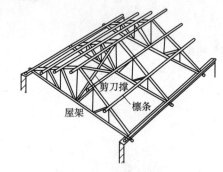

图 5-27　屋架支承

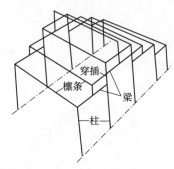

图 5-28　梁架支承

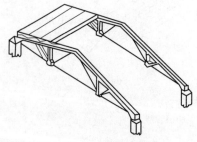

图 5-29　无檩体系屋顶

(2)无檩体系屋顶

无檩体系屋顶是大型屋面板直接铺设在屋架(或屋面梁)上弦上的屋顶体系(图5-29)。

大型屋面板的经济尺寸为 6m×1.5m,其特点是屋顶较重、构件大、数量少、刚度好,工业化程度高,安装速度快,是目前大中型厂房广泛采用的屋顶形式。

2. 坡屋顶的屋面层

坡屋顶的屋面盖料种类较多,常见有以下几种屋面类型(图5-30)。

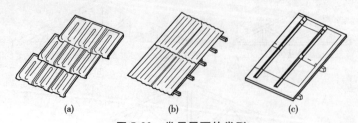

图 5-30　常用屋面的类型

(a)平瓦屋面;(b)波瓦屋面;(c)金属皮屋面

(1)瓦屋面有平瓦、小青瓦、筒板瓦、鸳鸯瓦、平板瓦、石片瓦等。这些瓦大多数由黏土烧制而成,也有用天然石板制成。一般平面尺寸不大,常在200~500mm左右,排水坡度常在20°~30°之间。

(2)波形瓦屋面。波形瓦有纤维水泥波瓦、镀锌铁皮波瓦、铝合金波瓦、玻璃钢波瓦、木质纤维波瓦、菱苦土波瓦及压型薄钢板波瓦等。一般宽度为600~1000mm,长度为1800~2800mm,厚度较薄。常用排水坡度为10°~23°之间。

(3)平板金属皮屋面,制作材料有镀锌铁皮、涂膜薄钢板、铝合金皮和不锈钢皮等。它们的接缝常采用折叠结合,排水坡度常在6°~12°之间。

3. 平瓦屋面的构造

坡屋顶中,平瓦应用广泛。平瓦有水泥瓦与黏土瓦两种,每片瓦的尺寸约为400mm×230mm,相互搭接后的有效尺寸约330mm×200mm。其缺点是接缝多,当不设屋面板时容易飘进雨雪,造成屋顶漏水。平瓦屋面的坡度不宜小于26°34′。

(1)平瓦屋面的构造

1)冷摊瓦屋面是在椽子上钉挂瓦条后直接挂瓦的一种瓦屋面做法(图5-31)。其特点是简单经济,但瓦缝容易渗漏雨雪,保温效果差。

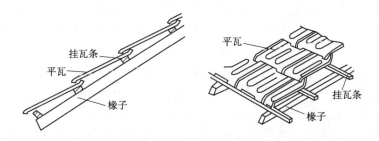

图5-31 冷摊瓦屋面

2)屋面板作基层的平瓦屋面是在檩条或椽子上钉屋面板,屋面板上满铺一层防水卷材,用顺水条(亦称压毡条)将卷材钉牢,顺水条的方向应垂直于檐口,再在顺水条上钉挂瓦条挂瓦。这种做法的优点是由瓦缝渗漏的雨水被阻于防水卷材之上,沿顺水条排除,屋顶保温效果较好(图5-32)。

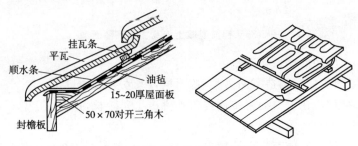

图5-32 屋面板作基层的平瓦屋面(单位:mm)

3)钢筋混凝土屋面板铺瓦,为了保温和防火等需要,可将预制钢筋混凝土空心楼板或槽形板作为瓦屋面的基层,然后盖瓦(图5-33)。

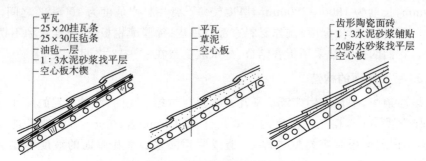

图5-33 屋面板铺瓦屋面(单位:mm)

(a)木条挂瓦;(b)草泥窝瓦;(c)砂浆贴瓦

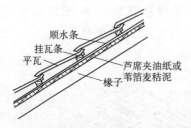

图5-34 植物秆作基层的平瓦屋面

4)纤维板或芦苇席作基层的平瓦屋面

为了节约屋面板和防水卷材,可用硬质纤维板顺水搭接铺钉,或用芦苇席、高粱秆等代替屋面板,上铺油纸或油毡防水;再在其上固定顺水条,挂瓦条挂瓦(图5-34)。若用麦秸泥直接贴瓦,不但节约屋面板、挂瓦条等,冬天还可用作保温层。

5)钢筋混凝土挂瓦板平瓦屋面是将檩条、屋面板、挂瓦条和斜顶棚几个功能结合成一个预制构件。基本形式有单T、双T和F形三种(图5-35)。肋距同挂瓦条间距,肋高按跨度计算决定。挂瓦板与山墙或屋架固定,可坐浆,用预埋于基层的钢筋套接。这种屋顶构造简单、经济,但易渗水。

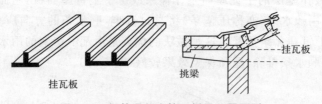

图5-35 钢筋混凝土挂瓦板平瓦屋面型

(2)平瓦屋面的檐口构造

平瓦屋面的檐口构造有两大类:挑出檐口和女儿墙檐口。

1)砖挑檐口:在檐口处将砖逐皮向外挑出1/4砖长,直到挑出总长度不大于墙厚的一半时为止(图5-36)。

2)屋面板挑檐:屋面板直接挑出,出挑长度不宜大于300mm(图5-37)。

3)挑檐木挑檐:将挑檐木置于屋架下出挑(图5-38)。

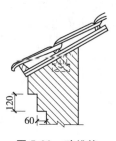
图 5-36 砖挑檐

图 5-37 屋面板挑檐

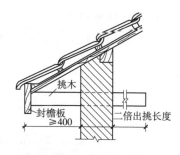
图 5-38 挑檐木挑檐

4）椽木挑檐：椽木直接出挑，挑出长度不宜过大，一般不大于 300mm（图 5-39）。

5）挑檩挑檐：在檐墙外面的檐口下加一檩条，由屋架下弦间加一托木，以平衡挑檐的重量（图 5-40）。

6）女儿墙檐口：有的坡屋顶将檐墙砌出屋面形成女儿墙，将檐口包住，又称包檐檐口。屋面与女儿墙之间须做檐沟，其构造复杂，容易漏水，应尽量少用（图 5-41）。

图 5-39 椽木挑檐

图 5-40 挑檩挑檐

图 5-41 女儿墙檐口

4. 金属瓦屋面构造

金属瓦屋面是用铝合金或镀锌压型钢板、波纹板做屋面防水层，由檩条、木望板做基层的一种屋面。其特点是自重轻，防水性能好，耐久性好，施工简便，并具优良的装饰性。金属瓦屋面近年来广泛用于宾馆、饭店、大型商场、游艺场馆、体育场馆、车站、飞机场等建筑的屋面。

金属瓦材较薄，厚度为 1mm 左右，铺设时在檩条上铺木望板，木望板上干铺一层油毡作为第二道防水层，再用钉子将金属瓦固定在木望板上。金属瓦间的拼缝通常采取相互交搭卷折成咬口缝，以避免雨水渗漏。咬口缝可分为两种：竖缝咬口缝（平行于屋面水流方向）、横缝平咬口缝（垂直于屋面水流方向）如图 5-42 所示。平咬口缝又分单平咬口缝（屋面坡度大于 30%）和双平咬口缝（屋面坡度小于 30%），如图 5-43 所示。在木望板上钉铁支脚，然后将金属瓦的边折卷固定在铁支脚上，使竖缝咬口缝能竖直起来，支脚和螺钉宜采用同一材料为佳。所有金属瓦必须相互连通导电，并与避雷针或避雷带连接，以防雷击。

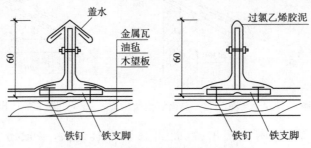

图 5-42　金属瓦屋面竖缝咬口缝构造

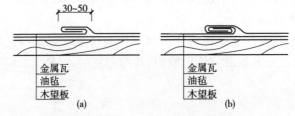

图 5-43　金属瓦屋面平咬口缝构造
(a)单平咬口;(b)双平咬口

第六章 楼梯和电梯

第一节 概　　述

建筑空间的竖向组合交通联系依靠楼梯、电梯、自动扶梯、台阶、坡道以及爬梯等设施。其中,楼梯作为竖向交通和人员紧急疏散的主要交通设施,使用最为广泛;垂直升降电梯则用于七层及以上的多层建筑和高层建筑,在一些标准较高的低层建筑中也有使用;自动扶梯用于人流量大且使用要求高的公共建筑,如商场、候车楼等;台阶用于室内外高差之间和室内局部高差之间的联系;坡道则用于建筑中有无障碍交通要求的高差之间的联系,也用于多层车库中通行汽车和医疗建筑中通行担架车等;爬梯专用于检修等。

一、楼梯的组成

楼梯一般由梯段、平台、栏杆扶手三部分组成,如图 6-1 所示。

1. 梯段

梯段俗称梯跑,是联系两个不同标高平台的倾斜构件。通常为板式梯段,也可以由踏步板和梯斜梁组成梁板式梯段。为了减轻行走的疲劳,梯段的踏步步数一般不宜超过 18 级,但也不宜少于 3 级,因为步数太少不易被人们察觉,容易摔倒。

2. 楼梯平台

按平台所处位置和标高不同,有中间平台和楼层平台之分。两楼层之间的平台称为中间平台,供人们行走时调节体力和改变行进方向。而与楼层地面标高齐平的平台称为楼层平台,除起着与中间平台相

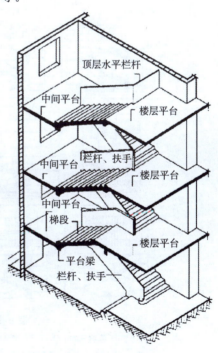

图 6-1 楼梯的组成

同的作用外,还用来分配从楼梯到达各楼层的人流。

3. 栏杆扶手

栏杆扶手是设在梯段及平台边缘的安全保护构件。水平护身栏杆的高度应不小于1050mm,当梯段宽度不大时,可只在梯段临空面设置。楼梯段的宽度大于1650mm时,应增设靠墙扶手;楼梯的宽度超过2200mm时,还应增设中间扶手。

二、楼梯的类型

楼梯按结构材料的不同,有钢筋混凝土楼梯、木楼梯、钢楼梯等。钢筋混凝土楼梯因其坚固、耐久、防火,故应用比较普遍。

楼梯按梯段数量可分为直跑式、双跑式、三跑式、多跑式及弧形和螺旋式等形式。双跑楼梯是最常用的一种。楼梯的平面类型与建筑平面有关。当楼梯的平面为矩形时,适合做成双跑式;接近正方形的平面,可以做成三跑式或多跑式;圆形的平面可以做成螺旋式楼梯。有时楼梯的形式还要考虑建筑物内部的装饰效果,如建筑物正厅的楼梯常常做成双分式和双合式等形式,如图6-2所示。

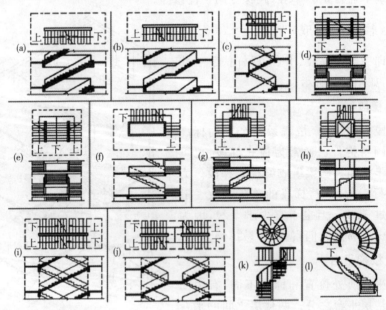

图6-2 楼梯的类型

(a)直行单跑楼梯;(b)直行多跑楼梯;(c)平行双跑楼梯;(d)平行双分楼梯;
(e)平行双合楼梯;(f)折行双跑楼梯;(g)折行三跑楼梯;(h)设电梯折行三跑楼梯;
(i)、(j)交叉跑(剪刀)楼梯;(k)螺旋形楼梯;(l)弧形楼梯

三、楼梯的平面形式

多层建筑室内楼梯采用的平面形式有开敞式平面和封闭式平面。符合规定条件的室外楼梯也可以作为安全出口使用。

1. 开敞式平面的特点

开敞式平面必须靠外墙设置,楼梯间应有直接的天然采光和自然通风,楼梯间与室内连接的部分为开敞式(不设墙或门),如图 6-3 所示。

2. 封闭式平面的特点

①楼梯间应靠近外墙,并应有直接的天然采光和自然通风。

②楼梯间的出入口处应设置可双向开启的弹簧门。封闭式平面如图 6-4 所示。

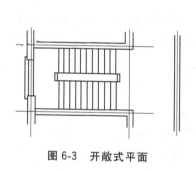

图 6-3 开敞式平面

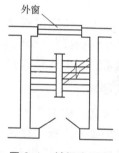

图 6-4 封闭式平面

3. 室外悬挑楼梯

《建筑设计防火规范》GB 50016—2014 中规定:室外楼梯多采用悬挑式,符合下列规定的室外楼梯可以作为安全出口:

(1)栏杆扶手高度不应小于 1.10m,楼梯的净宽度不应小于 0.90m;

(2)倾斜角度不应大于 45°;

(3)楼梯段和平台均应采用不燃材料制作,平台的耐火极限不应低于 1.00h,楼梯段的耐火极限不应低于 0.25h;

(4)通向室外楼梯的门宜采用乙级防火门,并应向室外开启;

(5)除疏散门外,楼梯周围 2.00m 内的墙面上不应设置门窗洞口,疏散门不应正对楼梯段。

图 6-5 是室外楼梯的平面图。

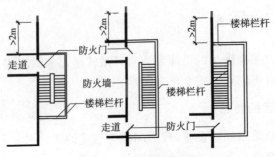

图 6-5 室外楼梯平面图

第二节 钢筋混凝土楼梯构造

一、现浇钢筋混凝土楼梯

钢筋混凝土楼梯应以现浇作法为主。现浇钢筋混凝土楼梯是在施工现场支模、绑钢筋和浇筑混凝土而成的。这种楼梯的整体性强,但施工工序多,工期较长。现浇钢筋混凝土楼梯有如下 3 种做法。

1. **板式楼梯**

板式楼梯是将楼梯作为一块板考虑,板的两端支承在休息平台的边梁上,休息平台支承在墙上。板式楼梯的结构简单,板底平整,施工方便。

板式楼梯的水平投影长度在 3m 以内时比较经济。板式楼梯的构造如图 6-6 所示。

2. **梁式楼梯**

梁式楼梯是将踏步板支承在斜梁上,斜梁支承在平台梁上,平台梁再支承在墙上。斜梁可以在踏步板的下面、上面或侧面。

斜梁在踏步板上面时,可以阻止垃圾或灰尘从梯井中落下,而且楼梯段底面平整,便于粉刷,缺点是梁占据楼梯段的一段尺寸;斜梁在侧面时,踏步板在梁的中间,踏步板可以取三角形或折板形;斜梁在踏步的下边时,板底不平整,抹面比较费工。梁式楼梯的构造如图 6-7 所示。

3. **无梁楼梯**

无梁楼梯是取消平台梁的做法。楼梯踏步板与休息平台连成一体,可以解决平台梁下部净高不足而造成的碰头问题。由于平台梁的取消,可能会产生板厚加大,计算复杂,配筋增多等问题。无梁楼梯的构造如图 6-8 所示。

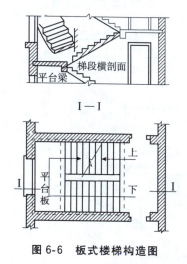

图 6-6　板式楼梯构造图　　　　图 6-7　斜梁式楼梯构造图

二、装配式钢筋混凝土楼梯

装配式钢筋混凝土楼梯是将楼梯分成休息板、楼梯梁、楼梯段三个组成部分。这些构件是在加工厂或施工现场进行预制，施工时将预制构件进行装配、焊接。目前，装配式钢筋混凝土楼梯的做法归纳起来，大体有以下几种。

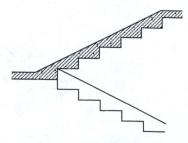

图 6-8　无梁楼梯

（1）踏步式预制。这种楼梯的主要预制构件为 L 形或一字形踏步板，踏步板支承在墙上，随砌墙随安装。双跑楼梯应在楼梯间中间部位砌筑 240mm 砖墙一道，以代替梯井（图 6-9）。

预制踏步的构件小，便于制作安装，可以不用大型机械。施工时必须用支撑，以保证稳定。

（2）斜梁式预制。这种楼梯的预制构件由斜梁、踏步板、平台梁等组成。安装时先放置平台梁，再放斜梁，然后放置踏步板。在这种做法中的斜梁，又可以分为斜梁锯齿形和斜梁平面形两种，踏步板与斜梁必须相配套。斜梁与平台用钢板焊接牢固，如图 6-10 所示。

（3）梯段式预制。这种楼梯的预制构件有两种情况：一种是楼梯段和休息板的两段划分；另一种是楼梯段、楼梯梁、休息板的三段划分，如图 6-11 所示。

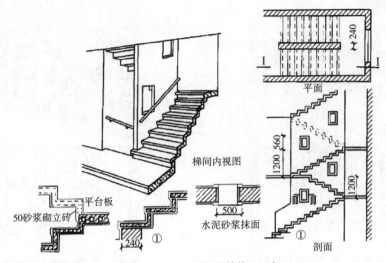

图 6-9 踏步式预制(单位:mm)

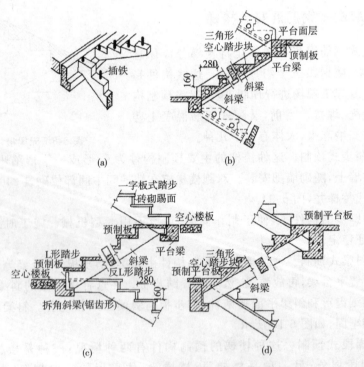

图 6-10 斜梁式预制(单位:mm)

(a)锯齿形斜梁(每个踏步穿孔,由插铁窝牢);(b)三角形空心踏步块与L形斜梁组成;
(c)正反L形踏步和一字形踏步锯齿形斜梁组成;(d)三角形踏步块与矩形斜梁组成

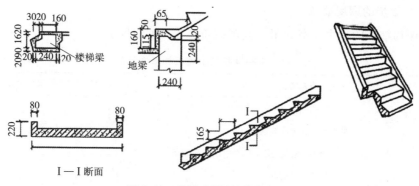

图 6-11　梯段式预制(单位:mm)

第三节　楼梯细部构造

一、踏步

1. 踏步的构造组成

踏步由踏面和踢面构成。为了增加踏步的行走舒适感,可将踏步突出 20mm 做成凸缘或斜面(图 6-12)。底层楼梯的第一个踏步常做成特殊的样式,以增加美感。栏杆或栏板也有变化,以增加多样化(图 6-13)。

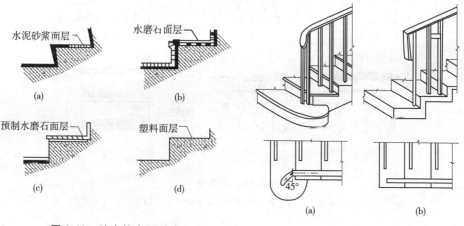

图 6-12　踏步的表面形式
(a)水泥砂浆;(b)水磨石;(c)水磨石板;(d)塑料

图 6-13　底层第一个踏步详图
(a)半阀式;(b)直线式

2. 踏步的宽度要求

楼梯踏步的最小高宽和最大高度应符合表6-1的规定。

表6-1 楼梯踏步最小宽度和最大高度　　　　　　　　　单位：m

楼梯类别	最小宽度	最大高度
住宅共用楼梯	0.26	0.175
幼儿园、小学校等楼梯	0.26	0.15
电影院、剧院、体育馆、商场、医院、旅馆和大中学校等楼梯	0.28	0.16
其他建筑楼梯	0.26	0.17
专用疏散楼梯	0.25	0.18
服务楼梯、住宅套内楼梯	0.22	0.20

注：无中柱螺旋楼梯和弧形楼梯离内侧扶手中0.25m处的踏步宽度不应小于0.22m。

3. 踏步防滑处理

踏步表面应注意防滑处理。常用的做法与踏步表面是否抹面有关。例如，一般水泥砂浆抹面的踏步常不作防滑处理，而水磨石预制板或现浇水磨石面层一般采用水泥加金刚砂做防滑条或金属防滑条（图6-14）。

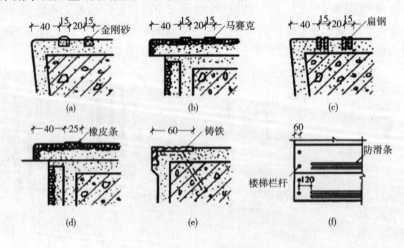

图6-14 防滑条
(a)金刚砂；(b)马赛克；(c)扁铜；(d)橡皮条；(e)铸铁；(f)防滑条平面示意图

二、栏杆

栏杆是为保护行人安全而设置的围护设施。在阳台、外廊、室内回廊、回天井、上人屋面及室外楼梯等临空处均应设置栏杆。

1. 栏杆的设置要求

(1)栏杆应以坚固耐久的材料制作,并且能承受荷载规范规定的水平荷载。

(2)临空高度在24m以下时,栏杆的高度不应低于1.05m,临空高度在24m及24m以上时,栏杆高度不应低于1.10m;栏杆高度应从楼地面或屋面至栏杆扶手顶面垂直高度计算,如底部有宽度不小于0.22m,且高度低于或等于0.45m的可踏部位,应从可踏部位顶面起计算。

(3)栏杆离楼面或屋面0.1m高度内不宜留空。

(4)住宅、托儿所、幼儿园、中小学及少年儿童专用活动场所的栏杆必须采用防止少年儿童登踏的构造,当采用垂直杆件做栏杆时,其杆件净距不应大于0.11m。

(5)文化娱乐建筑、商业服务建筑、体育建筑、园林景观建筑等允许少年儿童进入活动的场所,当采用垂直杆件做栏杆时,其杆件净距也不应大于0.11m。

近几年,在商场等建筑中,少年儿童活动的空间,单做了垂直栏杆时,杆件间的净距也不应大于0.11m,如图6-15所示。

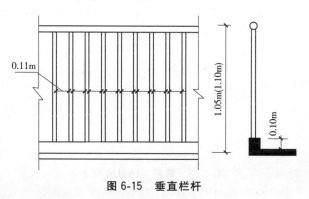

图6-15 垂直栏杆

2. 楼梯栏杆的构造

楼梯栏杆有空花栏杆、栏板式和组合式栏杆三种。

(1)空花栏杆

空花栏杆一般采用圆钢、方钢、扁钢和钢管等金属材料做成。常用断面尺寸为:圆钢$\phi16\sim\phi25$mm,方钢$15\sim25$mm,扁钢$(30\sim50)$mm$\times(3\sim6)$mm,钢管$\phi20\sim\phi50$mm。

在儿童活动的场所,如幼儿园、住宅等建筑,为防止儿童穿过栏杆空隙发生危险事故,栏杆垂直杆件间的净距不应大于110mm,且不应采用易于攀登的花饰。

空花栏杆的形式如图 6-16 所示。

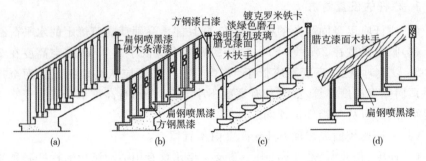

图 6-16　空花栏杆

栏杆与梯段应有可靠的连接,具体方法有以下几种。

1)预埋铁件焊接是将栏杆的立杆与梯段中预埋的钢板或套管焊接在一起,如图 6-17(a)所示。

2)预留孔洞插接是将端部做成开脚或倒刺插入梯段预留的孔洞内,用水泥砂浆或细石混凝土填实,如图 6-17(b)所示。

3)螺栓连接是用螺栓将栏杆固定在梯段上,固定方式有若干种,如用板底螺帽拴紧贯穿踏板的栏杆等,如图 6-17(c)所示。

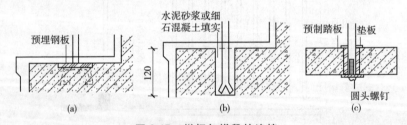

图 6-17　栏杆与梯段的连接
(a)预埋铁件焊接;(b)预留孔洞插接;(c)螺栓连接

(2)栏板

栏板通常采用现浇或预制的钢筋混凝土板,钢丝网水泥板或砖砌栏板,也可采用具有较好装饰性的有机玻璃、钢化玻璃等作栏板。

钢丝网水泥栏板是在钢筋骨架的侧面先铺钢丝网,后抹水泥砂浆而成,如图 6-18(a)所示。

砖砌栏板是用砖侧砌成 1/4 砖厚,为增加其整体稳定性,通常在栏板中加设钢筋网,并且用现浇的钢筋混凝土扶手连成整体,如图 6-18(b)所示。

(3)组合式栏杆

组合式栏杆是将空花栏杆与栏板组合而成的一种栏杆形式,其中空花栏杆

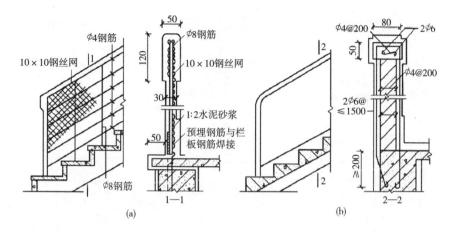

图 6-18 栏板式栏杆
(a)钢丝网水泥栏板;(b)砖砌栏板(60mm 厚)

多用金属材料制作,栏板可用钢筋混凝土板、砖砌栏板、有机玻璃等材料制成,如图 6-19 所示。

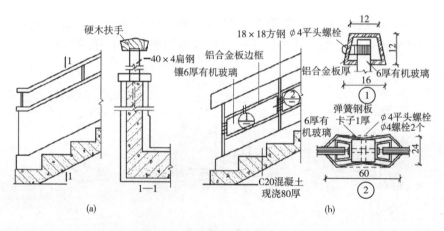

图 6-19 组合式栏杆(单位:mm)
(a)金属栏杆与钢筋混凝土栏板组合;(b)金属栏杆与有机玻璃组合

三、扶手

扶手设在栏杆顶部。扶手一般采用木材、塑料、圆钢管等材料。扶手的断面大小应考虑人的手掌尺寸,并注意断面的美观。其宽度应在 60~80mm 之间,高度应在 80~120mm 之间。木扶手与栏杆的固定常用木螺丝拧在栏杆上部的铁板上;塑料扶手是卡在铁板上;圆钢管扶手则直接焊于栏杆表面上(图 6-20)。

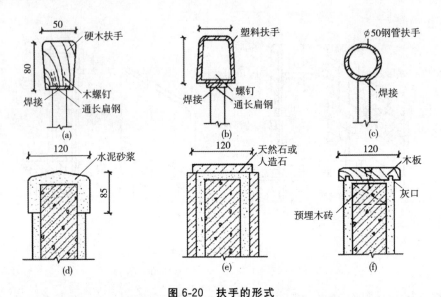

图 6-20 扶手的形式

(a)硬木扶手;(b)塑料扶手;(c)金属扶手;(d)水泥砂浆(水磨石)扶手;
(e)天然石(或人造石)扶手;(f)木板扶手

靠墙扶手通过连接件固定于墙上,连接件通常直接埋入墙上的预留孔内,也可用预埋螺栓连接。连接件与扶手的连接构造同栏杆与扶手的连接如图 6-21 所示。

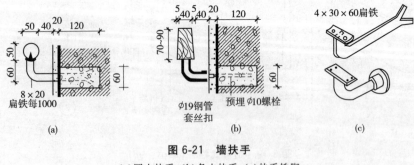

图 6-21 墙扶手

(a)圆木扶手;(b)条木扶手;(c)扶手铁脚

扶手在休息板转弯处的做法与踏步的位置密切相关,图 6-22 绍了几种不同情况。

楼梯顶层的楼层平面临空一侧,应设置水平栏杆扶手,扶手端部与墙应固定在一起,其方法为在墙上预留孔洞,将扶手和栏杆插入洞内,用水泥砂浆或细石混凝土填实,也可以将扁钢用木螺钉固定于墙内预埋的防腐木砖上。若为钢筋混凝土墙或柱,则可采用预埋铁件焊接(图 6-23)。

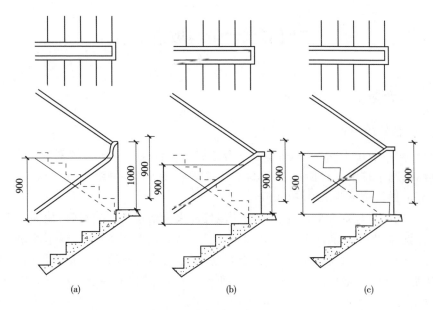

图 6-22　折处扶手高差处理
(a)鹤颈扶手;(b)栏杆扶手伸出踏步半步;(c)上下梯段错开一步

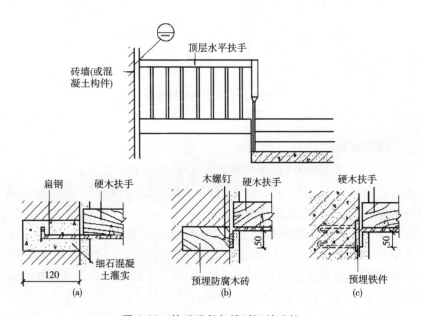

图 6-23　扶手端部与墙(柱)的连接
(a)预留孔洞插接;(b)预埋防腐木砖木螺钉连接;(c)预埋铁件焊接

第四节 台阶与坡道构造

一、台阶

1. 台阶的形式

台阶一般用于室外，由踏步和平台组成。平台表面应向外倾斜约1%～4%坡度，以利于排水。台阶踏步的高宽比应较楼梯平缓，每级高度一般为100～150mm，踏面宽度为300～400mm。

建筑物的台阶应采用具有抗冻性能好和表面结实耐磨的材料，如混凝土、天然石、缸、砖等。普通砖的抗水性和抗冻性较差，用来砌筑台阶，整体性差，容易损坏。若表面用水泥砂浆抹面，虽有帮助，但也很容易剥落。大量的民用建筑中采用混凝土台阶最广泛，如图6-24(a)所示。台阶的基础，一般情况下较为简单，只要挖去腐殖土做一层垫层即可。

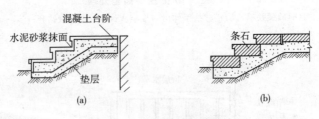

图6-24 台阶的构造类型
(a)混凝土台阶；(b)天然石台阶

2. 台阶的构造

室外台阶应坚固耐磨，具有较好的耐久性、抗冻性和抗水性。

台阶按材料不同，有混凝土台阶、石砌台阶和钢筋混凝土台阶等，如图6-25所示。其中，混凝土台阶应用最为普遍。

台阶应考虑防滑和抗风化问题。其面层材料应选择防滑和耐久的材料。

台阶垫层做法与地面垫层做法类似，一般情况下，采用素土夯实后，按台阶形状尺寸做C10混凝土垫层或灰土、三合土或碎石垫层。严寒地区的台阶还需考虑地基土冻胀因素，可用含水率低的砂石垫层换土至冰冻线以下。

单独设立的台阶应与主体分离，中间设沉降缝，以保证相互间的自由沉降。

第六章 楼梯和电梯

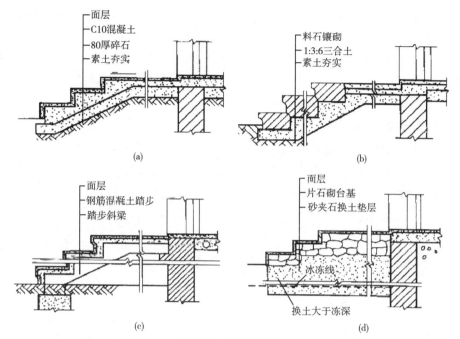

图 6-25 台阶的构造
(a)混凝土台阶；(b)石砌台阶；(c)钢筋混凝土架空台阶；(d)换土地基台阶

二、坡道

1. 坡道的形式

为便于车辆上下，室外门前常作坡道。坡道多为单面形式，极少出现三面坡。大型公共建筑还常将可通行汽车的坡道与踏步结合，形成大台阶。

室外门前为便于车辆进出（如医院室内地坪高差不大，为便于病人车辆通行）常做坡道，也有台阶和坡道同时应用者，如图 6-26 所示。

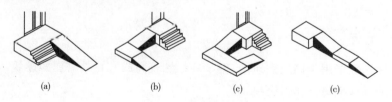

图 6-26 坡道的形式
(a)椅子形坡道；(b)L 形坡道；(c)U 形坡道；(d)一字形多段式坡道

2. 坡道的坡度

坡道的坡度与使用要求、面层材料和做法有关。坡道的坡度一般为 1∶6～

1∶12。面层光滑的坡道,坡度不宜大于1∶10;面层采用粗糙材料和设防滑条的坡道,坡度可稍大,但不应大于1∶6;锯齿形坡道的坡度可加大至1∶4。

轮椅坡道的坡度不宜大于1∶12,宽度不应小于900mm;坡道在转弯处应设休息平台,其深度不小于1500mm。无障碍坡道在坡道的起点和终点应留有深度不小于1500mm的轮椅缓冲地带。

3. 坡道的构造

与台阶一样,坡道也应采用耐久、耐磨和抗冻性好的材料,其构造与台阶类似,多采用混凝土材料。坡道对滑要求较高或坡度较大时可设置防滑条或将面层做成锯齿形,如图6-27所示。

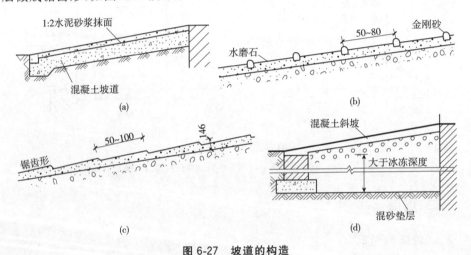

图6-27 坡道的构造
(a)混凝土坡道;(b)防滑条坡道;(c)锯齿形坡道;(d)换土地基坡道

第五节 电梯、自动扶梯与自动人行道构造

一、电梯

电梯一般多用于高层建筑中,但某些级别较高或有特殊需要的建筑,也可设置电梯。电梯不得计作安全出口。

一、电梯的类型

1. 根据电梯的使用性质分

(1)客梯:为运送乘客而设计的电梯。

(2)货梯:为运送货物而设计的电梯。

(3)消防电梯:用于在发生火灾、爆炸等紧急情况下消防人员紧急救援。

2. 根据电梯行驶速度分

(1)高速电梯:速度大于 2m/s,梯速随层数增加而提高。

(2)中速电梯:速度在 2m/s 以内,1.5m/s 以上。

(3)低速电梯:速度在 1.5m/s 以内。

3. 其他特殊类型

(1)观景电梯是把竖向交通和动态观景相结合的设备。电梯从封闭的井道中解脱出来,透明的轿厢使电梯内外景观相互流通。适用于高层宾馆、商业建筑等公共建筑,观景电梯在建筑物的位置应选择使乘客获得最佳观赏角度。

(2)无机房电梯将驱动主机安装在井道或轿厢上,控制柜放在维修人员能接近的位置,从而无须设置专用机房。

(3)液压电梯适用于行程高度小、机房不设在顶部的建筑物。

二、电梯的组成

电梯由下列几部分组成(如图 6-28 所示)。

1. 电梯井道

不同性质的电梯,其井道根据需要有各种井道尺寸,以配合各种电梯轿厢。井道壁多为钢筋混凝土井壁或框架填充墙井壁。

2. 电梯机房

机房和井道的平面相对位置允许机房任意向一个或两个相邻方向伸出,并满足机房有关设备安装的要求。

3. 井道地坑

井道地坑坑底标高与底层标高差不小于 1.4m,此空间作为轿厢下缓冲器的空间。具体尺寸需根据电梯选型和电梯生产厂家要求决定。

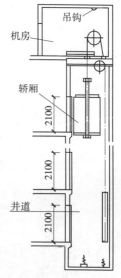

图 6-28 电梯的组成示意图/mm

4. 组成电梯的有关部件

(1)轿厢是直接载人、运货的厢体。

(2)井壁导轨和导轨支架是支承、导引轿厢上下升降的轨道。

(3)牵引轮及其钢支架、钢丝绳、平衡锤、轿厢开关门、检修起重吊钩等。

(4)有关电器部件。如交流电动机、直流电动机、控制柜、继电器、选层器、动力开关、照明开关、电源开关、厅外层数指示灯和厅外上下召唤盒开关等。

三、电梯与建筑物相关部位构造

(1)通向机房的通道和楼梯宽度不小于1.2m,楼梯坡度不大于45°。

(2)机房楼板应平坦整洁,能承受6kPa的均布荷载。

(3)井道壁为钢筋混凝土时,应预留150mm×150mm×150mm孔洞、垂直中距2m,以便安装支架。

(4)框架上应预埋铁板,铁板后面的焊件与梁中钢筋焊牢。每层中间加圈梁一道,并需设置预埋铁板。

(5)电梯为两台并列时,中间可不用隔墙而按一定的间隔旋转钢筋混凝土梁或型钢过梁,以便安装支架。

(6)安装导轨支架可分为预留孔插入式和预埋铁件焊接式两种方式。

四、自动扶梯和自动人行道

自动扶梯的运行原理是采取机电系统技术,由电动机变速器以及安全制动器所组成的推动单元拖动两条环链,而每级踏板都与环链连接,通过轧轮的滚动,踏板便沿主构架中的轨道循环运转,而在踏板上面的扶手带以相应速度与踏板同步运转(图6-29)。

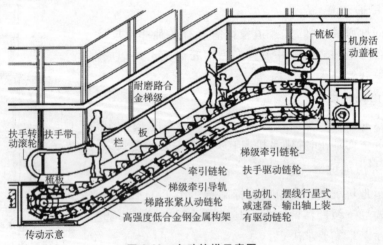

图6-29 自动扶梯示意图

1. 基本要求

自动扶梯的倾角一般为30°,梯级可以由下向上运行(上升)或由上向下运行(下降)。在机械停止运转时,还可以作为普通楼梯使用。

自动人行道的倾角为0°~12°,由传送带水平运行。

自动扶梯的提升高度通常为3~10m;速度在0.45~0.75m/s之间,常用速度为

0.5~0.6m/s；倾角有 27.3°、30°、35°几种，其中 30°为常用角度；宽度一般有 600mm、800mm、900mm、1200mm 几种；理论载客量可达 4000~10000 人·次/h。

2. 构造特点

(1)自动扶梯和自动人行道不得计作安全出口。

(2)自动扶梯和自动人行道的出入口前畅通区的宽度不应小于 2.5m，畅通区有密集人流穿行时，其宽度应加大。

(3)自动扶梯和自动人行道与平行墙面间、扶手与楼板开口边缘及相邻平行梯的扶手带的水平距离不应小于 0.5m。

(4)自动扶梯的梯级或自动人行道的踏板或胶带上空，垂直净高度不应小于 2.3m。

(5)倾斜式自动人行道距楼板开洞处净高应大于或等于 2.0m。出口处扶手带转向端距前面障碍物水平距离大于或等于 2.5m。

(6)自动扶梯扶手带外缘与墙壁或其他障碍物之间的水平距离不得小于 80mm。相互邻近平行或交错设置的自动扶梯，扶手带的外缘间的距离不得小于 120mm。

(7)自动人行道地沟排水应符合下列规定：

1)室内自动人行道按有无集水可能设置；

2)室外自动扶梯无论全露天或在雨篷下，其地沟均需设置全长的下水排放系统。

(8)自动扶梯或自动人行道在露天运行时，宜加顶棚和围护。

第六节 无障碍构造简介

坡道、楼梯、台阶等设施可以解决建筑物室内外高差的过渡，但这些设施在为某些残疾人特别是下肢残疾和视觉残疾的人使用时仍然会造成不便。由于下肢残疾的人往往会借助拐杖和轮椅代步，而视觉残疾的人则往往会借助盲棍来帮助行走。无障碍构造设计中有一部分内容就是指为帮助上述两类残疾人顺利通过有高差部位的设计。

一、残疾人坡道构造

坡道是最适合残疾人轮椅通过的设施，它还适合于借助拐杖和导盲棍通过的残疾人。其坡度必须较为平缓，还必须保证一定的宽度。对于残疾人使用的坡道有以下规定。

1. 坡道的坡度

我国将残疾人通行的坡道坡度标准定为不大于 1/12，同时还规定与之相匹配的每段坡道的最大高度为 750mm，最大坡段水平长度为 9000mm。

2. 坡道的宽度及平台宽度

为便于残疾人使用轮椅顺利通过，建筑入口的坡道宽度不应小于 1200mm，室内坡道的最小宽度应不小于 1000mm，室外坡道的最小宽度应不小于 1500mm。图 6-30 表示室外坡道所应具有的最小尺度。

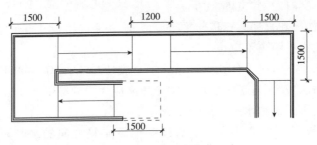

图 6-30 室外坡道的最小尺度

二、楼梯及扶手栏杆构造

1. 楼梯形式及相关尺寸

供借助拐杖者及视力残疾者使用的楼梯，应采用直行形式，例如直跑楼梯、对折的双跑楼梯或成直角折行的楼梯等（图 6-31），不宜采用弧形梯段或在休息平台上设置扇步（图 6-32）。

楼梯的坡度应尽量平缓，其坡度宜在 35°以下，踢面高不宜大于 160mm，且每步踏步应保持等高。楼梯的梯段宽度不宜小于 1200mm。

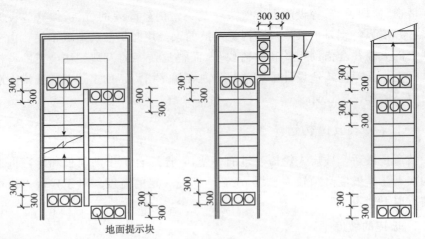

图 6-31 楼梯段宜采取直行方式

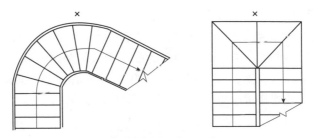

图 6-32 不宜使用的弧形楼梯及扇步

2. 踏步设计注意事项

供借助拐杖者及视力残疾者使用的楼梯踏步应选用合理的构造形式及饰面材料,注意无直角突沿,以防发生勾绊行人或其助行工具导致的意外事故(图 6-33);注意表面不滑,不得积水,防滑条不得高出踏面 5mm 以上。

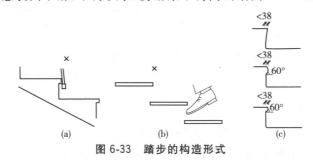

图 6-33 踏步的构造形式

(a)有直角突缘,不可用;(b)踏步无踢面,不可用;(c)踏步线形光滑流畅,可用

3. 楼梯、坡道的栏杆扶手

楼梯、坡道的扶手栏杆应坚固适用,且应在两侧都设有扶手。公共楼梯可设上下双层扶手。在楼梯的梯段(或坡道的坡段)的起始及终结处,扶手应自梯段或坡段前缘向前伸出 300mm 以上,两个相邻梯段的扶手应该连通;扶手末端应向下或伸向墙面(图 6-34)。扶手的断面形式应便于抓握(图 6-35)。

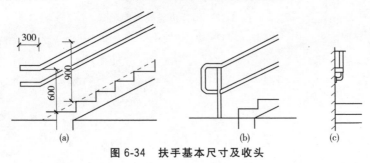

图 6-34 扶手基本尺寸及收头

(a)扶手高度及起始、终结步处外伸尺寸;(b)扶手末端向下;(c)扶手末端伸向墙面

4. 导盲块的设置

导盲块又称地面提示块，一般设置在有障碍物、需要转折和存在高差等场所，利用其表面上的特殊构造形式，向视力残疾者提供触摸信息，提示行走、停步或需改变行进方向等。如图 6-36 所示为常用的导盲块的两种形式。图 6-28 中已经标明了导盲块在楼梯中的位置，同样在坡道上也适用。

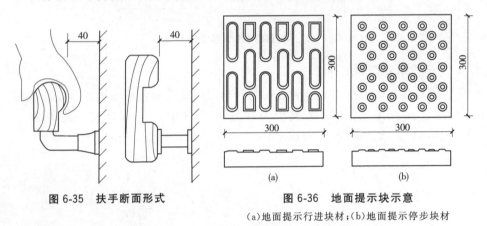

图 6-35　扶手断面形式

图 6-36　地面提示块示意

（a）地面提示行进块材；（b）地面提示停步块材

5. 构件边缘处理

凡有凌空处的构件边缘都应该向上翻起，包括楼梯段和坡道的凌空一面、室内外平台的凌空边缘等，这样可以防止拐杖或导盲棍等工具向外滑出，对轮椅也是一种制约。图 6-37 给出了相关尺寸。

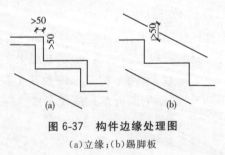

图 6-37　构件边缘处理图

（a）立缘；（b）踢脚板

第七章 变形缝

第一节 概 述

一、变形缝的概念

建筑物由于受到温度变化、地基不均匀沉降以及地震作用的影响,结构的内部将产生附加的应力和应变,如不采取措施或处理不当,会使建筑物产生开裂甚至倒塌。为防止出现这种情况,可采取"阻"或"让"这两种措施。"阻"是通过加强建筑物的整体性,使其具有足够的强度与刚度,以阻止这种破坏;"让"是在这些变形敏感部位将结构断开,使建筑物各部分能自由变形,以减小附加应力,以退让的方式避免破坏。建筑物中这种为了预防和避免建筑裂缝和破坏发生,而预留的将建筑物分成若干独立部分的缝隙称为变形缝。

二、变形缝的种类

变形缝通常包括伸缩缝、沉降缝和防震缝3种。

1. **伸缩缝**

伸缩缝是为防止建筑物因温度变化热胀冷缩使建筑出现裂缝或破坏,而在沿建筑物长度方向隔一定距离预留的垂直缝隙。

2. **沉降缝**

沉降缝是为防止建筑物各部分由于地基不均匀沉降引起房屋破坏所设置的垂直缝。

3. **防震缝**

防震缝是为防止建筑物各部分用于地震而破坏所设置的垂直缝。

三、变形缝的设置原则

1. **伸缩缝**

(1)砌体结构

伸缩缝应设置在因温度和收缩变形可能引起应力集中,砌体产生裂缝可能性最大的地方。伸缩缝的特点是只在±0.000以上的部位断开,基础不断开。缝宽一般为20～30mm。

砌体结构的伸缩缝的最大间距应以《砌体结构设计规范》GB 50003为准,具体数值见表7-1。

表7-1　砌体房屋伸缩缝的最大间距　　　　　　　　　　单位:m

屋盖或楼盖类别		间距
整体式或装配整体式钢筋混凝土结构	有保温层或隔热层的屋盖、楼盖	50
	无保温层或隔热层的屋盖	40
装配式无檩体系钢筋混凝土结构	有保温层或隔热层的屋盖、楼盖	60
	无保温层或隔热层的屋盖	50
装配式有檩体系钢筋混凝土结构	有保温层或隔热层的屋盖、楼盖	75
	有无保温屋或隔热层的屋盖	60
瓦材屋盖、木屋盖或楼盖、轻钢楼盖		100

(2)混凝土结构

钢筋混凝土结构伸缩缝的最大间距应以《混凝土结构设计规范》GB 50010中的规定为准,详见表7-2。

表7-2　钢筋混凝土结构缩的最大间距　　　　　　　　单位:m

结构类别		室内或土中	露天
排架结构	装配式	100	70
框架结构	装配式	75	50
	现浇式	55	35
剪力墙结构	装配式	65	40
	现浇式	45	30
挡土墙、地下室墙壁等结构	装配式	40	30
	现浇式	30	20

注:现浇挑檐、雨篷等外露结构的局部伸缩缝间距不宜小于12m。

(3)钢结构

高层建筑钢结构不宜设置伸缩缝。当必须设置时,抗震设防地区高层建筑钢结构的伸缩缝应满足防震缝的要求。

2. 沉降缝

在满足使用和其他要求的前提下,建筑体形应力求简单。当建筑体形复杂时,宜根据其平面形状和高度差异情况,在适当部位用沉降缝将其划分成若干个刚度较好的单元;当高度差异或荷载差异较大时,可将两者隔开一定距离,当拉开距离后两单元必须连续时,应采用能自由沉降的连续构造。

凡符合下列情况之一者应设置沉降缝:

(1)建筑物建造在不同的地基土壤上;
(2)同一建筑物相邻部分高度差在两层以上或部分高度差超过10m以上;
(3)建筑物部分的基础底部压力值有很大差别;
(4)原有建筑物和扩建建筑物之间;
(5)相邻的基础宽度和埋置深度相差悬殊;
(6)在平面形状较复杂的建筑中,为了避免不均匀下沉,应将建筑物平面划分成几个单元,在各个部分之间设置沉降缝。

沉降缝是基础及上部结构全部断开的构造缝隙。沉降缝的宽度见表7-3。

表7-3 房屋沉降缝的宽度 单位:mm

房屋层数	沉降缝宽度
2~3层	50~80
4~5层	80~120
5层以上	不小于120

地下室需设置缝隙时,只设沉降缝,缝宽宜为20~30mm。若采用防水混凝土底板时,缝宽两侧700mm的混凝土最小厚度应为300mm。

3. 防震缝

砌体结构及钢筋混凝土板墙结构的缝隙处应采用双墙方案;钢筋混凝土框架结构的缝隙处应采用双柱、双梁(双墙)方案。

(1)砌体结构

砌体结构房屋有下列情况之一时宜设置防震缝,防震缝的宽度应根据烈度和房屋高度确定,一般为70~100mm:

1)房屋立面高差在6m以上;
2)房屋有错层,且楼板高差大于层高的1/4;
3)各部分的结构刚度、质量截然不同。

(2)钢筋混凝土结构

钢筋混凝土结构房屋需要设置防震缝时,应以下列规定为准:

1)框架结构房屋的防震缝两侧应为双柱、双墙,缝的宽度为:建筑高度不超过 15m 时不应小于 100mm;建筑高度超过 15m 时,应随高度变化调整缝宽,具体数值为以 15m 高度为基数,取 100mm;抗震设防烈度为 6 度、7 度、8 度和 9 度时分别按高度每增加 5m、4m、3m 和 2m,缝宽宜增加 20mm。

2)框架-抗震墙结构的防震缝应设置双柱、双墙,宽度不应小于本条(1)款规定数值的 70%,且不宜小于 100mm。

3)抗震墙结构的防震缝两侧应为双墙,宽度不应小于本条(1)款规定数值的 50%,且不宜小于 100mm。

4)防震缝两侧结构类型不同时,宜按需要以较宽防震缝的结构类型和较低房屋高度确定缝宽。

4. 变形缝设置位置要求

各种变形缝(伸缩缝、沉降缝、防震缝)可以在墙体、地面、楼面、屋面、基础等处设置,但不可在门窗、楼梯等处设置缝隙。其中,地面、楼地面的变形缝不应设在下列部位:

(1)伸缩缝和其他变形缝不应从需进行防水处理的房间中穿过;

(2)伸缩缝和其他变形缝应进行防火和隔声处理,接触室外空气及上下与不采暖房间相邻的楼地面伸缩缝应进行保温隔热处理;

(3)伸缩缝和其他变形缝不应穿过电子计算机主机房;

(4)防空工程防护单元内不应设置伸缩缝和其他变形缝;

(5)空气洁净度为 100 级、1000 级、10000 级的建筑室内楼地面不宜设置伸缩缝和其他变形缝;

(6)玻璃幕墙的一个单元块不应跨越变形缝;

(7)变形缝不得穿过设备的底面。

第二节 变形缝构造

一、墙体变形缝构造

伸缩缝应保证建筑构件在水平方向自由变形,沉降缝应满足构件在垂直方向自由沉降变形,防震缝主要是防地震水平波的影响,但三种缝的构造基本相同。变形缝的构造要点是:将建筑构件全部断开,以保证缝两侧自由变形。砖混结构变形处,可采用单墙或双墙承重方案,框架结构可采用悬挑方案。变形缝应力求隐蔽,如设置在平面形状有变化处,还应在结构上采取措施,防止风雨对室内的侵袭。

变形缝的形式因墙厚不同处理方式可以有所不同（图 7-1）。其构造在外墙与内墙的处理中，可以因位置不同而各有侧重。缝的宽度不同，构造处理不同（图 7-2）。

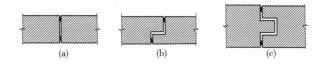

图 7-1 变形缝形式
（a）平缝；（b）错缝；（c）企口缝

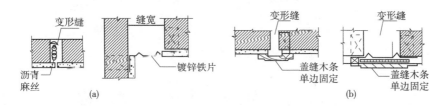

图 7-2 变形缝构造
（a）外墙；（b）内墙

外墙变形缝为保证自由变形，并防止风雨影响室内，应用浸沥青的麻丝填嵌缝隙，当变形缝宽度较大时，缝口可采用镀锌铁皮或铅板盖缝调节；内墙变形缝着重应表面处理，可采用木条或金属盖缝，仅一边固定在墙上，允许自由移动。墙体变形缝的处理如图 7-3～图 7-6 所示。

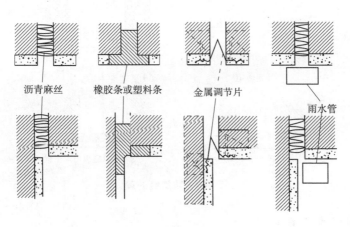

图 7-3 外墙伸缩缝处理图

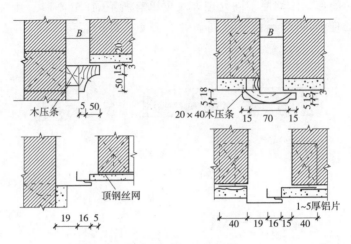

图 7-4 内墙伸缩缝处理(单位:mm)

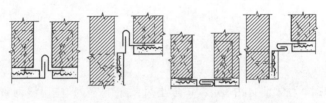

图 7-5 沉降缝处理

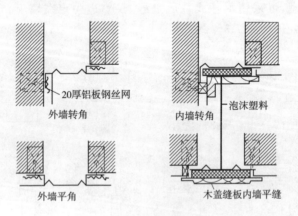

图 7-6 防震缝处理

二、地面变形缝构造

地面变形缝包括温度伸缩缝、沉降缝和防震缝。其设置的位置和大小应与墙面、屋面变形缝一致,大面积的地面还应适当增加伸缩缝。构造上要求从基层到饰面层脱开,缝内常用可压缩变形的玛碲脂、金属调节片、沥青麻丝等材料做封缝处理。为了美观,还应在面层和顶棚加设盖缝板,盖缝板应不妨碍构件之间的变形需要(伸缩、沉降)。此外,金属调节片要做防锈处理,盖缝板形式和色彩应和室内装修协调。图 7-7 为地面变形构造。顶棚的缝隙盖板一般为木质或金属,木盖板一半固定在一侧以保证两侧结构的自由伸缩和沉降。

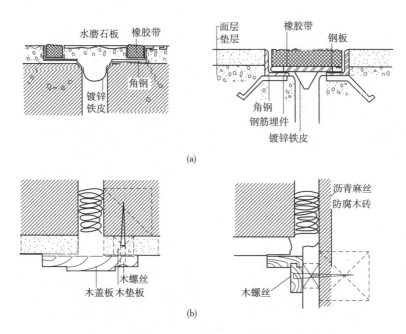

图 7-7　楼地面变形缝构造
(a)地面变形缝构造;(b)顶棚变形缝构造

三、屋顶变形缝构造

屋顶变形缝在构造上主要解决好防水、保温等问题。屋顶变形缝一般设于建筑物的高低错落处,也见于两侧屋面同一标高处。不上人屋顶通常在缝的一侧或两侧加砌矮墙或做混凝土凸缘,高出屋面至少 250mm,再按屋面泛水构造要求将防水层沿矮墙上卷,固定于预埋木砖上,缝口用镀锌薄钢板、铝板或混凝土板覆盖。盖板的形式和构造应满足两侧结构自由变形的要求。寒冷地区为加强变形缝处的保温,缝中应填塞沥青麻丝、岩棉、泡沫塑料等具有一定弹性的保温材料。上人屋面因使用要求一般不加砌矮墙,但应做好防水,以避免渗漏。平屋顶变形缝构造如图 7-8、图 7-9 与图 7-10 所示。

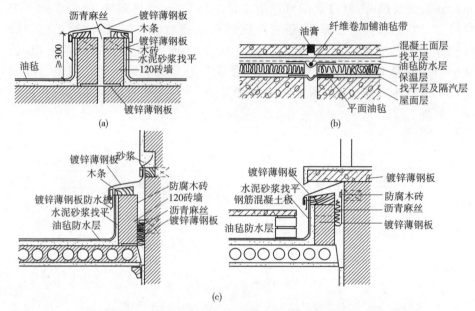

图 7-8 卷材防水屋面变形缝构造
(a)不上人屋顶平接变形缝；(b)上人屋顶平接变形缝；(c)高低错落处屋顶变形缝

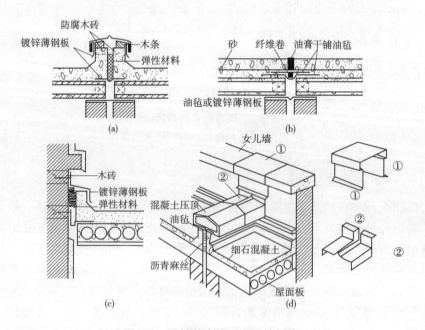

图 7-9 刚性防水屋面变形缝构造
(a)不上人屋顶平接变形缝；(b)上人屋顶平接变形缝；(c)高低错落处屋顶变形缝；(d)变形缝立体图

第七章 变 形 缝

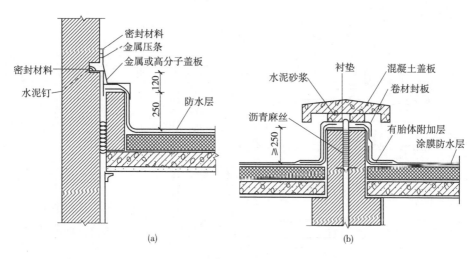

图 7-10 涂膜防水屋顶变形缝构造
(a)高低跨变形缝；(b)变形缝防水构造

四、基础变形缝

沉降缝要求将基础断开，缝两侧一般可为双墙或单墙处理，变形缝处墙体结构平面图如图 7-11 所示，其构造做法如图 7-12 所示。

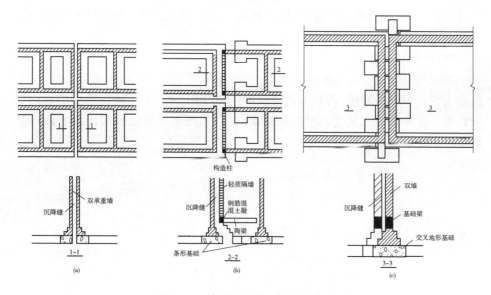

图 7-11 基础沉降缝两侧结构布置

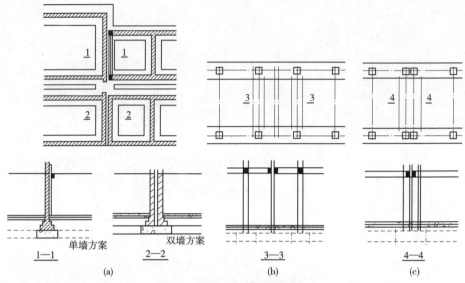

图 7-12 伸缩缝两侧结构布置

(1) 双墙基础方案

一种做法是设双墙双条形基础,地上独立的结构单元都有封闭连续的纵横墙,结构空间刚度大,但基础偏心受力,并在沉降时相互影响。另一种做法是设双墙挑梁基础,其特点是保证一侧墙下条形基础正常均匀受压,另一侧采用纵向墙悬挑梁,梁上架设横向托墙梁,再做横墙。这种方案适用于基础埋深相差较大或新旧建筑物相毗邻的情况。

(2) 单墙基础方案

单墙基础方案也叫挑梁式方案,即一侧墙体正常做条形受压基础,而另一侧也做正常条形受压基础,两基础之间互不影响,用上部结构出挑实现变形缝的要求宽度。这种做法尤其适用于新旧建筑毗连时,处理时应注意旧建筑与新建筑的沉降不同对楼地面标高的影响,一般要计算新建筑的预计沉降量。

第八章 门窗与幕墙

第一节 门窗与幕墙的概述

一、门窗

1. 门窗的作用

门和窗是房屋建筑中的两个围护物件。门的主要功能是交通出入、分隔联系建筑空间,并兼有采光和通风的作用。窗的主要功能是通风、采光、观察。门和窗还有保温、隔热、隔声、防水、防火、防尘、防盗等功能。门窗的设置应考虑开启方便,关闭紧密,还应满足功能合理,便于清洁维修,坚固耐用等要求,并且窗应符合《建筑模数协调标准》GB/T 50002 的要求。

2. 门窗的材料

门窗通常采用木、金属、塑料、玻璃等材料制作。

木制门窗用于室内较多,因为大多数木材遇水容易发生翘曲变形,用于外墙上有可能会因变形而造成难以开启。但木制品易加工,感官效果良好,用于室内的效果是其他材料难以替代的。

金属门窗主要包括钢门窗以及铝合金门窗。其中,实腹钢门窗因为节能效果和整体刚度都较差,已不再推广使用。空腹钢门窗是采用薄壁型钢制作,可节省钢材 40% 左右,具有更大的刚度,近年来使用较为广泛。铝合金门窗由不同断面型号的铝合金型材和配套零件及密封件加工制成。其自重小,也具有相当的刚度,在使用中的变形小,且框料经过氧化着色处理,无须再涂漆和进行表面维修。

塑料门窗是经以聚氯乙烯、改性聚氯乙烯或其他树脂为主要原料,轻质碳酸钙为填料,添加适量助剂和改性剂,经挤压、机制成各种空腹截面后拼装而成的。因为抗弯曲变形能力较差,所以制作时一般需要在型材内腔加入钢或铝等加强材料,故称为塑钢门窗。塑料门窗的材料耐腐蚀性能好,使用寿命长,且无须油漆着色及维护保养。中空塑料的保温隔热性能好,制作时断面形状容易控制,有利于加强门窗的气密性、水密性和隔声性能。加上工程塑料良好的耐气候性、阻燃性和电绝缘性,使得塑料门窗成为受到推崇使用的产品类型。

3. 门窗的开启方式及组成

(1)门的开启方式

门的开启方式主要是由使用功能要求决定的,如图 8-1 所示。

1)平开门。即水平开启的门,有单扇、双扇及内开和外开之分,平开门的特点是构造简单,开启灵活,制作、安装和维修方便,如图 8-1(a)所示。

2)弹簧门。这种门制作简单、开启灵活,采用弹簧铰链或地弹簧构造,开启后能自动关闭,适用于人流出入较频繁或有自动关闭要求的场所,如图 8-1(b)所示。

3)推拉门。优点是制作简单,开启时所占空间较少,但五金零件较复杂,开关灵活性取决于五金的质量和安装的好坏,适用于各种大小洞口的民用及工业建筑,如图 8-1(c)所示。

4)折叠门。优点是开启时占用空间少,但五金较复杂,安装要求高,适用于各种大小洞口,如图 8-1(d)所示。

5)转门。为三扇或四扇门连成风车形,在两个固定弧形门套内旋转的门。对防止内外空气的对流有一定的作用,可作为公共建筑及有空气调节房屋的外门,如图 8-1(e)所示。

其他还有上翻门、升降门、卷帘门等,一般适用于需要较大活动空间(如车间、车库及某些公共建筑)的外门。

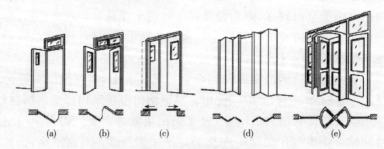

图 8-1 门的开启方式
(a)平开门;(b)弹簧门;(c)推拉门;(d)折叠门;(e)转门

(2)窗的开启方式

窗的开启方式主要取决于窗扇转动五金的位置及转动方式,如图 8-2 所示。

1)固定窗。窗扇不能开启,一般将玻璃直接安装在窗框上,作用是采光、眺望,如图 8-2(a)所示。

2)平开窗。将窗扇用铰链固定在窗框侧边,有外开、内开之分,平开窗构造简单,制作方便,开启灵活,广泛应用于各类建筑中,如图 8-2(b)所示。

3)旋窗。按窗的开启方式不同,分为三种。

①上旋式:窗轴位于窗扇上方,外开时防雨好,但通风较差,如图8-2(c)所示;

②中旋式:构造简单、制作方便、通风较好,多用于厂房侧窗,如图8-2(d)所示;

③下旋窗:此类型窗不能防雨,开启时占用室内空间,只能用于特殊房间,如图8-2(f)所示。

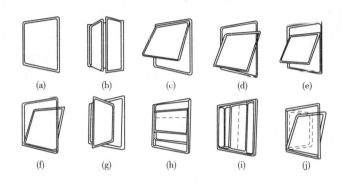

图8-2 窗的开启方式
(a)固定窗;(b)平开窗;(c)上旋窗;(d)中旋窗;(e)下滑窗;(f)下旋窗;
(g)立转窗;(h)垂直推拉窗;(i)水平推拉窗;(j)下旋平开窗

4)立转窗。有利于通风与采光,但防雨及封闭性较差,多用于有特殊要求的房间,如图8-2(g)所示。

5)推拉窗。分垂直推拉和水平推拉两种,开启时不占据室内外空间,窗扇比平开窗扇大,有利于照明和采光,尤其适用于铝合金及塑钢窗,如图8-2(h)、(i)所示。

6)百叶窗。百叶具有遮阳、防雨、通风等多种功能,但采光较差。

(3)门窗的组成

门窗主要由门窗框、门窗扇、门窗五金几部分组成。有时为了完善构造节点,加强密封性能或改善装修效果,还常常用到一些门窗附件,如披水、贴脸板等。

1)门窗框

门窗框是门窗与建筑墙体、柱、梁等构件连接的部分,起固定作用,还能控制门窗扇启闭的角度。门窗框又称作门窗樘,一般由两边的垂直边梃和自上而下分别称作上槛、中槛(又称作中横档)、下槛的水平构件组成。在一樘中并列有多扇门或窗的,垂直方向中间还会有中梃来分隔及安装相邻的门窗扇。考虑到使用方便,门大多不设下槛。为了控制门窗扇关闭时的位置和开启时的角度,门窗框一般要连带或增加附件,称为铲口或铲口条(又称止口条)(图8-3)。

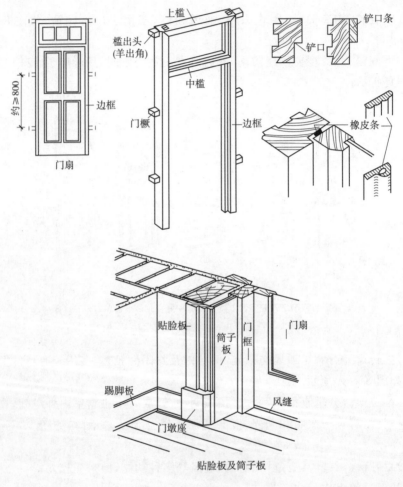

图8-3 门框构成

2)门窗扇

门窗扇是门窗可供开启的部分。

①门扇

门扇的类型主要有镶板门、夹板门、百叶门、无框玻璃门等。镶板门由垂直构件边梃,水平构件上冒头、中冒头和下冒头以及门芯板或玻璃组成。夹板门由内部骨架和外部面板组成。百叶门是将门扇的一部分做成可以通风的百叶。

a. 板门

夹板门一般是在胶合成的木框格表面再胶贴或钉盖胶合板或其他人工合成板材,构造形式如图 8-4 所示。其特点是用料省、自重轻、外形简洁,适用于房屋的内门。夹板门的内框一般边框用料 35mm×(50～70)mm,内芯用料 33mm×25～30mm,中距 100～300mm 面板可整张或拼花粘贴,也可预先在工厂压制出花纹。应当注意在装门锁和铰链的部位,框料须另加宽。有时为了使门扇内部保持干燥,可作透气孔贯穿上下框格。现在另有一种实心做法是将两块细木工板直接胶合作为芯板,其外侧再胶三夹板,这样门扇厚度约为 45mm,与一般门扇相同。与镶板门类似,夹板门也可局部做成百叶的形式。为保持门扇外观效果及保护夹板面层,常在夹板门四周钉 10～15mm 厚木条收口。

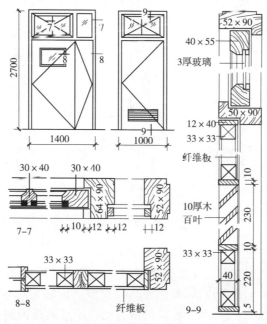

图 8-4 夹板门构造

b. 镶板门(图 8-5)

镶板门以冒头、边梃用全榫结合成框,中镶木板(门芯板)或玻璃如图 8-5 所示。常见的木质镶板门门扇边框的厚度一般为 40～45mm,纱门 30～35mm。镶板门上冒头尺寸为(45～50)mm×(100～120)mm,中冒头、下冒头为了装锁和坚固要求,宜用(45～50)mm×150mm,边梃至少 50mm×150mm。门芯板可用 10～15mm 厚木板拼装成整块,镶入边框,或用多层胶合板、硬质纤维板及其他塑料板等代替。冒头及边梃、中梃断面可根据要求设计。有的镶板门将锁装在边梃上,故边梃尺寸也不宜过细。门芯板如换成玻璃,则成为玻璃门。

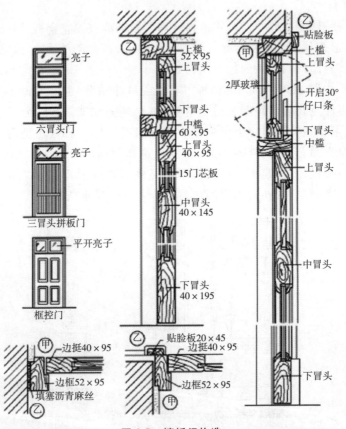

图 8-5 镶板门构造

图 8-6 窗扇构成

c. 无框玻璃门

无框玻璃门用整块安全平板玻璃直接做成门扇,立面简洁,常用于公共建筑。最好是能够由光感设备自动启闭,否则应有醒目的拉手或其他识别标志,以防止产生安全问题。

② 窗扇

窗扇因为需要采光,多需镶玻璃,其构成大多与镶玻璃门相仿,也由上下冒头、中间冒头以及左右边梃组成(图 8-6)。有时根据需要,玻璃部分可以改为百叶。木窗窗扇冒头和边梃的厚度一般约为 35~42mm,通常为 40mm,宽度视木料材质和窗扇大小而定,一般为 50~60mm。玻璃种类也很多,通常采用单层透明玻璃(称作净片）。有时为了隔声保温等需要可采用双层中空玻璃，或采用有色、吸热和涂层、变色等种类的玻璃。需遮挡或模糊视线时可选用磨砂玻璃或压花坡璃；为了安全可采用夹丝坡璃、钢化玻璃或有机玻璃等。对应于无框玻璃门，窗也可以做成无框的窗扇。

③门窗五金

门窗五金的用途是在门窗各组成部件之间以及门窗与建筑主体之间起到连接、控制以及固定的作用。门的五金主要有把手、门锁、铰链、闭门器和门挡等。窗的五金有铰链、风钩、插销、拉手以及导轨、转轴、滑轮等。

二、幕墙

幕墙是指由金属构架与板材组成的，不承担主体结构荷载与作用的建筑外围护结构。建筑幕墙是建筑物外围护墙的一种新形式。幕墙一般不承重，距建筑物有一定距离，形似悬挂在建筑物外墙表面的一层帷幕，又称为悬挂墙。幕墙的装饰效果好，通透感强，质量轻，安装施工速度快，是外墙标准化、轻型化、装配化较理想的一种形式。幕墙作为优化建筑设计的重要手段，其丰富多彩的立面造型，已成为世界性的新潮流。幕墙将使用功能和装饰作用结合于一身，色彩和光泽别具一格，在现代多层建筑、高层建筑和超高层建筑中得到广泛的应用。

1. **常见幕墙分类**

常见的幕墙根据材料分类，有玻璃幕墙、金属板幕墙、石材板幕墙和彩色混凝土挂板幕墙等几种类型。

（1）玻璃幕墙

玻璃幕墙装饰于建筑物的外表，如同罩在建筑物外的一层薄薄的帷幕，可以说是传统的玻璃窗被无限扩大，以至形成整个外壳的结果，以原来采光、保温、防风雨等较为单纯的功能发展为多功能的装饰品。其主要部分的构造可分为两方面，一是饰面的玻璃，二是固定玻璃的骨架。将玻璃与骨架连结，玻璃的自身荷载及墙体所受到的风荷载及其他荷载传递给主体结构，使之与主体结构成为一体。

玻璃幕墙一般由结构框架、幕墙玻璃和其他填衬材料组成，根据其组合形式和构造方式的不同可分为框支承玻璃幕墙、全玻式玻璃幕墙和点支承玻璃幕墙。

1）框支承玻璃幕墙：框支承玻璃幕墙是指玻璃面板周边由金属框架支承的玻璃幕墙，主要包括下列类型：

①按幕墙形式，可将其分为明框玻璃幕墙（金属框架的构件显露于面板外表面的框支承玻璃幕墙）、半隐框玻璃幕墙（金属框架的横向或竖向构件显露于面板外表面的框支承玻璃幕墙）和隐框式玻璃幕墙（金属框架的构件完全不显露于

面板外表面的框支承玻璃幕墙）。

②按幕墙安装施工方法，可将其分为单元式玻璃幕墙和构件式玻璃幕墙。单元式玻璃幕墙是指将面板和金属框架（横梁、立柱）在工厂组装为幕墙单元，以幕墙单元形式在现场完成安装施工的框支承玻璃幕墙。构件式玻璃幕墙是指在现场依次安装立柱、横梁和玻璃面板的框支承玻璃幕墙。

2）全玻式玻璃幕墙：由玻璃肋和玻璃面板构成的玻璃幕墙。

3）点支承玻璃幕墙：由玻璃面板、点支承装置和支承结构构成的玻璃幕墙。支承装置是玻璃面板与支承结构之间的连接装置。支承结构是点支承玻璃幕墙中，通过支承装置支承玻璃面板的结构体系。

(2) 金属板幕墙

金属幕墙类似于玻璃幕墙，是由折边金属薄板作为外围护墙面，与窗一起组合而成的幕墙，形成色彩绚丽、闪闪发光的金属墙面，有着独特的现代艺术效果。从结构体系上可划分为型钢骨架体系、铝合金型材骨架体系及无骨架金属板幕墙体系等。

(3) 石材板幕墙

石材板幕墙是一种独立的围护结构体系，它利用金属挂件将石材饰面板直接悬挂在主体结构上。当主体结构为框架结构时，应先将专门设计的独立金属骨架体系悬挂在主体结构上，然后通过金属挂件将石材饰面板吊挂在金属骨架上。

石材幕墙也是一个完整的围护结构体系，它应该具有承受重力荷载、风荷载、地震荷载和温度应力的作用，还应能适应主体结构位移的影响，所以必须按照有关设计规范进行计算和刚度验算。另外，石材幕墙还应满足建筑热工、隔声、防水、防火和防腐蚀等要求。

石材板幕墙的分格要满足建筑立面设计的要求，同时也应注意石板的尺寸和厚度应保证在各种荷载作用下的强度要求，同时分格尺寸应尽量符合建筑模数化，应尽量减少规格尺寸的数量，方便施工。在我国，目前应用较多的是干挂花岗石板幕墙。

(4) 彩色混凝土挂板幕

墙混凝土挂板幕墙是一种装配式混凝土墙轻板体系。这种体系利用混凝土的可塑性，用加工制作成的较复杂的钢模盒，浇筑出有凹凸的甚至带有窗框的混凝土墙板。为了加强墙面的质感，也可以在钢模底部衬上刻有各种花纹的橡胶模，用正打或反打工艺制作出花纹墙板。依据色彩理论，在幕墙工程中，为获得较好的装饰效果，幕墙应设计和生产加工成彩色混凝土、装饰混凝土、彩色石渣混凝土条形挂板。

目前大型建筑外墙装饰多采用玻璃幕墙、金属板幕墙及干挂石板,且可以采用其中两种或三种的组合形式,共同完成装饰及围护功能。

2. 幕墙的特点

(1)艺术效果好

幕墙所产生的艺术效果是其他材料不可比拟的。它打破了传统的窗与墙的界限,巧妙地将其融为一体。它使建筑物从不同角度呈现出不同的色调,随阳光、月光、灯光和周围景物的变化给人以动态的美。这种独特光亮的艺术效果与周围环境有机融合,避免了高大建筑的压抑感,并能改变室内外环境,使内外景色融为一体。

(2)质量轻

玻璃幕墙相对于其他墙体来说质量轻,相同面积的情况下,玻璃幕墙的质量约为砖墙粉刷的 $1/12 \sim 1/10$,是干挂大理石、花岗石幕墙质量的 $1/15$,是混凝土挂板的 $1/7 \sim 1/5$。使用玻璃幕墙能大大减轻建筑物质量,显著减少地震对建筑的影响。

(3)安装速度快

由于幕墙主要由型材和各种板材组成,用材规格标准可工业化,施工简单无湿作业,操作工序少,因而施工速度快。

(4)更新维修方便

可改造性强,易于更换由于它的材料单一、质量轻、安装简单。幕墙常年使用损坏后,改换新立面非常方便快捷,维修也简单。

(5)温度应力小

采用玻璃、金属、石材等以柔性材料与框体连接,减少了温度变化对结构产生的温度应力,并且能减轻地震力造成的损害。

第二节 门窗构造

一、铝合金门窗构造

1. 铝合金门窗的特点

(1)重量轻

材料消耗少,每平方米门窗耗用铝合金型材平均为 $8 \sim 10$ kg,比钢、木门窗轻 $50\% \sim 60\%$(每平方米门窗钢材耗量为 $17 \sim 20$ kg)。

(2)性能好

铝合金门窗的气密性、水密性均较好,隔声指数比钢、木门窗高出 $5 \sim 6$ 倍。

因此,对防尘、隔声功能要求高的建筑和高层建筑,以及多暴雨、多台风等地区的建筑极为适用。

(3) 色调美观

铝合金型材除具有自身颜色(银白色)以外,还可以通过着色法呈现各种颜色和花纹。若表面再涂以聚丙烯酸漆保护膜,铝合金型材的表面会更加光亮美观。选用时应根据建筑功能和自然环境确定适当的色调,以增加建筑物的艺术感染力。

(4) 耐腐蚀,维修方便

铝合金门窗由于型材自身有光泽和颜色,所以安装后不再进行油漆,而且在自然条件下不褪色,不锈蚀,坚固耐用。此外,铝合金门窗开闭灵活,无噪声,不需经常维修,即使年久损坏仍可回收框料重炼再加工。

(5) 加工拼装简便

铝合金门窗从型材加工,配件、密封件安装,到组装试验一系列的生产过程均可在加工厂进行,可以大批量生产,有利于门窗设计标准化、产品系列化、零配件通用化,从而达到门窗商品化。同时,也可以购买铝合金型材现场进行组装来制作异形门窗和有特殊要求的门窗。

(6) 投资造价高

由于目前我国铝合金门窗的造价约为普通钢门窗造价的 4~5 倍,与我国当前经济水平有差距,所以,一般性的建筑物不宜采用。必须提高铝合金型材的产量和加工技术,改善零配件的质量与品种,降低成本,才能大量推广使用。

2. 铝合金门窗的分类

一般从以下五个方面对铝合金门窗进行分类:

(1) 按密闭性及隔声性能分为隔声和非隔声两种。

(2) 按保温性能分为保温与非保温两种。

(3) 按抗风压强度分为 A、B、C 三级。

(4) 按铝合金型材表面处理方法分为阳极氧化膜和阳极氧化复合膜两种。

(5) 按开启形式分为固定、平开、推拉、中悬以及其他组合门窗,如固定一平开组合窗、固定一推拉组合窗等。

3. 铝合金门窗的构造

铝合金门窗的构造与一般钢、木门窗的构造差别很大,钢、木门窗框料的组装以榫接和焊接相连,扇与框以裁口相搭接;而铝合金门窗框料的组装是利用转角件、插接件、紧固件组装成扇和框,扇与框以其断面的特殊造型嵌以密封条相搭接或对接。门窗的附件有导向轮、门轴、密封条、密封垫、橡胶密封条、开闭锁、五金配件、拉手、把手等。门扇均不采用合页开启。下面介绍铝合金门窗的构造特征。

(1)铝合金门窗的组装

门窗框、扇的四角组装采用直角插榫结合,横料插入竖料连接。将竖料两端铣出槽榫、上下横料两端插入竖料榫槽,用合成树脂临时固定,在槽内空腔先放L形铝合金角板,一端用螺钉与竖料紧固,插入上下横料后再用螺钉直接旋入角板和内腔钉孔固定(内部钉孔是挤压型材时制出的,螺钉均采用不锈钢制品)采用45°斜角对接时,门窗扇四角用倒刺插接件将立料与横料固定紧,从上下横料外部用螺钉与内腔孔座拧紧,外观是见不到螺钉帽的。

铝合金门窗框的组装多采用直插,很少采用45°斜接,直插较斜插牢固简便,加工简单。这种门窗转角组装连接件是与门窗框料的规格系列配套的。

(2)铝合金推拉窗的构造特点

推拉窗的性能比其他开启形式的窗优越,是建筑工程中常用的一种类型,因为平开窗因需要合页做连接件往往在窗扇的牢固性上不如推拉窗。推拉窗是由九种不同断面的型材组合而成,上框为槽形断面,下框为带导轨的凸形断面,两侧竖框为另一种槽形断面,共四种型材组合成窗框与洞口固定。窗扇由五种断面的型材组成,其中一扇的竖料带挡风条和开闭锁,窗扇下部有滚轮沿下框导轨滑动,窗扇上部有尼龙圆头钉在上框槽内起导向作用。两个窗扇关闭后中部重叠处以及上下左右均有密封尼龙条与窗框保持密封。塑料垫块在窗扇闭合时做定位装置,如图8-7所示。

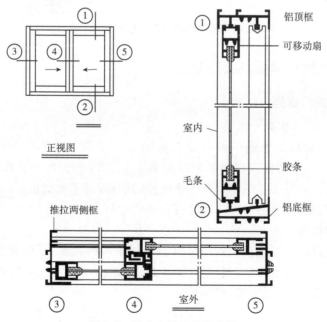

图8-7 铝合金推拉窗的构造

(3)铝合金平开窗的构造特点

平开窗的构造与一般窗相近,四角连接为直插或45°斜接,其合页必须用铝合金或不锈钢,螺钉为不锈钢螺钉,也可以用上下转轴开启,构造做法如图8-8所示。

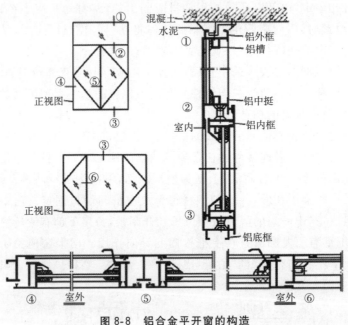

图8-8 铝合金平开窗的构造

二、彩色镀锌钢板空腹门窗

1. 彩板钢门窗的特性

(1)重量轻、强度高

彩板钢门窗与空腹钢门窗相比自重轻25%～30%。彩板的厚度为1.0、0.75、0.5mm,而空腹钢门窗的钢板厚度为1.5、2.0mm。由于彩板门窗的断面形状合理,可以增强型材的刚度和力学性能,充分发挥了薄壁钢板的内在潜力。

组装后门窗的刚度比较好,而且可以节约钢材。

(2)密闭性好

彩板钢门窗的连接、拼装均用良好的密封条和密封膏,形成软接触,缝隙严密且有减震作用,其水密性、气密性、隔声性均达到了国家规定的标准。

(3)美观大方、色彩鲜艳、耐久性好

彩色镀锌钢板的生产是按乳板、镀锌、涂漆、罩光等工序连续制造的,各层的黏结力牢固,受挤压弯折成形时不会出现折痕、微裂、脱皮等现象,涂漆的颜色丰富,既增加了钢板的耐久性,又节省了门窗安装后的油漆涂刷工序。根据瑞典的测定结果,彩色镀锌钢板的耐久年限可达 40 年,并可用继续涂漆的方法来延长使用年限。

(4)经济适中

目前彩板钢门窗的价格居于钢门窗与铝合金门窗之间,略高于空腹钢窗。随着彩板钢门窗的产品种类和产量的增加,其造价完全可以接近空腹钢门窗的造价。

(5)品种尚待增加

目前彩板钢门窗因其断面形式不够多,影响了门窗类型的开发,使用范围也受到一定限制,只有增加门窗品种才能满足建筑上的多种要求。

2. 彩板钢门窗型材的断面类型

目前我国彩板钢门窗型材的断面类型仅有 20～30 种,型材断面都是由开口或咬口的管材挤压成型的。型材分为框料、扇料、中梃、横梃、门芯板等类型,各类型材又按系列进行组合,如 SP 系列、SG 系列等。每种断面均应编号,并按系列编号进行组装。

3. 彩板钢门窗的构造

(1)彩板钢门窗的开启方式

彩板钢门窗的开启形式有平开、固定、中悬、推拉及组合方式等,设计时按产品样本选用。

(2)彩板钢门窗的细部构造,详见图 8-9 和图 8-10 所示

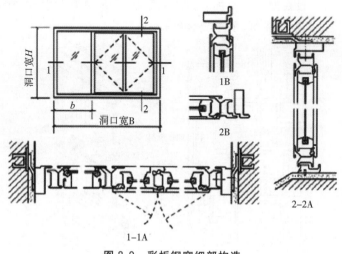

图 8-9　彩板钢窗细部构造

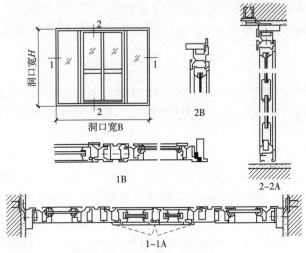

图 8-10 彩板钢门细部构造

三、塑料门窗

塑料门窗是以聚乙烯、改性聚氯乙烯或其他树脂为主要原料,轻质碳酸钙为填料,添加适量助剂和改性剂,经济型压机挤成各种截面的空腹门窗异型,再根据不同的品种规格选用不同截面异型材料组装而成。塑料门窗的料型断面为腹,多空腔式。其开启方式有平开、推拉等,当门窗面积较大时,常做成推拉开启的方式。门可以做成折叠门,五金配件多采用配套的专用配件。由于塑料的变形大、刚度差,一般在型材内腔加入钢或铝等,以增加抗弯能力,即所谓的塑钢门窗,较之全塑门窗刚度更好,质量更轻(图 8-11)。

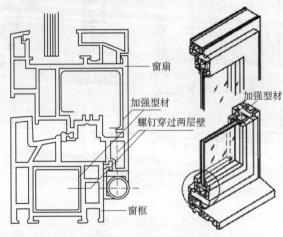

图 8-11 塑钢窗构造

塑钢门窗的所有缝隙都嵌有橡胶或橡胶密封条及毛条,具有良好的气密性和水密性。塑钢门窗的发展十分迅速,同铝合金门窗相比,它保温效果好,造价经济,单框双层玻璃窗的传热系数小于双层铝合金窗的传热系数,而造价为其一半左右,但是运输、储存、加工要求严格,现在塑钢门窗已成为主要的门窗类型之一。

四、特殊门窗的构造

特殊门窗包括防火、隔声、防射线等类别的门窗。

1. 防火门窗构造

在建筑设计中出于安全方面的考虑,并按照防火规范的要求,必须将建筑内部空间按规定面积划分成若干个防火分区。但是建筑的使用功能决定了这种划分一般不可能完全由墙体完成,否则内部空间就无法形成交通联系。因此需要设置既能保证通行又可分隔不同防火分区的建筑构件,这就是防火门。防火门主要控制的环节是材料的耐火性能及节点的密闭性能。防火门分为甲、乙、丙三级,耐火极限分别应大于 1.2h、0.9h、0.6h。

常见的防火门有木质和钢质两种。木质防火门选用优质杉木制作门框及门扇骨架,材料均经过难燃浸渍处理,门扇内腔填充高级硅酸铝耐火纤维,双面衬硅钙防火板。门扇及门框外表面可根据用户要求贴镶各种高级木料饰面板。门扇可单面或双面造型,制成凹凸线条门、平板线条门、铣形门、拼花实木门等系列产品。钢质防火门门框及门扇面板可采用优质冷轧薄钢板,内填耐火隔热材料,门扇也可采用无机耐火材料。用于消防楼梯等关键部位的防火门应安装闭门器,在门窗框与门窗扇的缝隙中应嵌有防火材料做的密封条或在受热时膨胀的嵌条。自动防火门常悬挂在倾斜的导轨上,温度升高到一定程度时易熔合金片熔断后,门扇依靠自重下滑关闭。此外,在地下室或某些特殊场所处还可以用钢筋混凝土的密闭防火门(图 8-12)。在大面积的建筑中则经常使用防火卷帘门,这样平时可以不影响交通,而在发生火灾的情况下,可以有效地隔离各防火分区。

防火窗必须采用钢窗,镶嵌铅丝玻璃以免破裂后掉下,并防止火焰窜入室内或窜出窗外。

2. 隔声门窗构造

室内噪声允许级较低的房间,如播音室、录音室、办公室、会议室等以及某些需要防止噪声干扰的娱乐场所,如影剧院、音乐厅等,要安装隔声门窗。门窗的隔声能力与材料的密度、构造形式及声波的频率有关。一般门扇越重隔声效果

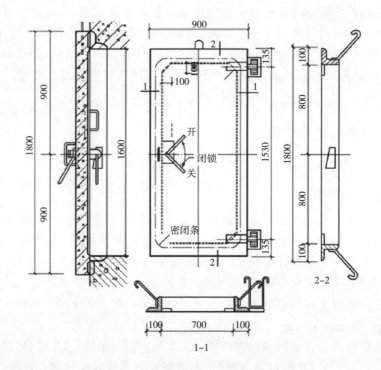

图 8-12 地下室钢筋混凝土密闭防火门

越好,但过重则开关不便,五金件容易损坏,所以隔声门常采用多层复合结构,即在两层面板之间填吸声材料(玻璃棉、玻璃纤维板等)。隔声门窗缝隙处的密闭情况也很重要,可采用与保温门窗相似的做法,但也可用干燥的毛毡或厚绒布作为缝隙间的密封条(图 8-13)。

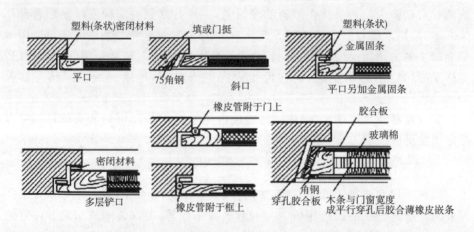

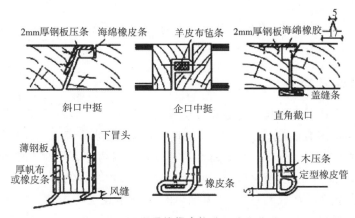

图 8-13　隔声门的门扇构造及密闭方式

3. 防射线门窗

放射线对人体有一定程度损害,因此对放射室要做防护处理。放射室的内墙均须装置 X 光线防护门,主要镶钉铅板。铅板既可以包钉于门板外也可以夹钉于门板内(图 8-14)。

医院的 X 光治疗室和摄片室的观察窗,均需镶嵌铅玻璃,呈黄色或紫红色。铅玻璃系固定装置,但亦需注意铅板防护,四周均须交叉叠过。

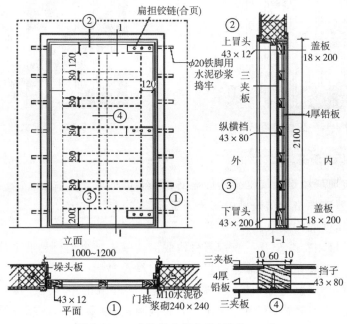

图 8-14　X 光防护木门构造(单位:mm)

第三节 幕墙构造

一、玻璃幕墙

玻璃幕墙是由金属构件与玻璃板组成的建筑外围护结构。按其组合方式和构造做法的不同有明框玻璃幕墙、隐框玻璃幕墙、全玻幕墙和点式玻璃幕墙等。按施工方法的不同可分为元件式幕墙和单元式幕墙两种。元件式幕墙(图 8-15)是用一根根元件(立柱、横梁等)连接并安装在建筑物主体结构上形成框格体系,再镶嵌或安装玻璃而成的;单元式幕墙(图 8-16)是在工厂中预制并拼装成单元组件,安装时将单元组件固定在楼层梁或板上,组件的竖边对扣连接,下一层组件的顶与上一层组件的底对齐连接而成。组件一般为一个楼层高度,也可以有 2~3 层楼高。

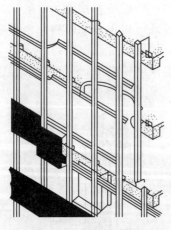

图 8-15 元件式幕墙

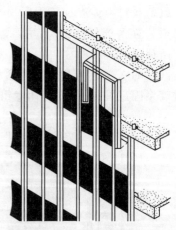

图 8-16 单元式幕墙

1. 明框玻璃幕墙

明框玻璃幕墙是金属框架构件显露在外表面的玻璃幕墙,由立柱、横梁组成框格,并在幕墙框格的镶嵌槽中安装固定玻璃。

(1)金属框的构成及连接

金属框可用铝合金及不锈钢型材构成。其中铝合金型材易加工,耐久性好、质量轻、外表美观,是玻璃幕墙理想的框格用料。

金属框由立柱(竖梃)、横梁(横档)构成。立柱采用连接件连接于主体结构的楼板或梁上。连接件上的螺栓孔一般为长圆孔,以便于立柱安装时调整定位。上、下立柱采用内衬套管用螺栓连接,横梁采用连接角码与立柱连接(图 8-17)。

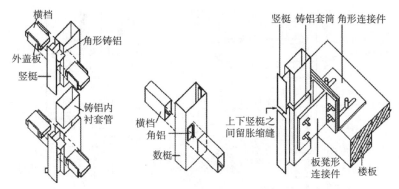

图 8-17　金属框组合示意图

(2) 玻璃的安装

明框玻璃幕墙常见的玻璃安装形式如图 8-18 所示。

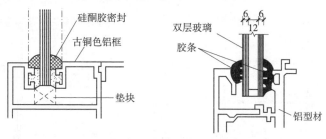

图 8-18　玻璃安装示意图

(3) 玻璃幕墙的内衬墙和细部构造

玻璃幕墙的面积较大,考虑保温、隔热、防火、隔声及室内功能等要求,在玻璃幕墙背面一般要另设一道内衬墙,内衬墙可按隔墙构造方式设置,一般搁置在楼板上,并与玻璃幕墙之间形成一道空气层。考虑幕墙的保暖隔热问题,可用玻璃棉、矿棉一类轻质保暖材料填充在内衬墙与幕墙之间,如果再加铺一层铝箔则隔热效果更佳。为了防火和隔声,必须用耐火极限不低于 1h 的绝缘材料将幕墙与楼板,幕墙与立柱之间的间隙堵严,如图 8-19(a)所示。当建筑设计不考虑设衬墙时,可在每层楼板边缘设置耐火极限不小于 1h,高度(含楼层梁板厚度)不小于 0.8m 的实体构件。对于在玻璃、铝框、内衬墙和楼板外侧等处,出现凝结水(寒冷天气时),可将幕墙的横档做成排水沟槽,并设滴水孔。此外,还应在楼板侧壁设一道铝制披水板,把凝结水引导至横档中排走,如图 8-19(b)所示。

2. 隐框玻璃幕墙

隐框玻璃幕墙是将玻璃用硅酮结构胶黏结于金属附框上,以连接件将金属附框固定于幕墙立柱和横梁所形成的框格上的幕墙形式。因其外表看不见框料,故称为隐框玻璃幕墙(图 8-20)。

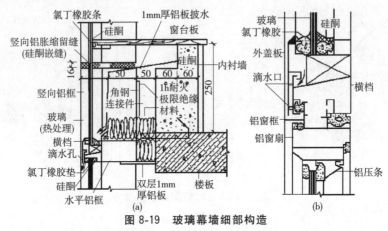

图 8-19 玻璃幕墙细部构造

(a)幕墙内衬墙和防火、排水构造;(b)幕墙排水孔

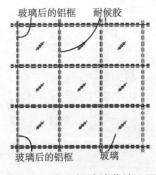

图 8-20 全隐框玻璃幕墙立面

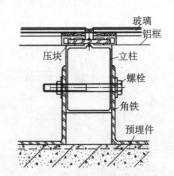

图 8-21 幕墙立柱与主体连接

隐框玻璃幕墙立柱与主体的连接如图 8-21 所示,玻璃与横梁、立柱的连接见图 8-22。

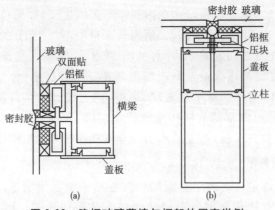

图 8-22 隐框玻璃幕墙与框架的固定举例

(a)玻璃与横档的连接;(b)玻璃与竖梃的连接

3. 全玻幕墙

全玻幕墙是由玻璃板和玻璃肋制作的玻璃幕墙。全玻幕墙的支承系统分为悬挂式、支承式和混合式三种，如图 8-23 所示。全玻幕墙的玻璃在 6m 以上时，应采用悬挂式支承系统。

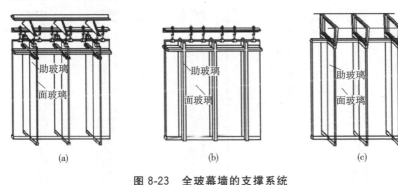

图 8-23　全玻幕墙的支撑系统

(a)面玻璃和肋玻璃都由上部结构悬挂肋为玻璃；(b)面玻璃由上部结构悬挂金属立柱；
(c)不采用悬挂设备，肋玻璃和面玻璃均在底部支承肋为玻璃

图 8-24 为全玻幕墙面玻璃与肋玻璃相交部位安装构造示意图。图 8-25 为悬挂式全吊夹固定构造节点。

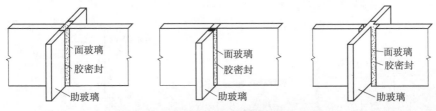

图 8-24　面玻璃与肋玻璃相交部位处理

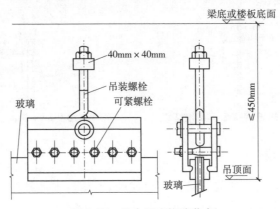

图 8-25　吊夹固定构造节点

4. 点式玻璃幕墙

点式玻璃幕墙是用金属骨架或玻璃肋形成支撑受力体系,安装连接板或钢爪,并将四角开圆孔的玻璃用螺栓安装于连接板或钢爪上的幕墙形式。其支承结构示意如图 8-26 所示,节点构造如图 8-27、图 8-28 所示。

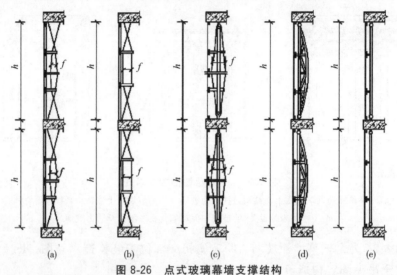

图 8-26 点式玻璃幕墙支撑结构
(a)拉索式;(b)拉杆式;(c)自平衡桁架式;(d)桁架式;(e)立柱式

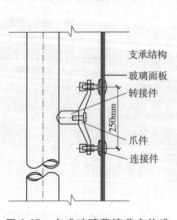

图 8-27 点式玻璃幕墙节点构造

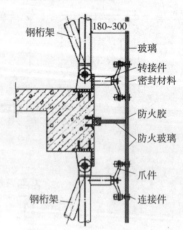

图 8-28 层间垂直节点

二、金属幕墙

金属幕墙是金属构架与金属板材组成的,不承担主体结构荷载与作用的建筑外围护结构。金属板一般包括单层铝板、铝塑复合板、蜂窝铝板、不锈钢板等。

金属幕墙构造与隐框玻璃幕墙构造基本一致。图 8-29 为饰面铝板与立柱和横梁连接构造。

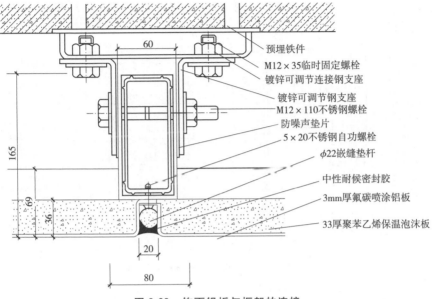

图 8-29 饰面铝板与框架的连接

三、石材幕墙

石材幕墙是由金属构架与建筑石板组成的,不承担主体结构荷载与作用的建筑外围护结构。

石材幕墙由于石板(多为花岗石)较重,金属构架的立柱常用镀锌方钢、槽钢或角钢,横梁常采用角钢。立柱和横梁与主体的连接固定与玻璃幕墙的连接方法基本一致。石材幕墙的连接方式有以下几种。

1. 钢销式连接

应用于非抗震地区及 6 度、7 度设防地区的幕墙,幕墙高度不宜大于 20m,石板面积不宜大于 $1.0m^2$,钢销和连接板采用不锈钢,连接板截面尺寸不宜小于 40mm×4mm。石材上的钢销孔每边不少于两个,钢销孔的深度为 22~33mm、孔径为 7~8mm、钢销直径为 5~6mm、钢销长度宜为 20~30mm。

钢销式连接的做法详如图 8-30 所示。

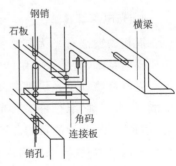

图 8-30 钢销式石材幕墙构造连接示意图

2. 通槽式连接

通槽式连接应用范围广,不受限制,石板的通槽宽度宜为 6～7mm,不锈钢支撑板厚度不宜小于 3mm,铝合金支撑板厚度不宜小于 4mm。图 8-31 为通槽式连接的做法。

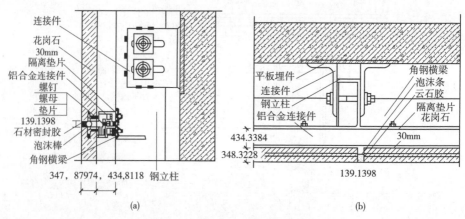

图 8-31　通槽式石材幕墙构造节点
(a)垂直节点;(b)水平节点

3. 短槽式连接

每块石材上下边应各开 2 个短平槽,长度不应小于 100mm,槽深不宜小于 15mm,槽的宽度宜为 6～7mm,不锈钢支撑板厚度不宜小于 3mm,铝合金支撑板厚度不宜小于 4mm。短槽两端距石板边缘不应小于石板厚度的 3 倍,且不应小于 85mm,也不应大于 180mm。图 8-32 为短槽式连接的做法。

四、其他类型幕墙

1. 光电幕墙

面板为镶嵌有光伏电池模块的夹胶玻璃,各模块与电力变流器连接组成太阳能发电系统,是集合太阳能光伏发电技术与幕墙技术的新型功能建筑幕墙。

光电幕墙利用光伏效应(PV),通过光电池技术将太阳能转化为人类有益的电能,作为一种"绿色幕墙",光电幕墙既能达到装饰、围护的功能,同时又产生电能,达到环保、节能的目的。该产品发电系统与市供系统连接,当使用状态时为建筑提供电力,晚间或阴雨天自动切离,改由市电力系统供电。

2. 视屏功能幕墙

LED 视屏幕墙是一种方型 LED 装饰灯,点阵式安装在墙面或其他地方,一个点相当于一个像素的概念。通过控制系统控制，可以形成图文变化、色彩流动等灯光效果，从而实现播放视频动画。

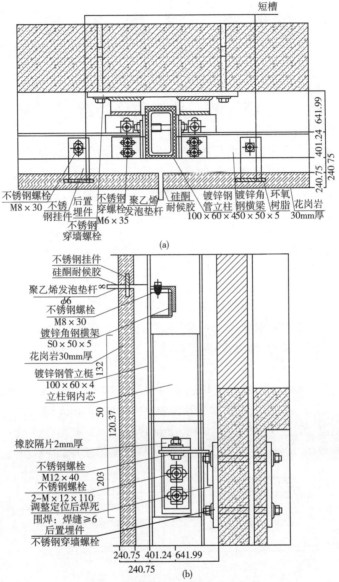

图 8-32 短槽式石材幕墙构造节点
(a)水平节点；(b)垂直节点

第九章 建筑装修

第一节 地面装修构造

楼地面装修主要是指楼板层和室内地坪层的面层做法。面层一般包括面层和面层下面的找平层两部分。楼地面的名称是以面层的材料和做法来命名的。如面层为水磨石，则该地面称为水磨石地面；面层为木材，则称为木地面。地面按其材料和做法可分为四大类型，即整体地面、板块地面和木、竹地面。

一、整体地面

1. 水泥砂浆地面

水泥砂浆地面通常用作对地面要求不高的房间或进行二次装饰的商品房地面。原因在于水泥砂浆地面构造简单、坚固，能防潮、防水而且造价较低。但水泥地面蓄热系数大，冬天感觉冷，空气湿度大时易产生凝结水，而且表面易起灰，不易清洁。

水泥砂浆地面即是在混凝土垫层或结构层上抹水泥砂浆。一般有单层和双层两种做法，如图9-1所示。单层做法只抹一层20~25mm厚的1:2或1:2.5水泥砂浆；双层做法是增加一层10~20mm厚的1:3水泥砂浆找平层，表面只抹5~10mm厚的1:2水泥砂浆。双层做法虽增加了工序，但不易开裂。

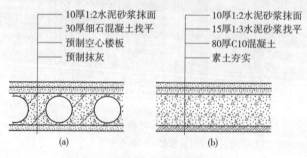

图9-1 水泥砂浆地面(单位:mm)
(a)单层做法；(b)双层做法

2. 水磨石地面

水磨石地面一般分两层施工。在刚性垫层或结构层上用10～20mm厚的1∶3水泥砂浆找平,面铺10～15mm厚的1∶(1.5～2)的水泥白石子,待面层达到一定强度后加水,用磨石机磨光、打蜡即成。所用水泥为普通水泥,所用石子为中等硬度的方解石、大理石、白云石屑等。

为适应地面变形可能引起的面层开裂以及方便施工和维修,做好找平层后,用嵌条把地面分成若干小块,尺寸为1000mm左右。分块形状可以设计成各种图案。嵌条用料常为玻璃、塑料或金属条(铜条、铝条),嵌条高度同磨石面层厚度,用1∶1水泥砂浆固定。嵌固砂浆不宜过高,否则会造成面层在嵌条两侧仅有水泥而无石子,影响美观(图9-2)。如果将普通水泥换成白水泥,并掺入不同颜料做成各种彩色地面,就是美术水磨石地面,但造价较普通水磨石高约4倍。

水磨石地面具有良好的耐磨性、耐久性、防水防火性,并具有质地美观,表面光洁,不起尘,易清洁等优点,通常应用于公共建筑门厅、走道及主要房间地面等。

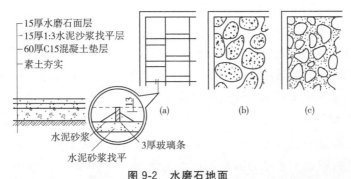

图9-2 水磨石地面
(a)嵌分格条;(b)无分格条;(c)混合石屑

3. 塑胶地面

塑胶地面以粘贴卷材为主,常见的有塑料地毡、橡胶地毡以及多种地毯等。这些材料,表面美观、干净、装饰效果好,具有良好的保温、消声性能。适用于公共建筑和居住建筑。

塑料地毡系以聚乙烯树脂为基料,加入增塑剂、稳定剂、石棉绒等材料,经塑化热压而成。有卷材,也有片材可在场拼花。卷材可以干铺,也可同片材一样,用胶黏剂粘贴到水泥砂浆找平层上。塑料地毡具有步感舒适、富有弹性,美观大方,防滑防水、耐磨、绝缘、防腐、消声、阻燃、易清洁等特点。颜色有灰、绿、橙、黑、米色等,有仿木、石及各种花纹图案等式样,且价格低廉,是经济的地面铺材,构造如图9-3所示。

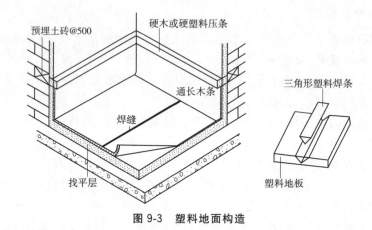

图 9-3 塑料地面构造

橡胶地毡是以橡胶粉为基料,掺入软化剂,在高温、高压下解聚后,再加入着色补强剂,经混炼、塑化压延成卷的地面装修材料。且有耐磨、柔软、防滑、消声以及富有弹性等特点。价格低廉,铺贴简便,可以干铺,亦可用胶黏剂粘贴在水泥砂浆面层上。

无纺织地毯类型较多。常见的有化纤无纺织针刺地毯、黄洋麻纤维针刺地毯和纯羊毛无纺织地毯等。这类地毯加工精细,平整丰满,图案典雅。具有柔软舒适、清洁吸声、美观适用等特点。有局部、满铺和干铺、固定等不同铺法。固定式一般用胶黏剂满贴或在四周用倒刺条挂住。

4. 涂料地面

涂料地面是水泥砂浆或混凝土地面的表面处理形式,解决了水泥地面易起灰和欠美观的问题。常见的涂料包括水乳型、水溶型和溶剂型涂料。水乳型地面涂料有氯—偏共聚乳液涂料、聚酯酸乙烯厚质涂料及 SJ82-1 地面涂料等;水溶型地面涂料有聚乙烯醇缩甲醛胶水泥地面涂层、109 彩色水泥涂层以及 804 彩色水泥地面涂层等;溶剂型地面涂料有聚乙烯醇缩丁醛涂料、H80 环氧涂料、环氧树脂厚质地面涂层以及聚氨醇厚质地面涂层等。

这些涂料与水泥表面的黏结力强,具有良好的耐磨、抗冲击、耐酸、耐碱等性能,水乳型涂料与溶剂型涂料还具有良好的防水性能。它们对改善水泥砂浆地面的使用具有根本性意义。例如环氧树脂厚质涂层和聚氨酯厚质地面涂层素有"树脂水磨石"之称。

JA-1-1 型聚酯成橡胶也是当今一种新型高分子合成材料,它具有耐老化、耐水、耐磨、抗压强度大,绝缘性能好,无静电效应以及与其他材料黏结性强等特点,其综合性能亦优于其他涂料,特别适合于高级电子计算机房、配电房等处,是理想的地面材料。

涂料地面要求水泥地面坚实、平整,涂料与面层黏结牢固,不得有掉粉、脱皮、开裂等现象。同时,涂层的色彩要均匀,表面要光滑、洁净,给人以舒适、明净、美观的感觉。

二、板块地面

板块地面是把地面材料加工成块(板)状,然后借助胶结材料贴或铺砌在结构层上。胶结材料既起胶结作用又起找平作用,也有先做找平层再做胶结层的。常用胶结材料有水泥砂浆、油膏等,也有用细砂和细炉渣做结合层的。块料地面种类很多,常用的有黏土砖、水泥砖、大理石、缸砖、陶瓷马赛克、陶瓷地砖等。

1. 黏土砖地面

黏土砖地面用普通标准砖,有平砌和侧砌两种。这种地面施工简单,造价低廉,适用于要求不高或临时建筑地面以及庭园小道等。

2. 水泥制品块地面

水泥制品块地面常用的有水泥砂浆砖(尺寸常为 150～200mm 见方,厚 10～20mm)、水磨石块、预制混凝土块(尺寸常为 400～500mm 见方,厚 20～50mm)。水泥制品块与基层黏结有两种方式:当预制块尺寸较大且较厚时,常在板下铺一层 20～40mm 厚细砂或细炉渣,待校正后,板缝用砂浆嵌填。这种做法施工简单、造价低,便于维修更换,但不易平整。城市人行道常按此方法施工,如图 9-4(a)所示。当预制块小而薄时,则采用 10～20mm 厚的 1∶3 水泥砂浆做结合层,铺好后再用 1∶1 水泥砂浆嵌缝。这种做法坚实、平整,但施工较复杂,造价也较高,如图 9-4(b)所示。

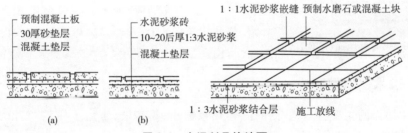

图 9-4 水泥制品块地面

3. 缸砖及陶瓷马赛克地面

缸砖是用陶土焙烧而成的一种无釉砖块。形状有正方形(尺寸为 100mm×100mm 和 150mm×150mm,厚 10～19mm)、六边形、八角形等。颜色也有多种,但以红棕色和深米黄色居多。由不同形状和色彩可以组合成各种图案。缸砖背面有凹槽,使砖块和基层黏结牢固,铺贴时一般用 15～20mm 厚的 1∶3 水泥砂浆做结合材料,要求平整,横平竖直。缸砖具有质地坚硬、耐磨、耐水、耐酸碱、易清洁等特点。

陶瓷马赛克是以优质瓷土烧制而成的小尺寸瓷砖,其特点与面砖相似。陶瓷马赛克有不同大小、形状和颜色并由此而可以组合成各种图案,使饰面能达到一定艺术效果。陶瓷马赛克块小缝多,主要用于防滑要求较高的卫生间、浴室等房间的地面。缸砖及陶瓷马赛克地面如图9-5所示。

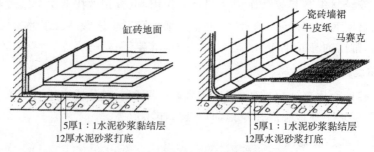

图9-5 缸砖、陶瓷马赛克铺地
(a)缸砖地面;(b)陶瓷马赛克地面

4. 人造石板和天然石板地面

人造石板有水泥花砖、水磨石板和人造大理石板等,规格有200mm×200mm,300mm×300mm,500mm×500mm,厚20~50mm。天然石板包括大理石、花岗石板,由于其质地坚硬、色泽艳丽、美观,属高档地面装修材料。常用的规格为600mm×600mm,厚20mm。尺寸也可另行加工。一般多用作高级宾馆、公共建筑的大厅,影剧院、体育馆的入口处等地面,构造如图9-6所示。

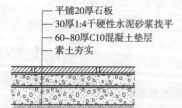

图9-6 石材地面(单位:mm)

三、木、竹地面

木地面的主要特点是有弹性、导热系数小、易清洁,常用于住宅、宾馆、体育馆、剧院舞台等建筑中。

木地面按其板材规格常采用条木地面和拼花木地面。条木地面一般为长条企口地板,50~150mm宽,左右板缝具有凹凸企口,铺设于基层木格栅上,如图9-7(b)所示。拼花地板是由长度为200~300mm窄条硬木地板纵横穿插镶铺而成的,铺设时在格栅上斜铺毛板,拼花地板铺设于毛板上,如图9-7(a)所示。

木地面按其构造方法有空铺、实铺和粘贴三种。空铺耗木料已少用,实铺木地面是直接在实体基层上铺设木地板。木格栅固定在结构层上,可采用埋铅丝绑扎或V形铁件嵌固等方式。底层地面为了防潮,在结构层上涂刷冷底子油和热沥青。粘贴木地面为直接粘贴在找平层上。粘贴材料常用沥青胶、环氧树脂、乳胶等。粘贴木地面省去格栅,构造简单,但应注意保证粘贴质量和基层平整,如图9-7(c)所示。

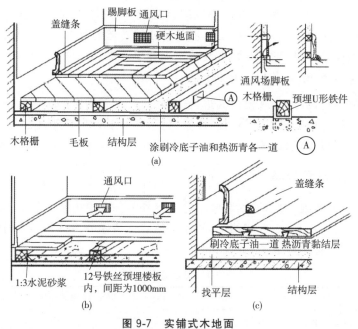

图9-7 实铺式木地面
(a)拼花地面;(b)条木地面;(c)粘贴木地面

近年来在住宅和办公室采用较多强化木地面,是以天然或人造速生林木材粉碎后高温高压制成。强化木地面既有近似天然原木的质感和色调,又有似大理石般的光泽和硬度,它自然美观,耐磨,不开裂变形,防潮,阻燃,抗冲击、抗静电,无毒无害,安装便捷,保养简单。

第二节 墙面装修构造

一、墙面装修的作用

1. 保护墙体

墙体材料本身存在着许多微小孔隙,施工时也会留下许多缝隙,使得墙体的吸水性增大,从而影响墙体的耐久性和强度。因此,要对墙体表面进行装修处理,防止墙体直接受到风、霜、雨、雪的侵袭,从而保护墙身,增强墙体的坚固性、耐久性,延长墙体的使用年限。

2. 改善墙体的使用功能

墙体中的孔隙会增加墙体的透气性,进而影响墙体的热工和隔声性能。同时,粗糙的墙面难以保持清洁,也会降低墙面的反光能力,不利于室内采光。因此,对墙面进行装修处理,堵塞微小孔隙,增加墙体的厚度和平整度。通过改善墙体的物理性能和环境条件,满足房屋各种使用功能的要求,例如对有吸声要求的房间的墙体进行吸声处理后,可改善室内音质效果。

3. 提高建筑的艺术效果,美化环境

建筑物外观设计中,既要对其进行体型处理,又要用墙面装修来增加建筑立面的艺术效果。这些可以通过材料质感、色彩和线形等来表现,以达到提高建筑艺术效果、美化环境的目的。

二、墙体饰面分类

(1)按装修所处部位,墙面装修可分为室外装修和室内装修。

(2)按照材料和施工方式的不同,常见的墙体装修分为抹灰类、贴面类、涂料类、裱糊类和铺钉类等五类,见表9-1。

表9-1 墙面饰面分类

类型	室外装修	室内装修
抹灰类	水泥砂浆、混合砂浆、聚合物水泥砂浆、拉毛、水刷石、干粘石、斩假石、拉假石、假面砖、喷涂、滚涂等	纸筋灰、麻刀灰粉、石膏粉面、膨胀珍珠岩灰浆、混合砂浆、拉毛、拉条等
贴面类	外墙面砖、陶瓷马赛克、玻璃马赛克、人造石板、天然石板等	釉面砖、人造石板、天然石板等
涂料类	石灰浆、水泥浆、溶剂型涂料、乳液涂料、彩色胶砂涂料、彩色弹涂等	大白浆、石灰浆、油漆、乳胶漆、水溶性涂料、弹涂等
裱糊类		塑料墙纸、金属面墙纸、木纹壁纸、花纹玻璃纤维布、纺织面墙纸及锦缎等
铺钉类	各种金属饰面板、石棉水泥板、玻璃	各种木夹板、木纤维板、石膏板及各种装饰面板等

三、墙体饰面构造

1. 抹灰类墙体饰面

抹灰又称粉刷,是由水泥、石灰为胶结料加入砂或石碴,与水拌和成砂浆或石碴浆,然后抹到墙体上的一种操作工艺。抹灰是一种传统的墙体装修方式,主要优点是材料广、施工简便、造价低廉;缺点是饰面的耐久性低、易开裂、易变色。因为多系手工操作,且湿作业施工,所以工效较低。

墙体抹灰应有一定厚度,外墙一般为20～25mm;内墙为15～20mm。为避免抹灰出现裂缝,保证抹灰与基层黏结牢固,墙体抹灰层不宜太厚,而且需分层施工,构造如图9-8所示。普通标准的装修,抹灰由底层和面层组成。高级标准的抹灰装修,在面层和底层之间,设一层或多层中间层。

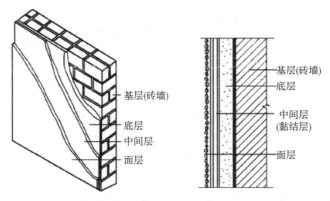

图9-8 抹灰构造层次

底层抹灰具有黏结装修层与墙体和初步找平的作用,又称找平层或打底层,施工中俗称刮糙。对普通砖墙常用石灰砂浆或混合砂浆打底,对混凝土墙体或有防潮、防水要求的墙体则需用水泥砂浆打底。

面层抹灰又称罩面,对墙体的美观有重要影响。作为面层,要求表面平整、无裂痕、颜色均匀。面层抹灰按所处部位和装修质量要求可用纸筋灰、麻刀灰、砂浆或石碴浆等材料罩面。

中间层用作进一步找平,减少底层砂浆干缩导致面层开裂的可能,同时作为底层与面层之间的黏结层。

根据面层材料的不同,常见的抹灰装修构造,包括分层厚度、用料比例以及适用范围,参见表9-2。

表9-2 常用抹灰做法举例

抹灰名称	构造及材料配合比	适用范围
纸筋(麻刀)灰	12～17mm厚的1:2～1:2.5石灰砂浆(加草筋)打底; 2～3mm厚的纸筋(麻刀)灰粉面	普通内墙抹灰
混合砂浆	12～15mm厚的1:1:6(水泥、石灰膏、砂)混合砂浆打底; 5～10mm厚的1:1:6(水泥、石灰膏、砂)混合砂浆粉面	外墙、内墙均可

(续)

抹灰名称	构造及材料配合比	适用范围
水泥砂浆	15mm厚的1∶3水泥砂浆打底； 10mm厚的1∶2～1∶2.5水泥砂浆粉面	多用于外墙或内墙易受潮湿侵蚀部位
水刷石	15mm厚的1∶3水泥砂浆打底； 10mm厚的1∶1.2～1.4水泥石碴抹面后水刷	用于外墙
干粘石	10～12mm厚的1∶3水泥砂浆打底； 7～8mm厚的1∶0.5∶2外5%108胶的混合砂浆黏结层； 3～5mm厚的彩色石碴面层(用喷或甩方式进行)	用于外墙
斩假石	15mm厚的1∶3水泥砂浆打底； 刷素水泥浆一道； 8～10mm厚的水泥石碴粉面； 用剁斧斩去表面层水泥浆和石尖部分使其显出凿纹	用于外墙或局部内墙
水磨石	15mm厚的1∶3水泥砂浆打底； 10mm厚的1∶1.5水泥石碴粉面,磨光、打蜡	多用于室内潮湿部位
膨胀珍珠岩	12mm厚的1∶3水泥砂浆打底； 9mm厚的1∶16膨胀珍珠岩灰浆粉面(面层分2次操作)	多用于室内有保温或吸声要求的房间

对经常易受碰撞的内墙凸出的转角处或门洞的两侧,常用1∶2水泥砂浆抹1.5m高,以素水泥浆对小圆角进行处理,俗称护角,如图9-9所示。

此外,在外墙抹灰中,由于墙面抹灰面积较大,为避免面层产生裂纹和方便施工操作,以及立面处理的需要,常对抹灰面层作分格处理,俗称引条线。为防止雨水通过引条线渗透到室内,必须做好防水处理,通常利用防水砂浆或其他防水材料作勾缝处理,其构造如图9-10所示。

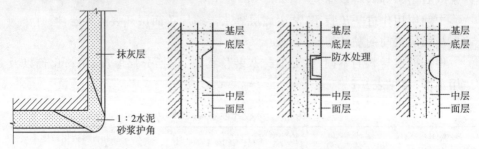

图9-9 护角示意图　　　　　　　　图9-10 引条线

2. 贴面类墙体饰面

贴面类墙体饰面,是利用各种天然的或人造的板、块对墙体进行装修处理。

这类装修具有耐久性强、施工方便、质量高、装饰效果好等优点;而缺点是个别块材脱落后难以修复。常见的贴面材料包括马赛克、陶瓷面砖、玻璃马赛克和预制水泥石、水磨石板以及花岗石、大理石等天然石板。其中质感细腻的瓷砖、大理石板多用作室内装修;而质感粗放、耐候性好的陶瓷马赛克、面砖、墙砖、花岗岩板等多用作室外装修。

(1) 陶瓷面砖、马赛克贴面

1) 陶瓷面砖、马赛克饰面材料种类如下

①陶瓷面砖,色彩艳丽、装饰性强。其规格为 100mm×100mm×7mm,有白、棕、黄、绿、黑等色。具有强度高、表面光滑、美观耐用、吸水率低等特点,多用作内、外墙及柱的饰面。

②陶土无釉面砖,俗称面砖,质地坚固、防冻、耐腐蚀。主要用作外墙面装修,有白、棕、红、黑、黄等颜色,有光面、毛面或各种纹理饰面。

③瓷土釉面砖,常见的有瓷砖彩釉墙砖。瓷砖系薄板制品故又称瓷片。釉面有白、黄、粉、蓝、绿等色及各种花纹图案。瓷砖多用作厨房、卫生间的墙裙或卫生要求较高的墙体贴面。

④瓷土无釉砖,主要包括马赛克及无釉砖。马赛克系由各种颜色、方形或多种几何形的小瓷片拼制而成。生产时将小瓷片拼贴在 300mm×300mm 或 400mm×400mm 的牛皮纸上,可形成色彩丰富、图案繁多的装饰制品,又称纸皮砖。原用作地面装修,因其图案丰富、色泽稳定,加之耐污染,易清洁,也用于墙面。

⑤玻璃马赛克,是半透明的玻璃质饰面材料。与陶瓷马赛克一样,生产时就将小玻璃瓷片铺贴在牛皮纸上。它质地坚硬、色调柔和典雅,性能稳定,具有耐热、耐寒、耐腐蚀,不龟裂、表面光滑,雨后自洁、不褪色和自重轻等特点。其背面带有凸棱线条,四周呈斜角面,铺成后的灰缝呈楔形,可与基层黏结牢固,是外墙装饰较为理想的材料之一。它有白色、咖啡色、蓝色和棕色等多种颜色,亦可组合成各种花饰。玻璃瓷片规格为 20mm×20mm×4mm,可拼为 325mm×325mm 规格纸皮砖。其构造与面砖贴面相同。

2) 贴面饰面构造做法

陶瓷砖作为外墙面装修,其构造多采用 10~15mm 厚的 1:3 水泥砂浆打底,5mm 厚 1:1 水泥砂浆黏结层,粘贴各类面砖材料。在外墙面砖之间粘贴时留出约 13mm 缝隙,以增加材料的透气性,如图 9-11(a)所示。

作为内墙面装修,其构造多采用 10~15mm 厚的 1:3 水泥砂浆或 1:3:9 水泥、石灰膏、砂浆打底,8~10mm 厚的 1:0.3:3 水泥、石灰膏砂浆黏结层,外贴瓷砖,如图 9-11(b)所示。

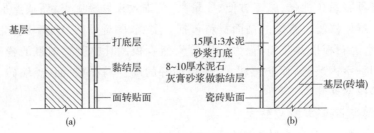

图 9-11 陶瓷砖贴面构造(单位:mm)

(2)天然石板、人造石贴面

用于墙面装修的天然石板有大理石板和花岗岩板,属于高级墙体饰面装修。

1)石材的种类如下

①大理石

又称云石,表面经磨光后纹理雅致,色泽图案美丽如画,在我国很多地区都出产,如杭灰、苏黑、宜兴咖啡、东北绿、南京红以及北京房山的白色大理石(汉白玉)等。

②花岗石

质地坚硬、不易风化,能适应各种气候变化,故多用作室外装修。颜色有黑、灰、红、粉红色等。根据对石板表面加工方式的不同可分为剁斧石、火爆石、蘑菇石和磨光石四种。剁斧石外表纹理可细可粗,多用作室外台阶踏步铺面,也可用作台基或墙面。火爆石系花岗石板表面经喷灯火爆后,表面呈自然粗糙面,有特定的装饰效果。蘑菇石表面呈蘑菇状凸起,多用作室外墙面装修。磨光石表面光滑如镜,可用作室外墙面装修,也可用作室内墙面、地面装修。

大理石板和花岗石板有方形和长方形。常见尺寸为 600mm×600mm、600mm×800mm,800mm×800mm,800mm×1000mm,厚度一般为 20mm,亦可按需要加工所需尺度。

③人造石板常见的有人造大理石、水磨石板等

2)石材饰面的构造做法

①挂贴法施工

对于平面尺寸不大、厚度较薄的石板,先在墙面或柱面上固定钢筋网,再用钢丝或镀锌铅丝穿过事先在石板上钻好的孔眼,将石板绑扎在钢筋网上。因此,固定石板的水平钢筋(或钢箍)的间距应与石板高度尺寸一致。当石板就位、校正、绑扎牢固后,在石板与墙或柱之间,浇筑 1:3 水泥砂浆或是膏浆,厚 30mm 左右,如图 9-12 所示。

②干挂法施工

对于平面尺寸和厚度较大的石板,用专用卡具、射钉或螺钉,把它与固定于

墙上的角钢或铝合金骨架进行可靠连接,石板表面用硅胶嵌缝,不需内部再浇筑砂浆,称为石材幕墙,如图 9-13 所示。

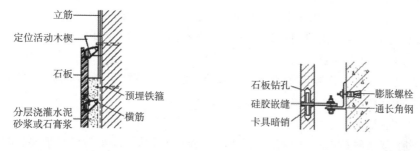

图 9-12　挂贴法施工　　　　图 9-13　干挂法施工

人造石板的施工构造与天然石材相似,预制板背面埋设有钢筋,不必在预制板上钻孔,将板用铅丝绑牢在水平钢筋(或钢箍)上即可。在构造作法上,各地有多种合理的构造方式,如有的用射钉按规定部位打入墙体(或柱)内,然后将石板绑扎在钉头上,以节省钢材。

3. 涂料类墙体饰面

涂料是指涂敷于物体表面后,能与基层很好黏结,从而形成完整而牢固的保护膜的面层物质。这种物质对被涂物体有保护、装饰作用。例如油漆便是一种最常见的涂料。

涂料作为墙面装修材料,与贴面装修相比具有材料来源广,装饰效果好,造价低,操作简单,工期短、工效高,自重轻,维修、更新方便等特点。因此,是当今最有发展前途的装修材料。

建筑涂料的品种繁多,作为建筑物的饰面涂料,应根据建筑物的使用功能、建筑环境、建筑构件所处部位等来选择装饰效果好、黏结力强、耐久性高、无污染和经济性好的材料。建筑涂料按其主要成膜物的不同可分为有机涂料、无机涂料及有机和无机复合涂料三大类。

(1)无机涂料

无机涂料是历史上最早的一种涂料。传统的无机涂料有石灰浆、大白浆和可赛银等。它是以生石灰、碳酸钙、滑石粉等为主要原料,适量加入动物胶而配制的内墙涂刷材料,但这类涂料由于涂膜质地疏松、易起粉,且耐水性差,已逐步被合成树脂为基料的各类涂料所代替。无机涂料具有资源丰富、生产工艺简单、价格便宜、节约能源、减少环境污染等特点,是一种有发展前途的建筑涂料。

(2)有机合成涂料

随着高分子材料在建筑上的应用,建筑涂料有极大发展。有机高分子涂料依其主要成膜物质和稀释剂的不同又可分为三类。

1) 溶剂型涂料

溶剂型涂料系以合成树脂为主要成膜物质,有机溶剂为稀释剂,经研磨而成的涂料。它形成的涂膜细腻、光洁而坚韧,有较好的硬度、光泽和耐水性、耐候性、气密性好。但有机溶剂在施工时会挥发有害气体,污染环境。如果在潮湿的基层上施工,会引起脱皮现象。

常见的溶剂型涂料有苯乙烯内墙涂料、聚乙烯醇缩丁醛内、外墙涂料,过氯乙烯内墙涂料以及812建筑涂料等。

2) 水溶型涂料

水溶型涂料是以水溶性合成树脂为主要成膜物质,以水为稀释剂、经研磨而成的涂料。它的耐水性差、耐候性不强、耐洗刷性差,故只适用作内墙涂料。

水溶型涂料价格便宜、无毒无怪味,并具有一定透气性,在较潮湿基层上亦可操作,但由于系水溶性材料,温度在10℃以下时不易成膜,冬季施工应注意施工时温度不宜太低。

常见的水溶型涂料有聚乙烯醇系列内墙涂料和多彩内墙涂料等。

3) 乳胶涂料

乳胶涂料又称乳胶漆,它是由合成树脂借助乳化剂的作用,以极细微粒子溶于水中,构成乳液为主要成膜物,然后研磨成的涂料。它以水为稀释剂,价格便宜,具有无毒、无味、不易燃烧、不污染环境等特点。同时还有一定的透气性,可在潮湿基层上施工。

目前我国用作外墙饰面的乳胶涂料主要有乙—丙(聚酯酸乙烯—丙烯酸丁酯共聚物)乳胶涂料、苯—丙(苯乙烯—丙烯酸丁酯共聚物)乳胶涂料、氯—偏(氯乙烯—偏二氯乙烯共聚物)乳胶涂料等。

在外墙面装修中使用较多的要数彩色胶砂涂料。

彩色胶砂涂料简称彩砂涂料,是以丙烯酸酯类涂料与集料混合配制而成的一种珠粒状的外墙饰面材料。彩砂涂料具有黏结强度高、耐水性、耐碱性、耐候性以及保色性均较好等特点,据国际涂料工业预测,今后涂料工业将是丙烯酸的时代。我国目前所采用的彩色胶砂涂料可用于水泥砂浆、混凝土板、石棉水泥板、加气混凝土板等多种基层上,以取代水刷石、干粘石饰面装修。

(3) 无机和有机复合涂料

有机涂料或无机涂料虽各有特点,但在单独作用时,存在着各种问题。为取长补短,故研究出了有机、无机相结合的复合涂料。如早期的聚乙烯醇水玻璃内墙涂料,就比单纯使用聚乙烯醇涂料的耐水性有所提高。另外以硅溶液、丙烯酸系列复合的外墙涂料在涂膜的柔韧性及耐候性方面更能适应大气温度性的变化。总之,无机、有机或无机与有机的复合建筑涂料的研制,为墙面装修提供了新型、经济的新材料。

4. 裱糊类墙体饰面

裱糊类装修是将墙纸、墙布等卷材类的装饰材料裱糊在墙面上的一种装修饰面。

(1) 墙纸

墙纸又称壁纸。国内外生产的各种新型复合墙纸,种类不下千余种,依其构成材料和生产方式不同墙纸可有以下几类。

1) PVC 塑料墙纸

塑料墙纸是当今流行的室内墙面装饰材料之一。它除具有色彩艳丽、图案雅致等艺术特征外,在使用上具有不怕水、抗油污、耐擦洗、易清洁等优点,是理想的室内装修材料。塑料墙纸由面层和衬底层在高温下复合而成。

面层以聚氯乙烯塑料或发泡塑料为原料,经配色、喷花或压花等工序与衬底进行复合。发泡工艺又有低发泡和高发泡塑料之分。墙纸的衬底大体分纸底与布底两类。纸底成型简单,价格低廉,但抗拉性能较差;布底有密织纱布和稀织网纹之分,它具有较好的抗拉能力,较适宜于可能出现微小裂隙的基层上,撞击时不易破损,经久耐用,多用于高级宾馆客房及走廊等公共场所。

2) 纺织物面墙纸

纺织物面墙纸系采用各种动植物纤维(如羊毛、兔毛、棉、麻、丝等纺织物)以及人造纤维等纺织物作面料复合于纸质衬底而制成的墙纸。由于各种纺织面料质感细腻、古朴典雅、清新秀丽,故多作高级房间装修之用。

3) 金属面墙纸

金属面墙纸也由面层和底层组成。面层系以铝箔、金粉、金银线等为原料,制成各种花纹、图案,并同用以衬托金属效果的漆面(或油墨)相间配制而成,然后将面层与纸质补底复合压制而成墙纸。墙纸表面呈金色、银色和古铜色等多种颜色,构成多种图案。它可防酸、防油污。因此多用于高级宾馆、餐厅、酒吧以及住宅建筑的厅堂之中。

4) 天然木纹面墙纸

这类墙纸系采用名贵木材剥出极薄的木皮,贴于布质衬底上面制成的墙纸。它类似胶合板,色调沉着,雅致,富有亲切感,具有特殊的装饰效果。

(2) 墙布

墙布系指以纤维织物直接作为墙面装饰材料的总称。它包括玻璃纤维墙面装饰布和织锦等材料。

1) 玻璃纤维装饰墙布

玻璃纤维布是以玻璃纤维织物为基材,表面涂布合成树脂,经印花而成的一种装饰材料,布宽840~870mm,一卷长40m。由于纤维织物的布纹感强,经套色后的花纹装饰效果好,且具有耐水、防火、抗拉力强,可以擦洗以及价格低廉等特点,故应用较广。其缺点是易泛色,当基层颜色较深时,容易显露出来。同时,由于本身系碱性材料,使用日久即呈黄色。

2)织锦墙面

织锦墙面装修是采用锦缎裱糊于墙面的一种装饰材料。锦缎系丝绸织物,宽800mm,它颜色艳丽,色调柔和,古朴雅致,且对室内吸声有利,仅用作高级装修。由于锦缎软易变形,可以先裱糊在人造板上再进行装配,施工较烦,且价格昂贵,一般少用。

墙纸与墙布的粘贴主要在抹灰的基层上进行,亦可在其他基层上粘贴,抹灰以混合砂浆面层为好。它要求基底平整、致密,对不平的基层需用腻子刮平。粘贴墙纸、墙布一般采用墙纸、墙布胶黏剂,胶粘剂包括多种胶料、粉料。在具体施工时需根据墙纸、墙布的特点分别予以选用。在粘贴时,要求对花的墙纸或墙布在裁剪尺寸上,其长度需比墙放出100~150mm,以适用对花粘贴的要求。

5. 铺钉类墙体饰面

铺钉类装修系指利用天然木板或各种人造薄板借助于钉、胶等固定方式对墙面进行的装修处理,属于干作业范畴。铺钉类装修因所用材料质感细腻、美观大方,装饰效果好,给人以亲切感。同时材料多系薄板结构或多孔性材料,对改善室内音质效果有一定作用。防潮、防火性能欠佳,一般多用作宾馆、大型公共建筑大厅如候机室、候车室以及商场等处的墙面或墙裙的装修。铺钉类装修和隔墙构造相似,由骨架和面板两部分组成。

(1)骨架

骨架有木骨架和金属骨架之分。木骨架由墙筋和横档组成,借预埋在墙上的木砖固定到墙身上。墙筋截面一般为50mm×50mm,横档截面为50mm×50mm、50mm×40mm。墙筋和横撑的间距应与面板的长度和宽度尺寸相配合。金属骨架采用冷轧薄钢构成槽形截面,截面尺寸与木质骨架相近。为防止骨架与面板受潮而损坏,常在立墙筋前,在墙面上抹一层10mm厚混合砂浆,并涂刷热沥青两道,或不作抹灰,直接在砖墙上涂刷热沥青亦可。

(2)面板

装饰面板多为人造板,包括硬木条板、石膏板、胶合板、硬质纤维板、软质纤维板、金属板、装饰吸声板以及钙塑板等。

硬木条或硬木板装修是指将装饰性木条或凹凸型木板竖直铺钉在墙筋或横筋上。背面衬以胶合板,使墙面产生凹凸感,以丰富墙面,其构造如图9-14所示。

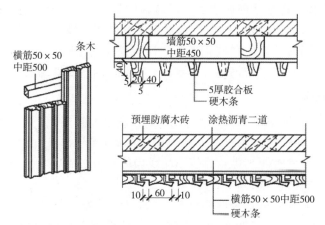

图 9-14　木质面板墙面构造(单位:mm)

　　石膏板是以建筑石膏为原料,加入各种辅助材料,经拌和后,两面用纸板辊压成薄板,故称纸面石膏板,具有质量轻、变形小、施工时可钉、可锯、可粘贴等特点。胶合板有三合板(又称三夹板)、五合板(五夹板)七合板(七夹板)和九合板(九夹板)之分。硬质纤维板是用碎木加工而成的。

　　石膏板与木质墙筋的连接主要是靠圆钉(镀锌铁钉)和木螺丝与墙筋固定的;胶合板、纤维板等均借圆钉或木螺钉与木质墙筋和横档固定。为保证面板有微量伸缩的可能,在钉面板时,在板与板间需留出 5~8mm 的缝隙,缝隙可以是方形,也可是三角形,对要求较高的装修可用木压条或金属压条嵌固,如图 9-14、图 9-15 所示。

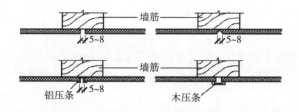

图 9-15　胶合板、纤维板等的接缝处理

　　对软质纤维板、装饰吸声板等装饰面板亦采用圆钉与墙筋固定,其构造与铺钉纤维板、石膏板相同;石膏板、软质纤维板等构件与金属骨架的固结主要靠自攻螺丝或预先用电钻打孔后用镀锌螺丝固定;而胶合板、纤维板、各种装饰面板与金属骨架的连接主要靠自攻螺丝和膨胀铆钉进行固结。

四、清水墙装饰

　　清水墙装饰是指墙体砌筑成型后,墙面不加其他覆盖性装饰面层,利用原墙体结构的肌理效果进行处理而成的一种墙体装饰方法,可分为清水砖墙和清水混凝土。其可达到淡雅、朴实、浑厚、粗犷等艺术效果,且耐久性好,不易变色,不易污染,也没有明显的褪色和风化现象。即便是在新型材料和工业化施工方法居主导地位的今天,清水墙仍是一种有着鲜明特色的重要墙面装饰方法。

1. 清水砖墙

黏土砖是清水砖墙的主要材料,根据制作工艺不同可分为青砖、红砖及过火砖三种。过火砖是由于温度过高而烧成的次品砖,颜色深红,质地坚硬,却是装饰用的上好佳品,常被用来砌筑建筑小品或局部的清水墙。

清水砖墙的装饰方法如下。

(1)灰缝的处理。清水砖墙的砌筑方法,一般还是以普通的满丁满条为主。因为灰缝的面积占清水砖墙面的 1/6,改变灰缝的颜色能够有效地影响整个墙面的色调与明暗程度,改变整个墙面的效果。另外,通过勾凹缝的办法,也会产生一定的阴影,形成鲜明的线条与质感。

(2)磨砖对缝,是靠烧结程度不同的过火砖和欠火砖形成的深色和浅色穿插在普通砖当中,形成不规则的色彩排列,达到丰富的装饰效果。

(3)肌理变化。通过部分砖块有规律地突出或凹进,形成一定的线型和肌理,创造特殊的光影效果,犹如浮雕的感觉。如清水砖墙转角部位,每隔几皮砖就突出三块长短砖,形成很好的转角收头,丰富了建筑的细部处理。

使用清水砖墙饰面时,还要注意以下几个问题。

建筑的某些部位,如勒脚、檐口、门套、窗台等处可以用粉刷或天然石板进行装饰。门窗过梁如采用钢筋混凝土过梁,可将过梁往里收 1/4 砖左右,外表再镶砖饰以形成砖拱形式的外观。

勾缝多采用质量比为 1:1.5 水泥砂浆,也可勾缝后再涂色。灰缝的处理形式,主要有平缝、平凹缝、斜缝和圆弧凹缝等形式,如图 9-16 所示。

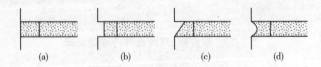

图 9-16 清水砖墙的勾缝形式
(a)平缝;(b)平凹缝;(c)斜缝;(d)圆弧凹缝

施工时脚手架的选用应采用内脚手架或独立式脚手架,以避免施工后填脚手架洞造成表面色差或疤痕。

2. 清水混凝土墙

清水混凝土墙的墙面不加任何其他饰面材料,而以精心挑选的木质花纹的模板或特制的钢模板浇筑,经设计排列,在许多有曲度的栏板和立柱等工程中应用,浇注出具有特色的清水混凝土。

清水混凝土墙装饰的特点是外表朴实、自然、坚固、耐久,不易发生冻胀、剥离、褪色等问题。

模板的挑选与排列是清水混凝土墙装饰效果好坏的关键。模板上拉接螺杆的定位要整齐而有规律,为了脱模时不易损坏边角,墙柱的转角部位最好处理成斜角或圆角。可以将模板面设计成各种形状,如条纹状、波纹状、格状、点状等,也可将壁面进行斩刻,修饰成毛面等,增强壁面的变化。

第三节 顶棚装修构造

顶棚又称平顶或天花,指楼板层的下面部分,也是室内装修部分之一。作为顶棚,要求表面光洁、美观,且能起反射光线的作用,以改善室内的亮度。对某些有特殊要求的房间,还要求顶棚具有隔声、防火、保温、隔热等的功能。

一、顶棚构造

依构造方式的不同,顶棚有直接式顶棚和悬吊式顶棚吊顶之分。一般顶棚多为水平式,但根据房间用途的不同,顶棚可做成弧形、凹凸形、高低形、折线形等。应根据建筑物的使用功能,经济条件以及室内设备器具的隐蔽性要求和隔声需要来选择顶棚的形式。当建筑物各种设备管线较多,为方便管线的敷设,则多将水平管线埋设至顶棚内,而采用吊顶棚。

1. 直接式顶棚

直接式顶棚系指直接在钢筋混凝土楼板下喷、刷、粘贴装修材料的一种构造方式。多用于大量性工业民用建筑中,直接式顶棚装修常见的有以下几种处理。

(1)直接喷、刷涂料

当楼板底面平整时,可用腻子嵌平板缝,直接在楼板底面喷或刷大白浆涂料或106涂料,以增加顶棚的光反射作用。

(2)抹灰装修

当楼板底面不够平整或室内装修要求较高,可在板底进行抹灰装修。抹灰分水泥砂浆抹灰和纸筋灰抹灰两种。水泥砂浆抹灰系将板底清洗干净,打毛或刷素水泥浆一道,抹5mm厚1∶3水泥砂浆打底,用5mm厚1∶2.5水泥砂浆粉面,再喷刷涂,如图9-17(a)所示。纸筋灰抹灰系先以6mm厚混合砂浆打底,再以3mm厚纸筋灰粉面,然后喷、刷涂料。

(3)贴面式装修

对某些装修要求较高或有保温、隔热、吸声要求的建筑物,如商店门面、公共建筑的大厅等,可于楼板底面直接粘贴适用顶棚装饰的墙纸、装饰吸声板以及泡沫塑胶板等。这些装修材料均借助于胶黏剂粘贴,如图9-17(b)所示。

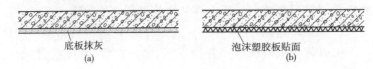

图 9-17 直接式顶棚

(a)抹灰装修;(b)粘贴装修

2. 悬吊式顶棚

悬吊式顶棚简称吊顶。吊顶在现代建筑中,为提高建筑物的使用功能,除照明、给水排水管道需安装在楼板层中外,空调管、灭火喷淋、探测器、广播设备等管线及其装置,均需安装在顶棚上。吊顶依所采用的材料、装修标准以及防火要求的不同,有木质骨架和金属骨架之分,如图9-18所示。

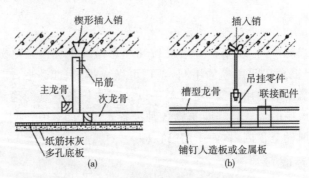

图 9-18 吊顶

(a)木骨架基层;(b)金属骨架基层

(1)木龙骨吊顶

木龙骨吊顶主要是借预埋于楼板内的金属吊件或锚栓将吊筋(又称吊头)固定在楼板下部,吊筋间距一般为900～1000mm,吊筋下固定主龙骨,又称吊档。其截面均为45mm×45mm或50mm×50mm。主龙骨下钉次龙骨(又称平顶筋或吊顶格栅)。次龙骨截面为40mm×40mm,间距的确定视下面装饰面材的规格而定。其具体构造如图9-19所示。

木龙骨吊顶因其基层材料具有可燃性,加之安装方式多系铁钉固定,使顶棚表面很难做到水平。因此在一些重要的工程或防火要求较高的建筑中,已极少采用。

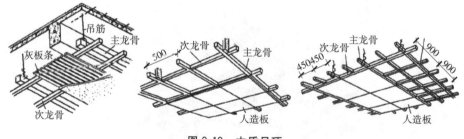

图 9-19 木质吊顶

(2) 金属龙骨吊顶

根据防火规范要求,顶棚宜采用不燃材料或难燃材料构造。在一般大型公共建筑中,金属龙骨吊顶已被广泛采用。

金属吊顶主要由金属龙骨基层与装饰面板所构成。金属龙骨由吊筋、主龙骨、次龙骨和横撑龙骨组成。吊筋一般采用何钢筋或 8 号铅丝或柄螺栓,中距 900～1200mm,固定在楼板下。吊筋头与楼板的固结方式可分为吊钩式、钉入式和预埋件式等,如图 9-20 所示。然后在吊筋的下端悬吊主龙骨,再于主龙骨下悬吊次龙骨。为铺钉装饰面板,还应在龙骨之间增设横撑,横撑间距视面板规格而定。最后在吊顶次龙骨和横撑上铺钉装饰面板,如图 9-21 所示。

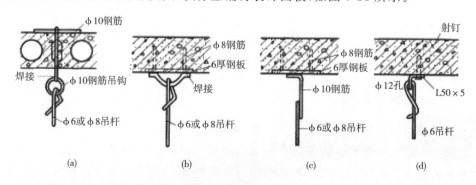

图 9-20 吊顶的固定
(a),(b),(c)进入式;(d)打入式

装饰面板有人造板和金属板之分。人造板包括纸面石膏板、矿棉吸声板、各种空孔板和纤维水泥板等。装饰面板可借沉头自攻螺钉固定在龙骨和横撑上,亦可放置在 L 形龙骨的翼缘上。

金属面板包括铝板、铝合金型板、彩色涂层薄钢板和不锈钢薄板等。面板形式有条形、方形、长方形、折菱形不等。条板宽 60～300mm,块板规格为 500、600mm 见方,表面呈古铜色、青铜色、金黄色、银白色以及各种烤漆颜色。金属面板靠螺钉、自攻螺钉或膨胀铆钉或专用卡具固定于吊顶的金属龙骨上。

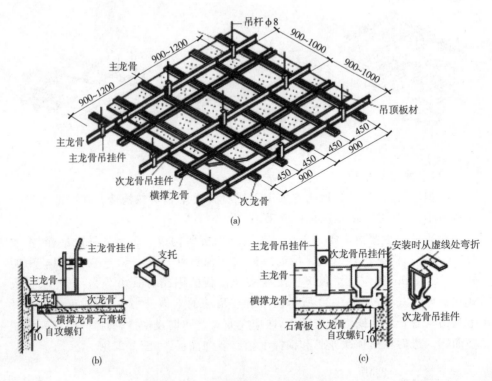

图 9-21 轻钢龙骨吊顶(单位:mm)
(a)龙骨布置;(b),(c)细部构造

二、顶棚吸声构造

顶棚是建筑内部空间的上部界面,其高度、造型、色彩和构造处理等,对空间的视觉、音质、环境和感受等都有一定的影响。顶棚除造型外,在功能和技术上常常要处理好声学、照明、空调及消防等有关问题。尤其对于空间较大、人员密集和音质要求较高的建筑,通过顶棚的合理设计是改善室内声环境的有效途径。

在构造上,吊顶棚由悬挂、支承和面板三部分组成,其中面板材料和构造对声学效果影响最大。现代吊顶棚的发展已导向体系化,面板也逐渐采用装配式体系,常见的形式有条形、方形、矩形、蜂窝和网格平面板及垂直的条形和格子形板等。材料有铝合金、压型薄钢板、石膏板、各种纤维板(包括不燃的矿棉、岩棉、玻璃纤维板和木质纤维板如木丝板、刨花板、木屑板等)以及塑料板如钙塑板、塑料贴面纤维板、贴面泡沫塑料板等。

根据室内音质的要求,面层可以处理成反射顶棚和吸声顶棚两种。

反射顶棚用于有听音要求的大空间,如剧院、音乐厅等,这些场所除要求高的清晰度和减少回声和噪声外,还要求有合适的响度和足够的丰满度。须保证厅堂有合适的混响时间,要设法提高直达声和前次反射声的水平,并与墙面和其他部位的声学处理相结合,应用几何声学的设计方法综合解决。

吸声顶棚用于人员较多容易产生噪声、甚至容易出现回声的大空间,如报告厅、大型会议室、体育馆等,这些场所主要保证较高的清晰度,并要尽量减少回声和噪声,其顶棚面层要进行吸声处理。

1. 石膏或矿棉板吸声顶棚

一般制成方板或矩形板,采用打孔或压纹(如蚁纹板)使其具有吸声性能,又有装饰效果。多数为平放,也可竖放成格子形能够双面吸声。

2. 穿孔板吸声顶棚

利用穿孔板共振器原理,依靠板上打孔,再设吸声的矿棉或玻璃棉垫实现吸声效果。通常的穿孔板有金属板、石膏板、钙塑板及木质纤维板等材料。

3. 条板吸声顶棚

利用窄缝共振器原理,将木、金属或硬塑料做成条板,板之间离缝 16～20mm,板上方置毛毡、矿棉或玻璃棉等多孔吸声材料,构成一种窄缝共振吸声构造。

4. 格子吸声顶棚

将木板、金属板及其他板材垂直设置,构成三角形、方形及蜂窝状格子,形成吸声顶棚。

第十章 建 筑 防 水

建筑防水是建筑物维护构造的重要部分。建筑中渗漏水会引起室内墙面和顶棚发霉、脱皮,甚至威胁到结构构件的安全,缩短建筑使用寿命。因此需要采取各种措施防止水的渗漏,保证建筑的正常使用。建筑物需要进行防水处理的地方主要在地下室、楼地面、屋面等经常受到雨雪和地下水侵袭的部位和一些需要用水的内部空间,例如居住建筑的厨房、卫生间、浴室,还有一些建筑中的实验室、餐饮用房等。在建筑设计中,必须依据建筑的不同部位的特点及其材料特性合理地选择防水方案。

第一节 地下室防潮与防水构造

地下室由于经常受到下渗地表水、土壤中的潮气和地下水的侵蚀,因此,防潮、防水问题便成了地下室设计中所要解决的一个重要问题。当最高地下水位低于地下室地坪且无滞水可能时,地下水不会直接侵入地下室。地下室外墙和底板只受到地下水的侧压力和浮力。水压力大小与地下水高出地下室地坪的高度有关,高差愈大,压力愈大。这时,对地下室必须采取防水处理。

图 10-1 为地下室防潮、防水与地坪及地下水位的关系。

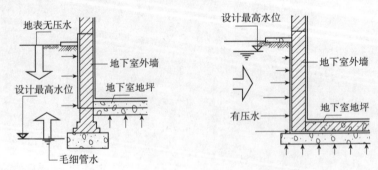

图 10-1 地下室防潮、防水与地下水位的关系

一、地下室防潮构造

地下室的防潮层是在地下室外墙外面设置防潮层。具体做法是在外墙外侧

先抹 20mm 厚的 1∶2.5 水泥砂浆(高出散水 300mm 以上),然后涂冷底子油一道和热沥青两道(至散水底),最后在其外侧回填隔水层。隔水层为低渗透性的土壤,如黏土、灰土等。地下室顶板和底板中间位置应设置水平防潮层,使整个地下室防潮层连成整体,以达到防潮目的。

因此地下室所有墙均应设两道水平防潮层:一道设于地下室地坪附近,另一道设于室内外地坪之间,以防止土中潮气和地面雨水因毛细管作用沿墙体上升而影响结构。当地下室的内墙为砖墙时,墙身与底板相交处也应做水平防潮层。图 10-2 为地下室防潮构造做法。

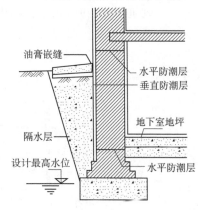

图 10-2　为地下室防潮构造做法

二、地下室防水做法

根据防水材料与结构基层的位置关系,有内防水和外防水两种。防水构造层设置于结构外侧的称为外防水,防水构造层设置于主体结构内侧的称为内防水。外防水方式中,由于防水材料置于迎水面,对防水较为有利。将防水材料置于结构内表面(背水面)的内防水做法,对防水不太有利,但施工简便,易于维修,多用于修缮工程。

地下室防水做法根据材料不同有沥青卷材防水、高分子卷材防水、防水混凝土防水、涂料防水、防水砂浆防水、防水板材防水等。一般地下室防水工程设计,外墙主要考虑抗水压或自防水作用,再做卷材外防水(迎水面处理)。地下工程的钢筋混凝土结构,应采用防水混凝土,并根据防水等级的要求采用其他防水措施。地下室最高水位高于地下室地面时,地下室设计应该考虑整体钢筋混凝土结构,保证防水效果。

1. 沥青卷材防水

卷材防水属于柔性防水。沥青卷材是以沥青胶为胶结材料的一层或多层防水层。根据卷材与墙体的关系,可分为内防水和外防水。

沥青卷材外防水的具体做法是先在外墙外侧抹 20mm 厚 1∶3 水泥砂浆找平层,其上刷冷底子油一道,然后铺贴卷材防水层,并与从地下室地坪底板下留出的卷材防水层逐层搭接。防水层的层数应根据地下室最高水位到地下室地坪的距离来确定。当高差不大于 3m 时用三层;3~6m 时用四层;6~12m 时用五层;大于 12m 时用六层。防水层应高出最高水位 300mm,其上用一层油毡贴至散水底。防水层外面砌半砖保护墙一道,并于保护墙与防水层之间用水泥砂浆填实。砌筑保护墙时,先在底部干铺油毡一层,并沿保护墙长度每隔5～8m设一通高断缝,以便使保护墙在土的侧压力作用下,能紧紧压住卷材防水层。最后在保护墙外0.5m范围内回填2∶8灰土或炉渣(图10-3)。这一方式对防水较为有利。

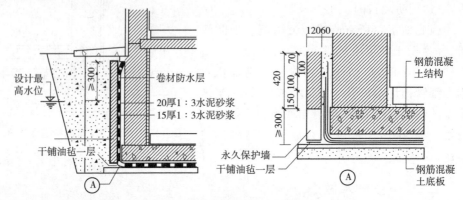

图10-3 地下室卷材外防水做法(单位:mm)

沥青卷材内防水的做法如图10-4所示。

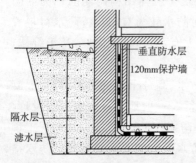

图10-4 地下室卷材内防水做法

地下室水平防水层的做法,先是在垫层上作水泥砂浆找平层,找平层上涂冷底子油,底面防水层就铺贴在找平层上。最后做好基坑回填隔水层(黏土或灰土)和滤水层(砂),并分层夯实。传统的纸胎油毡沥青卷材由于强度低,耐久性差,一般仅用于标准较低的建筑。近年来发展起来的各种改性沥青卷材在原有的基础上提高了耐候性和弹性,如SBS改性沥青卷材,可以在80℃高温耐热5h,−20℃低温时,可以在直径为20mm的小棍上缠绕而不断裂,温度适应性能好,且断裂伸长率不小于30%,施工采用熔焊施工,使得防水层黏结牢固,具有很好的整体性和耐久性,而且造价也较低。

2. 高分子卷材防水

地下室防水工程,由于要承受较大水压力以及建筑基础和地下室结构可能产生一定的荷载冲击力,因而,防水材料拉伸强度要高、拉断延伸率要大,能承受一定的荷载冲击力,适应防水基层的伸缩及开裂变形。以高分子合成材料构成的防水层比沥青卷材能更好地满足防水材料的弹性要求。我国目前采用的高分子防水卷材主要是三元乙丙橡胶卷材。有 A 型和 B 型两种,它是冷作业,单层施工(地下室防水加附加层)。它能充分适应基层伸缩开裂变形,是一种耐久性极好的弹性卷材,其断裂伸长率不小于 450%,拉伸强度是 SBS 改性沥青卷材的 2~3 倍。

3. 防水混凝土防水

防水混凝土分为普通防水混凝土和掺外加剂防水混凝土两类,是在普通混凝土的基础上,从"骨料级配"法发展而来,通过调整配合比或掺外加剂等手段,改善混凝土自身的密实性,使其具有抗渗能力大于 P6($6kg/cm^2$)的混凝土。混凝土防水结构是由防水混凝土依靠其材料本身的憎水性和密实性来达到防水目的,它既是承重、围护结构,又有可靠的防水性能。这种防水做法简化了施工,加快了工程进度,改善了劳动条件。防水混凝土适用于防水等级为 1~4 级的地下整体式混凝土结构。不适用于环境温度高于 80℃ 或处于耐侵蚀系数小于 0.8 的侵蚀性介质中使用的地下工程。结构厚度不应小于 250mm;裂缝宽度不得大于 0.2mm,并不得贯通;钢筋保护层厚度迎水面不应小于 50mm。防水混凝土的抗渗等级取决于工程埋置深度(表 10-1)。

表 10-1　防水混凝土设计抗渗等级

工程埋置深度/m	设计抗渗等级	工程埋置深度/m	设计抗渗等级
<10	P6	20~30	P10
10~20	P8	30~40	P12

注:1. 本表适用于 N、V 级围岩(土层及软弱围岩);
　　2. 山岭隧道防水混凝土的抗渗等级可按铁道部门的有关规范执行。

防水混凝土的施工为现场浇注,浇注时应尽可能少留施工缝。对于施工缝应进行防水处理,通常采用 BW 膨胀橡胶止水条填缝。该止水条为膨胀率 100% 的聚氨酯材料,具有较好的自黏性、耐候性(-20℃~150℃)、耐压性(耐水压 0.6~1.5MPa)。混凝土面层应附加防水砂浆抹面防水。

4. 涂料防水

涂料防水适用于受侵蚀性介质作用或受震动作用的地下工程主体迎水面或背水面涂刷涂料的防水做法。涂料防水层包括无机防水涂料和有机防水涂料。无机防水涂料可选用水泥基防水涂料、水泥基渗透结晶型涂料。有机涂料可选用反应型、水乳型、聚合物水泥防水涂料。无机防水涂料宜用于结构主体的背水面,有机防水涂料宜用于结构主体的迎水面。用于背水面的有机防水涂料应具有较高的抗渗性,且与基层有较强的黏结性。潮湿基层宜选用与潮湿基面黏结力大的无机涂料或有机涂料,或采用先涂水泥基类无机涂料而后涂有机涂料的复合涂层；埋置深度较深的重要工程、有振动或有较大变形的工程宜选用高弹性防水涂料；有腐蚀性的地下环境宜选用耐腐蚀性较好的反应型、水乳型、聚合物水泥涂料并做刚性保护层。

防水涂料可采用外防外涂、外防内涂两种做法。水泥基防水涂料的厚度宜为1.5～2.0mm；水泥基渗透结晶型防水涂料的厚度不应小于0.8mm；有机防水涂料根据材料的性能厚度宜为1.2～2.0mm。有机防水涂料施工完后应及时做好保护层。

5. 防水板材防水

常用的防水板材防水有防水塑料防水板防水和金属板防水。

塑料防水板防水适用于铺设在初期支护与二次衬砌间的防水做法。塑料防水板应符合下列规定：幅宽宜为2～4m；厚度宜为1～2mm；耐刺穿性好；耐久性、耐水性、耐腐蚀性、耐菌性好。铺设防水板前应先铺缓冲层。局部设置防水板防水层时，其两侧应采取封闭措施。

金属板防水适用于抗渗性能要求较高的地下工程的防水做法。金属板的拼接应采用焊接，竖向金属板的垂直接缝应相互错开。金属板防水层应采取防锈措施。

地下室防水作为隐蔽工程，应先验收，后回填，并加强施工现场的管理，以保证防水层的质量，避免后期补救工作给使用带来的不便。

第二节　楼地面及淋水墙面构造

有水侵蚀的房间，如厨房、卫生间、浴室等用水频繁，室内地面出现积水的概率高，墙面也经常被水侵蚀容易发生渗漏现象。设计时需要对这些房间的楼地面、墙面采取有效的防水措施。

一、楼地面排水做法

要解决有水房间楼地面的防水问题，首先应保证楼地面排水路线通畅。为便于排水，有水房间的楼地面应设有1％～2％的坡度，将水导入地漏。如图10-5(b)所示，为防止室内积水外溢，有水房间的楼地面标高应比其他房间或走廊低20～30mm；当有水房间的地面不便降低时，亦可在门口处做出高20～30mm的门槛。

二、楼地面防水构造

由于有水房间通常也会有较多的卫生洁具和管道，因此楼地面防水构造主要以涂膜防水为主,也可使用卷材和防水砂浆。为防止水的渗漏,楼板宜采用现浇板,并在面层和结构层之间设防水层(做法如前所述),并将防水层沿房间四周向墙面延伸 100~150mm。当遇到开门处,防水层应铺出门外不少于 250mm,如图 10-5(b)所示。有水房间的地面常采用水泥地面、水磨石地面、马赛克地面、地板砖等,以减少水的渗透。

图 10-5(a)是住宅卫生间楼地面设计中常用的降板法,即将结构板下降 300mm 以上,并用水泥焦碴等轻质材料作垫层,水平管道可藏于垫层中。为了防范地面积水和管道漏水,分别设有上下两道防水层。

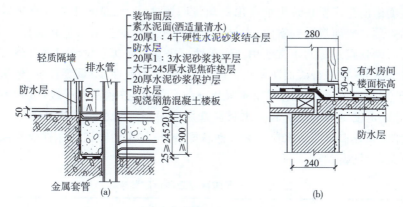

图 10-5 有水房间楼面防水处理(单位:mm)
(a)住宅卫生间结构板下降;(b)有水房间地面降低

三、立管穿楼板处防水构造

立管穿楼板处的防水处理一般采用两种方法:一是在管道周围用 C2 干硬细石混凝土捣固密实,再用防水涂料作密封处理,如图 10-6(a)所示;二是当有热力管穿过楼板时,为防止由于温度变化,引起管壁周围材料胀缩变形,应在楼板穿管的位置预埋套管,以保证热水管不因自由伸缩而造成混凝土开裂。套管应比楼面高出 30~50mm,如图 10-6(b)所示。

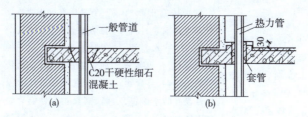

图 10-6 管道穿楼板时的处理
(a)普通管道的处理;(b)热力管道的处理

四、淋水墙面防水构造

淋水墙面是指卫生间、盥洗室等房间内易受水侵蚀的墙面。一般可以采用防水砂浆打底,并选择马赛克、瓷砖等隔水性较好的材料做面层。也可以根据情况,找平层完成后,涂刷 1~2 道防水涂料、水泥砂浆保护,最后做面层。

第三节　屋面防水构造

屋面渗漏是房屋建筑中最突出的质量问题之一,也是多年来一直未能很好解决的难题。屋面渗漏到室内,不仅会严重影响人们的生活质量和居住水平,也会直接影响到建筑物的正常使用和耐久性。房屋屋面防水设计对提高建筑物的质量极为重要,在进行屋面防水设计时,应按建筑物的性质、重要程度、建筑结构特点、使用功能要求和防水耐用年限划分防水等级,按照不同等级,进行不同的设防,并确定设防构造层次和防水材料选用的限制。防水等级较高的建筑要求多道设防,并要求屋面防水层的耐久性较好,或按规定同时选取两种或两种以上防水方案,参见表 10-2。

表 10-2　屋面防水等级和设防要求

项目	屋面防水等级			
	Ⅰ级	Ⅱ级	Ⅲ级	Ⅳ级
建筑物类别	特别重要或对防水有特殊要求的建筑	重要的建筑和高层建筑	一般的建筑	非永久性建筑
防水层合理使用年限	25 年	15 年	10 年	5 年
设防要求	三道或三道以上防水设防	三道防水设防	一道防水设防	一道防水设防
防水层选用材料	宜选用合成高分子防水卷材、高聚物改性沥青防水卷材、金属板材、合成高分子防水涂料、细石防水混凝土等材料	宜选用高聚物改性沥青防水卷材、合成高分子防水卷材、金属板材、合成高分子防水涂料、高聚物改性沥青防水涂料、细石防水混凝土、平瓦、油毡瓦等材料	宜选用高聚物改性沥青防水卷材、合成高分子防水卷材、三毡四油沥青防水卷材、金属板材、合成高分子防水涂料、高聚物改性沥青防水涂料、细石防水混凝土、平瓦、油毡瓦等材料	可选用二毡三油沥青防水卷材、高聚物改性沥青防水涂料等材料

屋面防水按防水层的材料性质可分为刚性防水、柔性防水和涂膜防水等。

一、柔性防水层屋面

柔性防水层屋面是指用柔性防水材料做防水层的屋面。由于柔性防水材料弹性好，耐候性强，防水效果好，可适应微小变形，经济适用，故在屋面防水设计中使用广泛。

1. 柔性防水屋面构造

柔性防水屋面的构造层次包括结构层、找坡层、找平层、结合层、防水层和保护层，如图10-7所示。

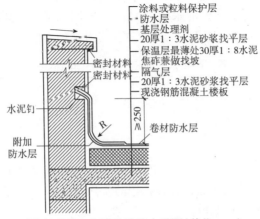

图10-7 女儿墙柔性防水屋面（单位：mm）

（1）结构层：通常为预制或现浇钢筋混凝土屋面板，要求有足够的强度和刚度。

（2）找坡层：当屋顶采用材料找坡时，应选用轻质材料形成所需要的排水坡度。通常是在结构层上铺1∶6或1∶8的水泥焦碴或水泥膨胀蛭石。屋顶也可采用结构找坡。

（3）找平层：一般采用20mm厚1∶3水泥砂浆。当下部为松散材料时，找平层厚度应加大到30～35mm，分层施工。

（4）结合层：视防水层材料而定，做法如前所述。

（5）防水层：一般应选择改性沥青防水卷材或高分子防水卷材，卷材厚度应满足屋面防水等级的要求。

（6）保护层：当屋面为不上人屋面时，保护层可根据卷材的性质选择浅色涂料（如银色着色剂）、或绿豆砂、蛭石或云母等颗粒状材料；当屋面为上人屋面时，通常应采用40mm厚C20细石混凝土或20～25mm厚1∶2.5水泥砂浆，但应做好分格和配筋处理,并用油膏嵌缝。还可以选择大阶砖、预制混凝土薄板等块材。

2. 柔性防水屋面细部构造

柔性防水屋面的细部构造包括屋面泛水、檐口、天沟、雨水口、变形缝等部位的构造处理。

（1）屋面泛水构造

屋面泛水是指屋面防水层向垂直面延伸,形成立铺的防水层。通常屋面突出物(如女儿墙、楼梯间、检修孔等)与屋面的交接处是屋面防水的薄弱环节,设计时必须加强。

如图10-14所示,泛水做法应注意以下几方面：

1) 屋面在泛水处应加铺一道附加卷材,泛水高度不小于250mm。

2) 屋面与垂直面交接处的水泥砂浆应抹成圆弧或45°斜面,上刷卷材胶黏剂,使卷材铺贴牢固,以免卷材架空或折断；圆弧半径因防水材料而异(表10-3)。

表10-3 找平层圆弧半径(单位:mm)

卷材种类	圆弧半径 R	卷材种类	圆弧半径 R
沥青防水卷材	100～150	合成高分子防水卷材	20
高聚物改性沥青防水卷材	50		

3) 做好泛水上口的卷材收头固定,防止卷材从垂直墙面下滑。一般做法是：将卷材的收头压入垂直墙面的凹槽内,用防水压条和水泥钉固定,再用密封材料填塞封严,外抹水泥砂浆保护。

（2）屋面檐口构造

柔性防水屋面的檐口构造有无组织排水挑檐、有组织排水挑檐沟及女儿墙檐口等。挑檐和挑檐沟构造都应注意处理好卷材的收口固定,并做好滴水(图10-8)。女儿墙檐口构造的关键是泛水的构造处理,其顶部通常做混凝土压顶,并向屋面找坡(图10-7)。

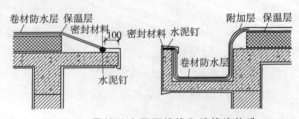

图10-8 柔性防水屋面挑檐和挑檐沟构造

（3）雨水口构造

柔性防水屋面的雨水口与刚性防水屋面的雨水口相同,即用于檐沟排水的直管式雨水口和用于女儿墙外排水的弯管式雨水口。直管式雨水口为防止其周边漏水,应加铺一层卷材并贴入连接管内100mm,雨水口上用定型铸铁罩或钢丝球盖住,并用油膏嵌缝。弯管式雨水口穿过女儿墙预留孔洞内,屋面防水层应铺入雨水口内壁四周不小于100mm,并安装铸铁算子以防杂物流入造成堵塞(图10-9)。

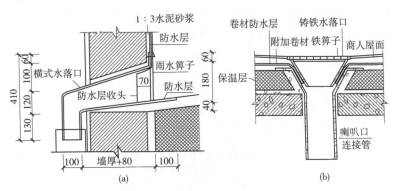

图 10-9　柔性防水屋面雨水口构造
(a)弯管式雨水口;(b)直管式雨水口

(4)屋面变形缝处柔性防水构造

屋面变形缝按建筑设计可设于同层等高屋面上,也可设在高低屋面的交接处(图10-9)。等高屋面变形缝的构造,即先用伸缩片盖缝,在变形缝两侧砌筑附加墙,高度不低于泛水高度(250mm),完成油毡收头。附加墙顶部应先铺一层附加卷材,再做盖缝处理。高低缝的泛水构造,与变形缝不同的是只需在低屋面上砌筑附加墙,盖缝的镀锌钢板在高跨墙上固定。

(5)屋面检修口、屋面出入口构造

不上人屋面应设屋面检修口。检修口四周用砖砌筑孔壁,高度不应小于泛水高度,壁外侧的防水层应做泛水,并用镀锌钢板收头(图10-10)。

出屋面楼梯间需设屋顶出入口。楼梯间的室内地面应高出室外或作门槛,防水层的构造做法与泛水做法相似(图10-11)。

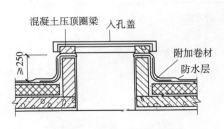

图 10-10　屋面检修口构造

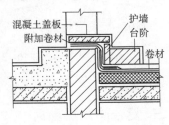

图 10-11　屋面出入口处构造

二、涂膜防水层屋面

涂膜防水屋面又称涂料防水屋面，主要是用于防水等级为Ⅲ级、Ⅳ级的屋面防水，也可作为Ⅰ级、Ⅱ级屋面多道防水设防中的一道防水层。

涂膜防水屋面的构造层次包括结构层、找坡层、找平层、结合层、防水层和保护层。其中结构层、找坡层、找平层和保护层的做法与柔性防水屋面相同。结合层主要采用与防水层所用涂料相同的材料经稀释后打底，防水层的材料和厚度根据屋面防水等级确定（图 10-12）。

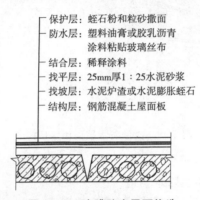

图 10-12　涂膜防水屋面构造

涂膜防水屋面的泛水构造与柔性防水屋面基本相同，但屋面与垂直墙面交接处应加铺附加卷材，加强防水。

涂膜防水只能提高构件表面的防水能力，当基层由于温度变形或结构变形而开裂时，也会引起涂膜防水层的破坏，出现渗漏。因此，涂膜防水层在大面积屋面和结构敏感部位，也需要设分格缝，其构造如图 10-13 所示。

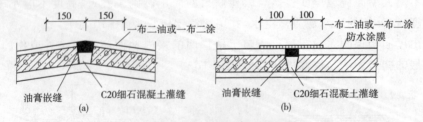

图 10-13　涂膜防水层分格缝构造
(a)屋脊分格缝；(b)屋面分格缝

三、复合防水层屋面

卷材与涂料复合使用时，涂膜防水层宜设置在卷材防水层的下面。复合防水层屋面各层构造要求同本节第一条和第二条的规定。

防水卷材的黏结质量应符合表 10-4 的规定。

表 10-4　防水卷材的粘结质量

项目	自粘聚合物改性沥青防水卷材和带自粘层防水卷材	高聚物改性沥青防水卷材胶粘剂	合成高分子防水卷材胶黏剂
粘结剥离强度（N/10mm）	≥10 或卷材断裂	≥8 或卷材断裂	≥15 或卷材断裂
剪切状态下的粘合强度（N/10mm）	≥20 或卷材断裂	≥20 或卷材断裂	≥20 或卷材断裂
浸水 168h 后粘结剥离强度保持率（%）	—	—	≥70

第十一章 建筑节能

建筑耗能已与工业耗能、交通耗能并列,成为我国能源消耗的三大"耗能大户"。尤其是建筑耗能伴随着建筑总量的不断攀升和居住舒适度的提升,呈急剧上扬趋势。我国建筑不仅耗能高,而且能源利用效率很低,与气候条件接近的发达国家相比,我国居住建筑单位面积采暖为他们的 3 倍左右,而且室内热环境很差。现在这些高耗能建筑冬季采暖与夏季空调的使用正日益普遍,能源浪费更加严重。而且建筑采暖是城市大气的一个主要污染源,只有减少建筑采暖能耗,才能使大气污染的情况得到根本改变。建筑维护结构的保温是建筑节能的首要问题。

对于建筑的外围护结构来说,由于在大多数情况下,建筑室内外都会存在温差,特别是处于寒冷地区冬季需要采暖的建筑和在有些地区因夏季炎热而需要在室内使用空调制冷的建筑,其围护结构两侧的温差在这样的情况下甚至可以达到几十度之多。因此,在外围护结构设计中,根据各地的气候条件和建筑物的使用要求,合理解决建筑外围护结构的保温问题,是建筑构造设计的重要内容。其目标首先是保证室内基本的热环境质量,进一步则牵涉到建筑节能的问题。

目前,建筑采用的保温材料一般为轻质、疏松、多孔或纤维状的材料,导热系数不大于 $0.25W/(m·K)$。按其成分分为有机材料和无机材料两种;按其形状可分为以下三种类型。

1. 松散保温材料

常用的松散保温材料有膨胀蛭石(粒径 3～15mm)、膨胀珍珠岩、矿棉、岩棉、玻璃棉、炉渣(粒径 5～40mm)等。

2. 整体保温材料

通常用水泥或沥青等胶结材料与松散保温材料拌和,整体浇筑在需保温的部位,如沥青膨胀珍珠岩、水泥膨胀珍珠岩、水泥膨胀蛭石、水泥炉渣等。

3. 板状保温材料

加气混凝土板、泡沫混凝土板、膨胀珍珠岩板、膨胀蛭石板、矿棉板、泡沫塑料板、岩棉板、木丝板、刨花板、甘蔗板等。有机纤维板材的保温性能一般较无机板材为好,但耐久性较差,只有在通风条件良好、不易腐烂的情况下使用才较为适宜。

各类保温材料的选用应结合工程造价、铺设的具体部位、保温层是封闭还是敞露等因素加以考虑。

第一节 墙 体 节 能

为提高建筑物的保温性能,合理设计围护结构的构造方案极为重要。墙体保温有以下几种类型。

一、单一材料的保温构造

墙体是建筑外围护结构的主体。我国长期以烧结黏土砖为主要墙体材料,这对能源和土地资源都是严重的浪费。现在不少地区注重发展多孔砖,按节能要求改进孔型、尺寸,如图 11-1 所示。

加气混凝土生产厂在我国分布甚广。充分利用加气混凝土保温性能较好的条件,按节能要求较过去增加使用厚度 5~10cm,用于框架填充墙及低层建筑承重墙。有的工程则在横墙用砖墙或混凝土墙承重的条件下,外墙全用加气混凝土包覆(图 11-2),效果颇佳。

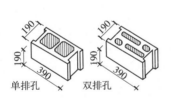

图 11-1 小型砌块(单位:mm)

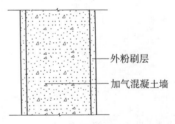

图 11-2 加气混凝土墙

二、复合材料的保温构造

作承重用的单一材料墙体,往往难以同时满足较高的保温、隔热要求,因而,在节能的前提下,复合墙体越来越成为当代墙体的主流。复合墙体一般用砖或钢筋混凝土作承重墙,并与绝热材料复合;或者采用钢或钢筋混凝土框架结构,用薄壁材料夹以绝热材料作墙体。建筑用绝热材料主要是岩棉、矿渣棉、玻璃棉、泡沫聚苯乙烯、泡沫聚氨酯、膨胀珍珠岩、膨胀蛭石以及加气混凝土等,而复合做法则有多种多样。

建筑外墙面的保温层构造应该能够满足以下要求:

(1)适应基层的正常变形而不产生裂缝及空鼓;

(2)长期承受自重而不产生有害的变形;
(3)承受风荷载的作用而不产生破坏;
(4)在室外气候的长期反复作用下不产生破坏;
(5)罕遇地震时不从基层上脱落;
(6)防火性能符合国家有关规定;
(7)具有防止水渗透的功能;
(8)各组成部分具有物理——化学稳定性,所有的组成材料彼此相容,并具有防腐性。

图11-3以空心砌块的砌体墙为例,列出了保温层在建筑外墙上面与基层墙体的相对位置。它们分别是:保温层设在外墙的内侧,称作内保温;设在外墙的外侧,称作外保温;设在外墙的夹层空间中,称作夹层保温。以下将就这三种情况下常用的外墙保温构造方法,结合对"热桥"部分的处理,分别加以介绍。

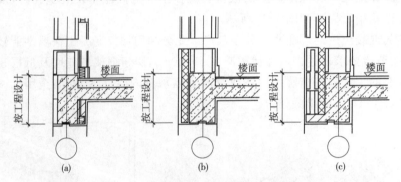

图11-3 外墙保温层设置位置示意图
(a)外墙内保温层;(b)外墙外保温层;(c)外墙夹层保温

1. 外墙内保温构造

做在外墙内侧的保温层,一般有以下几种构造方法。

(1)硬质保温制品内贴

具体做法是在外墙内侧用胶贴剂粘贴增强石膏聚苯复合保温板等硬质建筑保温制品,然后在其表面抹粉刷石膏,并在里面压入中碱玻纤涂塑网格布(满铺),最后用腻子嵌平,做涂料(图11-4)。

由于石膏的防水性能较差,因此在卫生间、厨房等较潮湿的房间内不宜使用增强聚苯石膏板。

(2)保温层挂装

具体做法是先在外墙内侧固定衬有保温材料的保温龙骨,在龙骨的间隙中填入岩棉等保温材料,然后在龙骨表面安装纸面石膏板(图11-5)。

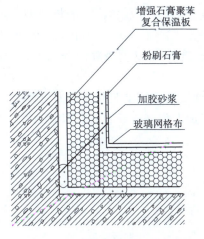
图 11-4 外墙硬质保温板内贴

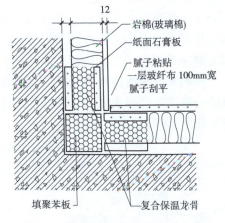
图 11-5 外墙保温层挂浆(单位:mm)

外墙内保温的优点是不影响外墙外饰面及防水等构造的做法,但需要占据较多的室内空间,减少了建筑物的使用面积,而且用在居住建筑上,会给用户的自主装修造成一定的麻烦。

2. 外墙外保温构造

外墙外保温比起内保温来,其优点是可以不占用室内使用面积,而且可以使整个外墙墙体处于保温层的保护之下,冬季不至于产生冻融破坏。但因为外墙的整个外表面是连续的,不像内墙面那样可以被楼板隔开。同时外墙面又会直接受到阳光照射和雨雪的侵袭,所以外保温构造在对抗变形因素的影响和防止材料脱落以及防火等安全方面的要求更高。

常用外墙外保温构造有以下几种。

(1)保温浆料外粉刷

具体做法是先在外墙外表面做一道界面砂浆,然后粉刷胶粉聚苯颗粒保温浆料等保温砂浆。如果保温砂浆的厚度较大,应当在里面钉入镀锌钢丝网,以防止开裂(但满铺金属网时应有防雷措施)。保护层及饰面用聚合物砂浆加上耐碱玻纤布,最后用柔性耐水腻子嵌平,涂表面涂料(图 11-6)。

在高聚物砂浆中夹入玻纤网格布是为了防止外粉刷空鼓、开裂。注意玻纤布应该做在高聚物砂浆的层间,而不应该先贴在聚苯板上。其中保护层中的玻纤布在门窗洞口等易开裂处应加铺一道,或者改用钉入法固定的镀锌钢丝网来加强。

(2)外贴保温板材

用于外墙外保温的板材最好是自防水及阻燃型的,如阻燃性挤塑型聚苯板和聚氨酯外墙保温板等,可以省去做隔蒸汽层及防水层等的麻烦,又较安全。而且外墙保温板黏结时,应用机械锚固件辅助连接,以防止脱落。一般挤塑型聚苯板每平方米需加钉4个钉;发泡型聚苯板每平方米需加钉1.5个钉。此外,出于高层建筑进一步的防火方面的需要,在高层建筑60m以上高度的墙面上,窗口以上的一截保温应用矿棉板来做。

外贴保温板材的外墙外保温构造的基本做法是用黏结胶浆与辅助机械锚固方法一起固定保温板材,保护层用聚合物砂浆加上耐碱玻纤布,饰面用柔性耐水腻子嵌平,涂表面涂料(图11-7)。

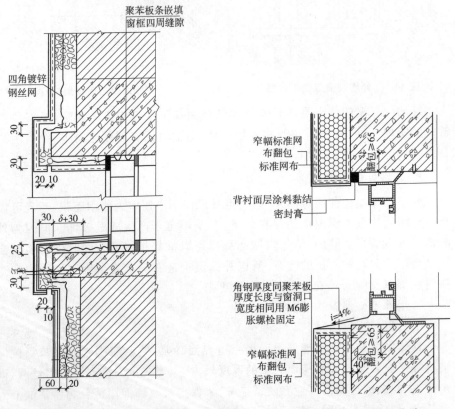

图11-6 外墙保温砂浆外粉刷(单位:mm) 　　图11-7 外墙硬质保温板外贴

图11-8是一种将结构构件和保温、装饰一体化设计的方法。图中的挤塑型聚苯板被做成可以插接的模板,装配后在里面现浇钢筋混凝土墙板。调整跨越内外两层模板的塑料固定件的型号,还可以按照结构要求改变钢筋混凝土墙体的厚度。同时,固定件插入聚苯模板中的部分又可以作为墙筋来固定内外装饰面板。这种构造虽然材料费用较高,但工业化程度高,施工方便,可以节省大量现场人工,保温效果也非常好。

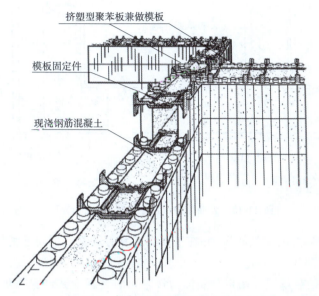

图 11-8 保温层及现浇混凝土外墙组合

对于例如砌体墙上的圈梁、构造柱等热桥部位,可以利用砌块厚度与圈梁、构造柱的最小允许截面厚度尺寸之间的差,将圈梁、构造柱与外墙的某一侧做平,然后在其另一侧圈梁、构造柱部位墙面的凹陷处填入一道加强保温材料,如聚苯保温板等,厚度以与墙面做平为宜(图 11-9)。当加强保温材料做在外墙外侧时,考虑适应变形及安全的因素,聚苯保温板等应该用钉加固。

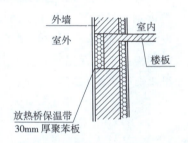

图 11-9 外墙热桥部位保温层加强处理

(3)外加保温砌块墙

这种做法适用于低层和多层的建筑,可以全部或局部在结构外墙的外面再贴砌一道墙,砌块选用保温性能较好材料来制作,例如加气混凝土砌块、陶粒混凝土砌块等。图 11-10 是某多层节能试点工程住宅所采用的外墙保温构造。其承重墙用粉煤灰砖砌筑,不承重的外纵墙用粉煤灰加气混凝土砌块砌筑,在山墙的粉煤灰砖砌体外面再贴砌一道加气混凝土砌块墙。两层砌体之间的拉结可以通过在砌块的灰缝中伸出锚固件来解决。

3. 外墙夹层保温构造

建筑物中按照不同的使用功能设置多道墙板或者做双层砌体墙,外墙保温材料可以放置在这些墙板或砌体墙的夹层中,或者并不放入保温材料,只是封闭

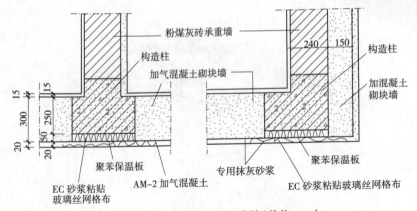

图 11-10 外墙外贴保温砌块墙(单位:mm)

夹层空间形成静止的空气间层,并在里面设置具有较强反射功能的铝箔等,起到阻挡热量外流的作用。

图 11-11 是在基层外墙板与装饰面板之间的夹层中铺钉保温板的实例。类似这样的做法,保温板可以在现场安置,也可以预先在工厂叠加在基层板上后,再运到现场安装。由于在两层墙板之间的连接件处存在热桥,可以在节点处喷发泡聚氨酯,这样同时堵塞了连接件处的螺栓孔洞,防水的效果也很好。如果在基层板上不放保温板,完全用约 20~30mm 的发泡聚氨酯来代替它,不但保温效果不会受影响,基层板缝也可不用做特殊的防水处理,是整体处理的好方法。

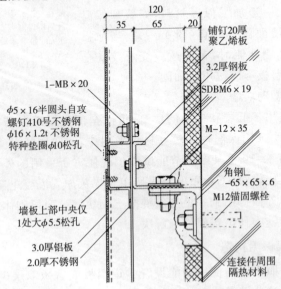

图 11-11 双层外墙板中保温(单位:mm)

图 11-12 是在双层砌块墙体的中间夹层中放置保温材料的例子。

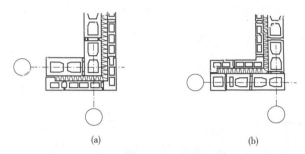

图 11-12　双层砌体墙中保温层做法示意
(a)复合砌体墙在承重墙外；(b)复合砌体墙在承重墙内

第二节　屋面节能

一、屋顶的保温

1. 平屋顶的保温

在寒冷地区或装有空调设备的建筑中，屋面应设计成保温屋面。保温屋面按稳定传热原理来考虑热工问题，在墙体中，防止室内热损失的主要措施是提高墙体的热阻。这一原则同样适用于屋顶的保温，为了提高屋顶的热阻，需要在屋面中增加保温层。

(1)平屋顶的保温构造

按屋顶中保温层与结构层、防水层的位置关系可分为三种。

1)当保温层在防水层之下，构造层次自上而下为防水层、保温层、结构层，如图 11-13(a)所示，称为正置式保温屋面。该形式构造简单、施工方便，岩泛采用。保温材料一般为热导率小的轻质、疏松、多孔或纤维材料整浇棉、膨胀珍珠岩等。这些材料可以直接使用散料，可以与水泥或石须设找成保温层，还可以制成板块使用。但用松散或块材保温层时，上面应设找平层。

2)当保温层在防水层之上，构造层次自上而下为倒置式保温层屋面。其优图 11-13(b)所示。它与传统的屋顶铺设层次影响，塑料板或聚氨点是防水层不受太阳辐射和剧烈气候变化面破有足够的质量但保温层应选用吸湿性低、耐候性强的 立径酯泡沫塑料板。保温层上面应设保护以防保温层在下雨时漂浮，可用混

3)将保温层与结构层组成复合板的形式,如图11-13(c)所示。还可用硬质聚氨酯泡沫塑料现场喷涂形成防水保温合一的屋面。

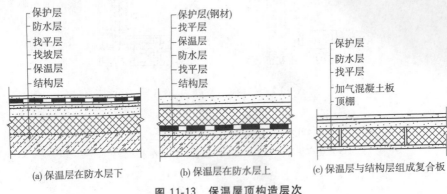

图 11-13　保温屋顶构造层次

(2)保温层的保护

由于保温层常为多孔轻质材料,一旦受潮或者进水,会使保温效果降低,严重时甚至使保温层冻结而使屋面破坏。施工过程中保温层和找平层中残余的水在保温层中会影响保温效果,可设置排气道和排气孔将其排出。排气道应纵横连通不得堵塞,其间距为6m,并与排气口相通,如图11-14所示。如果室内蒸气压较大(如浴室、厨房蒸煮间),屋顶需设置隔气层,以防止室内水蒸气进入保温层。

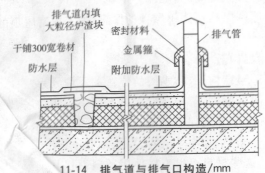

图 11-14　排气道与排气口构造/mm

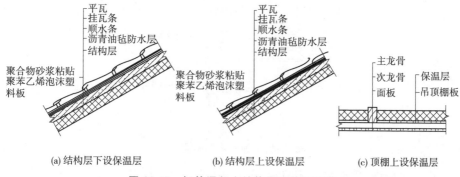

图 11-15　钢筋混凝土结构屋顶保温构造

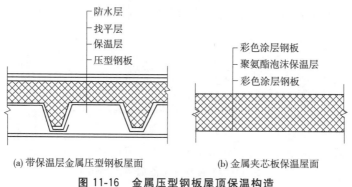

图 11-16　金属压型钢板屋顶保温构造

（3）采光屋顶的保温可采用中空玻璃或 PC 中空板，以及用内外铝合金中间加保温塑料的新型保温型材做骨架。

二、屋顶的隔热

1. 平屋顶的隔热

夏季在太阳辐射和室外空气温度的共同作用下，屋顶温度剧烈升高，直接影响到室内温度。特别是在南方地区，屋顶的隔热降温问题更为突出，因此要求必须从构造上采取隔热降温措施，以减少屋顶的热量对室内的影响。

隔热降温的原理是：尽量减少直接作用于屋顶表面的太阳辐射能，以及减少屋面热量向室内散发。主要构造做法如下所述。

（1）实体材料隔热屋顶

在屋顶中设实体材料隔热层，利用材料的热稳定性使屋顶内表面温度相比外表面温度有较大的降低。实体材料隔热屋顶的做法有以下两种。

1）种植屋面，屋面坡度不宜大于 3%，种植屋面上的种植介质四周应设挡墙，挡墙下部应设泄水孔，如图 11-17 所示。

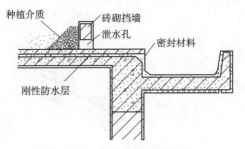

图 11-17 种植隔热屋顶构造

2)蓄水屋面,屋面坡度不宜大于 0.50%,蓄水屋面的溢水口应距分仓墙顶面 100mm;过水孔应设在分仓墙底部,排水管应与水落管连通;分仓缝内应嵌填泡沫塑料,上部用卷材封盖,然后加扣混凝土盖板,如图 11-18 所示。

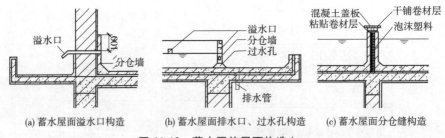

(a)蓄水屋面溢水口构造　(b)蓄水屋面排水口、过水孔构造　(c)蓄水屋面分仓缝构造

图 11-18 蓄水隔热屋面构造/mm

种植屋面和蓄水屋面以刚性防水层作为第一道防水层时,其分格缝可放宽,一般不超过 25m。

(2)通风降温屋顶

在屋顶上设置通风的空气间层,利用风压和热压作用使间层中流动的空气带走热量,从而降低屋顶内表面温度。通风降温屋顶比实体材料隔热屋顶的降温效果好。通常通风层设在防水层之上,这样做对防水层也有一定的保护作用。

通风层可以由大阶砖或预制混凝土板以垫块或砌砖架空组成。架空层内空气可以纵横各向流动。如果把垫块铺成条形,使它与主导风向一致,两端分别处于正压区和负压区,气流会更畅通,降温效果也会更好,如图 11-19 所示。

屋顶的通风也可利用吊顶的空间做通风隔热层,在檐墙上开设通风口,如图 11-20 所示。

(3)屋面反射降温

太阳辐射到屋面上,其能量一部分被吸收转化成热能对室内产生影响;一部分被反射到大气中。反射量与入射量之比称为反射率,反射率越高越利于屋面降温。因此,可利用材料的颜色和光滑度提高屋顶反射率从而达到降温的目的。

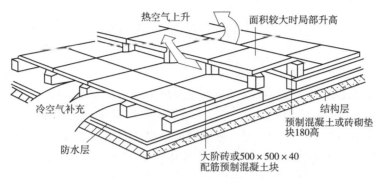

图 11-10　大阶砖或钢筋混凝土架空通风屋面/mm

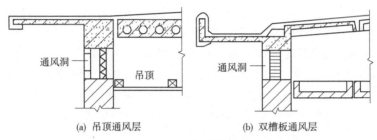

(a) 吊顶通风层　　(b) 双槽板通风层

图 11-20　吊顶通风隔热屋顶

例如,屋面上采用浅色的砾石铺面、在屋面上涂刷一层白色涂料或粘贴云母等,对隔热降温均有一定效果,但浅色表面会随着使用时间的延长、灰尘的增多而使反射效果逐渐降低。如果在架空通风层中加设一层铝箔反射层,其隔热效果更加显著,也减少了灰尘对反射层的污染。

2. 坡屋顶的隔热

(1) 通风隔热:在结构层下做吊顶,并在山墙、檐口或屋脊等部位设通风口;也可在屋面上设老虎窗;或利用吊顶上部的大空间组织穿堂风,达到隔热效果,如图 11-21 所示。

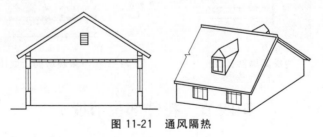

图 11-21　通风隔热

(2) 材料隔热:通过改变屋面材料的物理性能实现隔热,如提高金属屋面板的反射效率,采用低辐射镀膜玻璃、热反射玻璃等。

第三节 地面节能

地板和地面的保温往往容易被人忽视。实践证明,在严寒和寒冷地区的采暖建筑中,接触室外空气的地板以及不采暖地下室地板如不加保温,则不仅增加采暖能耗,而且可能因地面温度过低,严重影响居民健康;在严寒地区,直接接触土壤的周边地面如不加保温,则接近墙脚的周边地面因温度过低,不仅可能出现结露,而且可能出现结霜,严重影响居民使用。

一、地面的保温

在热工质量的要求上,地板、屋顶和外墙既有相同之处,也有其自身的特点。由于采暖房间地板下面土壤的温度,一般都低于室内气温,因而为控制热损失和维持一定的地面温度,地板应有必要的保温措施。特别是靠近外墙的地板比中央部分的热损失大得多,故周边部位的保温能力应比中间部分更好。我国规范规定,对于严寒地区采暖建筑的底层地面,当建筑物周边无采暖管沟时,在外墙内侧 0.5~1.0m 范围内应铺设保温层,其热阻不应小于外墙热阻。具体做法可参照图 11-22 所示的局部保温措施。

二、不采暖房间上面楼板的保温

对于接触室外空气的楼板(如骑楼、过街楼的地板)以及不采暖地下室上部的地板等,应采取保温措施。可以采用在楼板下黏结聚苯板的做法,如图 11-23 所示。

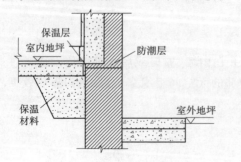

图 11-22 地板的局部保温

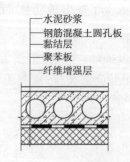

图 11-23 不采暖房间上面楼板的保温

第四节 特殊部位节能

在外围护结构中,门窗洞口、结构转角处、钢筋混凝土框架柱、过梁、圈梁等传热异常的构件或部位是保温的薄弱环节。为了减少室内热损失,设计中必须对这些部位采取相应的保温措施,以保证结构的正常热工状况和整个房间保温效果。

一、围护结构交角处的保温构造

为了改善围护结构交角处的热工状况,在热工设计中可采用局部保温措施。在采暖设计中,应尽可能将采暖系统的立管(或横管)布置在交角处,以提高该处的温度。

图 11-24 是加气混凝土复合墙板外墙角的保温处理。局部保温材料是聚苯乙烯泡沫塑料。为了防止雨水和冷风侵入两块板材的接缝,在缝口内附加有防水砂浆。类似的方法可用于内墙与外墙交角的局部保温(图 11-25)。

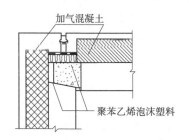

图 11-24 复合墙板外墙角局部保温　　图 11-25 外墙与内墙交角保温

屋顶与外墙交角的保温处理,有时比内外墙交角要复杂得多。有时平屋顶保温层只做到外墙内侧,这对保温来说是不够的。最低限度应该将保温层延伸到外墙外皮以外一定长度。图 11-26 将该屋顶的水泥珍珠岩保温层延伸到外墙皮以外约 20mm 处,使钢筋混凝土檐口板在墙头部分被保护起来。同时还用聚苯乙烯泡沫塑料,增强外墙板端部的保温能力,该交角内表面就不易出现结露现象。

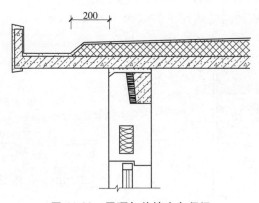

图 11-26 屋顶与外墙交角保温

图 11-27 是楼板与外墙交角处用聚苯乙烯泡沫塑料进行保温处理的实例。当然,用其他高效保温材料,也是可以的,例如矿棉毡、岩棉、水泥珍珠岩等填入

缝内均可。

与不采暖楼梯间墙相交的楼板边侧,为防止室内交角附近结露,也应适当保温,图11-28中是用钢丝网固定聚苯乙烯泡沫塑料的做法。但也可用各种保温砂浆保温。

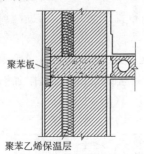

图 11-27 楼板与外墙交角保温

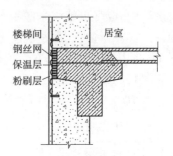

图 11-28 楼板与不采暖楼梯间墙交角保温

二、热桥保温

由于结构上的需要,常在外墙中出现一些嵌入构件,如钢筋混凝土柱、梁、垫块、圈梁、过梁以及板材中的肋条等。在寒冷地区,热量很容易从这些部位传出去。因此这些部位的热损失比相同面积主体部分的热损失要多。所以它们的内表面温度比主体部分低。这些保温性能较低的部位通常称为"热桥"或"冷桥"。在热桥部位最容易产生凝结水。

为了防止热桥部位内表面出现结露,应采取局部保温措施。图11-29所示为寒冷地区外墙中钢筋混凝土过梁部位的保温处理,将过梁截面做成L形,在外侧附加保温材料;对框架柱,当柱子位于外墙内侧时,这时可不必另作保温处理,只有当柱的外表面与外墙面平齐或突出外墙时,才对柱外侧作保温处理(图11-30)。

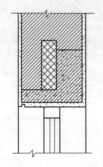

图 11-29 过梁部位保温处理

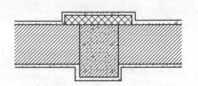

图 11-30 柱子局部保温处理

第十二章　建　筑　抗　震

地震造成人员伤亡和经济损失的主要原因是建筑物倒塌和场地破坏，以及伴随的火灾、滑坡、泥石流、地基液化失效。地震是以波的形式从震源向周围快速传播，通过岩土和地基，使建筑物的基础和上部结构产生不规则的往复振动和激烈的变形。结构在地震时发生的相应运动称为地震反应，包括位移、速度、加速度。同时，结构内部发生很大的内力（应力）和变形，当它们超过了材料和构件的各项极限值后，结构将出现各种不同程度的破坏现象，例如混凝土裂缝，钢筋屈服，显著的残余变形，局部的破损，碎块或构件坠落，整体结构倾斜，甚至倒塌等。抗震构造措施，在建筑抗震中起到十分重要的作用。

《建筑抗震设计规范》GB 50011 指出：抗震设防烈度为 6 度及以上地区的建筑，必须进行抗震设计。

第一节　砌体房屋抗震

砌体房屋的墙体受到集中荷载以及地震等因素的影响时，会导致墙体承载力和稳定性降低。因此须考虑对墙体采取加固措施。

一、多层砖砌体房屋抗震构造

1. 构造柱

抗震设防地区，为了增加建筑物的整体刚度和稳定性，在使用块材墙的墙承重房屋的墙体中，还需设置钢筋混凝土构造柱，使之与各层圈梁连接，形成空间骨架，加强墙体抗弯、抗剪能力，使墙体在破坏过程中具有一定的延伸性，减缓墙体的酥碎现象产生。构造柱是防止房屋倒塌的一种有效措施。多层砖房构造柱的设置部位是外墙四角、错层部位横墙与外纵墙交接处、较大洞口两侧、大房间内外墙交接处。除此之外，由于房屋的层数和地震烈度不同，构造柱的设置要求也有所不同，见表 12-1。

表 12-1　多层砖砌体房屋构造柱设置要求

房屋层数				设置部位	
6度	7度	8度	9度		
四、五	三、四	二、三		楼、电梯间四角，楼梯斜梯段上下端对应的墙体处；	隔12m或单元横墙与外纵墙交接处；楼梯间对应的另一侧内横墙与外纵墙交接处；
六	五	四	二	外墙四角和对转角；错层部位横墙与外纵墙交接处	隔开间横墙（轴线）与外墙交接处；山墙与外纵墙交接处
七	≥六	≥五	≥三	大房间内外墙交接处；较大洞口两侧	内墙（轴线）与外墙交接处；内墙的局部较小墙垛处；内纵墙与横墙（轴线）交接处

注：较大洞口，内墙指不小于2.1m的洞口；外墙在内外墙交接处已设置构造柱时应允许适当放宽，但洞侧墙体应加强。

构造柱的截面尺寸应与墙体厚度一致。砖墙构造柱的最小截面尺寸为240mm×180mm（墙厚190mm时为180mm×190mm）。为加强与墙体的结合，可设置成马牙槎式，纵向钢筋一般用4ϕ12，箍筋间距不大于250mm。6、7度时超过六层、8度时超过五层和9度时，构造柱纵向钢筋宜采用4ϕ14，箍筋间距不应大于200mm；房屋四角的构造柱可适当加大截面及配筋。施工时必须先砌墙，后浇筑钢筋混凝土柱，并应沿墙高每隔500mm设2ϕ6拉结钢筋，每边伸入墙内不宜小于1m 图12-1。构造柱可不单独设置基础，但应伸入室外地面下500mm，或锚入浅于500mm的地圈梁内。

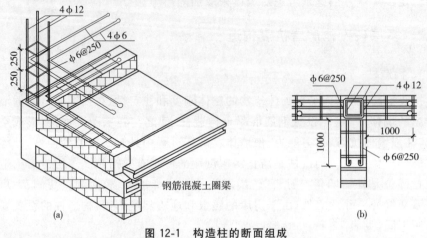

图 12-1　构造柱的断面组成
(a)外墙转角构造柱；(b)内外墙丁字角构造柱

2. 圈梁

圈梁是沿墙体布置的钢筋混凝土卧梁,作用是增加房屋的整体刚度和稳定性,减轻地基不均匀沉降对房屋的破坏,抵抗地震力的影响。圈梁设在房屋四周外墙及部分内墙中,并处于同一水平高度,像箍一样把墙箍住。

装配式钢筋混凝土楼、屋盖或木屋盖的砖房,应按表 12-2 的要求设置圈梁;纵墙承重时,抗震横墙上的圈梁间距应比表内要求适当加密。现浇或装配整体式钢筋混凝土楼、屋盖与墙体有可靠连接的房屋,应允许不另设圈梁,但楼板沿抗震墙体周边均应加强配筋并应与相应的构造柱钢筋可靠连接。

表 12-2 多层砖砌体房屋现浇钢筋混凝土圈梁设置要求

墙类	烈度		
	6、7	8	9
外墙和内纵墙	屋盖处及每层楼盖处	屋盖处及每层楼盖处	屋盖处及每层楼盖处
内横墙	同上; 屋盖处间距不应大于 4.5m 楼盖处间距不应大于 7.2m; 构造柱对应部位	同上; 各层所有横墙;且间距不 应大于 4.5m; 构造柱对应部位	同上; 各层所有横墙

圈梁应闭合,遇有洞口圈梁应上下搭接。圈梁宜与预制板设在同一标高处或紧靠板底;

圈梁在要求的间距内无横墙时,应利用梁或板缝中配筋替代圈梁;圈梁的截面高度不应小于 120mm,配筋应符合表 12-3 的要求;要求增设的基础圈梁,截面高度不应小于 180mm,配筋不应少于 4ϕ12。

表 12-3 多层砖砌体房屋现浇钢筋混凝土圈梁设置要求

墙类	烈度		
	6、7	8	9
外墙和内纵墙	屋盖处及每层楼盖处	屋盖处及每层楼盖处	屋盖处及每层楼盖处
内横墙	同上; 屋盖处间距不应大于 4.5m 楼盖处间距不应大于 7.2m; 构造柱对应部位	同上; 各层所有横墙;且间距不 应大于 4.5m; 构造柱对应部位	同上; 各层所有横墙

每层圈梁必须封闭交圈,若遇到标高不同的洞口,应上下搭接(图 12-2)。

圈梁有钢筋混凝土和钢筋砖圈梁两种。钢筋混凝土圈梁整体刚度强,应用

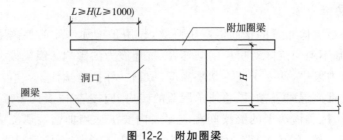

图 12-2 附加圈梁

广泛,按施工方式分整体式和装配整体式两种。圈梁宽度同墙厚,高度一般为180mm、240mm。钢筋砖圈梁用 M5 砂浆砌筑,高度不小于 5 皮砖,在圈梁中设置 4φ6 的通长钢筋,分上下两层布置,其做法与钢筋砖过梁相同。砌块墙的圈梁可采用现浇混凝土圈梁,也可预制成圈梁砌块。圈梁与门窗过梁统一考虑,可用圈梁代替门窗过梁。

3. 楼、屋盖

现浇钢筋混凝土楼板或屋面板伸进纵、横墙内的长度,均不应小于 120mm。

装配式钢筋混凝土楼板或屋面板,当圈梁未设在板的同一标高时,板端伸进外墙的长度不应小于 120mm,伸进内墙的长度不应小于 100mm 或采用硬架支模连接,在梁上不应小于 80mm 或采用硬架支模连接。

当板的跨度大于 4.8m 并与外墙平行时,靠外墙的预制板侧边应与墙或圈梁拉结。房屋端部大房间的楼盖,6 度时房屋的屋盖和 7~9 度时房屋的楼、屋盖,当圈梁设在板底时,钢筋混凝土预制板应相互拉结,并应与梁、墙或圈梁拉结。

楼、屋盖的钢筋混凝土梁或屋架应与墙、柱(包括构造柱)或圈梁可靠连接;不得采用独立砖柱。跨度不小于 6m 大梁的支承构件应采用组合砌体等加强措施,并满足承载力要求。

4. 楼梯间

顶层楼梯间墙体应沿墙高每隔 500mm 设 2φ6 通长钢筋和和分布短钢筋平面内点焊组成的拉结网片或再点焊网片;7~9 度时其他各层楼梯间墙体应在休息平台或楼层半高处设置 60mm 厚、纵向钢筋不应少于地。的钢筋混凝土带或配筋砖带,配筋砖带不少于 3 皮,每皮的配筋不少于 2φ10,砂浆强度等级不应低于 M7.5 且不低于同层墙体的砂浆强度等级。

楼梯间及门厅内墙阳角处的大梁支承长度不应小于 500mm,并应与圈梁连接。

装配式楼梯段应与平台板的梁可靠连接,8、9 度时不应采用装配式楼梯段;

不应采用墙中悬挑式踏步或踏步竖肋插入墙体的楼梯,不应采用无筋砖砌栏板。

突出屋顶的楼、电梯间,构造柱应伸到顶部,并与顶部圈梁连接,所有墙体应沿墙高每隔 500mm 设 2φ6 通长钢筋和和 φ4 分布短筋平面内点焊组成的拉结网片或和 φ4 点焊网片。

二、多层砌块房屋抗震构造

多层小砌块房屋应按表 12-4 的要求设置钢筋混凝土芯柱。

表 12-4　多层小砌块房屋芯柱设置要求

房屋层数				设置部位	设置数量
6 度	7 度	8 度	9 度		
四、五	三、四	二、三		外墙转角,楼、电梯间四角,楼梯斜梯段上下端对应的墙体处; 大房间内外墙交接处; 错层部位横墙与外纵墙交接处; 隔 12m 或单元横墙与外纵墙交接处	外墙转角,灌实 3 个孔; 内外墙交接处,灌实 4 个孔; 楼梯斜梯段上下端对应的墙体处,灌实 2 个孔
六	五	四		同上; 隔开间横墙(轴线)与外纵墙交接处	
七	六	五	二	同上; 各内墙(轴线)与外纵墙交接处; 内纵墙与横墙(轴线)交接处和洞口两侧	外墙转角,灌实 5 个孔; 内外墙交接处,灌实 4 个孔; 内墙交接处,灌实 4~5 个孔; 洞口两侧各灌实 1 个孔
	七	≥六	≥三	同上; 横墙内芯柱间距不大于 2m	外墙转角,灌实 7 个孔; 内外墙交接处,灌实 5 个孔; 内墙交接处,灌实 4~5 个孔; 洞口两侧各灌实 1 个孔

注:外墙转角、内外墙交接处、楼电梯间四角等部位,应允许采用钢筋混凝土构造柱替代部分芯柱。

多层小砌块房屋墙体交接处或芯柱与墙体连接处应设置拉结钢筋网片,网片可采用直径 4mm 的钢筋点焊而成,沿墙高间距不大于 600mm,并应沿墙体水平通长设置。6、7 度时底部 1/3 楼层,8 度时底部 1/2 楼层,9 度时全部楼层,上述拉结钢筋网片沿墙高间距不大于 400mm。

当采用混凝土空心砌块时,应在房屋四大角、外墙转角、楼梯间四角设芯柱(图 12-4)。芯柱用 C15 细石混凝土填入砌块孔中,并在孔中插入通长钢筋。

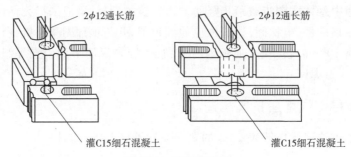

图 12-4　墙芯柱构造

第二节　钢筋混凝土房屋抗震

钢筋混凝土结构在地震作用下的抗震能力和安全性,不仅取决于构件的(静)承载力,很大程度上还取决于其变形性能和动力响应。当发生的地震达到或超出设防烈度时,按照我国现行规范的设计原则和方法,钢筋混凝土结构一般都将出现不同程度的损伤。构件和节点受力较大处普遍出现裂缝,有些裂缝宽度较大;部分受拉钢筋屈服,有残余变形;构件表面局部破损剥落等。地震时结构有很大变形,一方面对结构本身产生不利影响,甚至引起失稳或倾覆,构造缝相邻结构的碰撞等;另一方面造成非结构部件的破损,结构的脱落等。故抗震结构设计时要控制其总变形。

现浇钢筋混凝土房屋的结构类型和最大高度应符合表 12-5 的要求。平面和竖向均不规则的结构,适用的最大高度宜适当降低。

表 12-5　现浇钢筋混凝土房屋适用的最大高度(m)

结构类型		强　烈				
		6	7	8(0.2g)	8(0.3g)	9
框架		60	50	40	35	24
框架抗震墙		130	120	100	80	50
抗震墙		140	120	100	80	60
部分框支抗震墙		120	100	80	50	不应采用
筒体	框架—核心筒	150	130	100	90	70
	筒中筒	180	150	120	100	80
板柱抗震墙		80	70	55	40	不应采用

注:1. 房屋高度指室外地面到主要屋面板板顶的高度(不包括局部突出屋顶部分);
　　2. 框架—核心筒结构指周边稀柱框架与核心筒组成的结构;
　　3. 部分框支抗震墙结构指首层或底部两层为框支层的结构,不包括仅个别框支墙的情况;
　　4. 表中框架,不包括异形柱框架;
　　5. 板柱抗震墙结构指板柱、框架和抗震墙组成抗侧力体系的结构;
　　6. 乙类建筑可按本地区抗震设防烈度确定其适用的最大高度;
　　7. 超过表内高度的房屋,应进行专门研究和论证,采取有效的加强措施。

采用装配整体式楼、屋盖时,应采取措施保证楼、屋盖的整体性及其与抗震墙的可靠连接。装配整体式楼、屋盖采用配筋现浇面层加强时,其厚度不应小于50mm。

一、框架的基本抗震构造

1. 梁的构造

梁的截面宽度不宜小于200mm,截面高宽比不宜大于4,净跨与截面高度之比不宜小于4。梁端箍筋加密区的长度、箍筋最大间距和最小直径应按表12-6采用。当梁端纵向受拉钢筋配筋率大于2%时,表中箍筋最小直径数值应增大2mm。

表12-6 梁端箍筋加密区的长度、箍筋的最大间距和最小直径

抗震等级	加密区长度 (采用较大值)(mm)	箍筋最大间距(采用最小值) (mm)	箍筋最小直径 (mm)
一	$2h_b$,500	$h_b/4,6d$,100	10
二	$1.5h_b$,500	$h_b/4,8d$,100	8
三	$1.5h_b$,500	$h_b/4,8d$,150	8
四	$1.5h_b$,500	$h_b/4,8d$,150	6

注:1. d为纵向钢筋直径,h_b为梁截面高度;
 2. 箍筋直径大于12mm,数量不少于4肢且肢距不大于150mm时,一、二级的最大间距应允许适当放宽,但不得大于150mm。

梁端纵向受拉钢筋的配筋率不宜大于2.5%。沿梁全长顶面、底面的配筋,一、二级(本章"一、二、三、四级"即"抗震等级为一、二、三、四级"的简称)。不应少于$2\phi14$,且分别不应少于梁顶面、底面两端纵向配筋中较大截面面积的1/4;三、四级不应少于$2\phi12$。

一、二、三级框架梁内贯通中柱的每根纵向钢筋直径,对框架结构不应大于矩形截面柱在该方向截面尺寸的1/20,或纵向钢筋所在位置圆形截面柱弦长的1/20;对其他结构类型的框架不宜大于矩形截面柱在该方向截面尺寸的1/20,或纵向钢筋所在位置圆形截面柱弦长的1/20。

梁端加密区的箍筋肢距,一级不宜大于200mm和20倍箍筋直径的较大值,二、三级不宜大于250mm和20倍箍筋直径的较大值,四级不宜大于300mm。

2. 柱的构造

柱的截面的宽度和高度,四级或不超过2层时不宜小于300mm,一、二、三级且超过2层时不宜小于400mm;圆柱的直径,四级或不超过2层时不宜小于

350mm，一、二、三级且超过2层时不宜小于450mm。剪跨比宜大于2，截面长边与短边的边长比不宜大于3。

柱纵向受力钢筋的最小总配筋率应按表12-7采用，同时每一侧配筋率不应小于0.2%；对建造于Ⅳ类场地且较高的高层建筑，最小总配筋率应增加0.1%。

表12-7 柱截面纵向钢筋的最小总配筋率（百分率）

类别	抗震等级			
	一	二	三	四
中柱和边柱	0.9(1.0)	0.7(0.8)	0.6(0.7)	0.5(0.6)
角柱、框支柱	1.1	0.9	0.8	0.7

注：1. 表中括号内数值用于框架结构的柱；
  2. 钢筋强度标准值小于40MPa时，表中数值应增加0.1，钢筋强度标准值为400MPa时，表中数值应增加0.05；
  3. 混凝土强度等级高于C60时，上述数值应相应增加0.1。

一般情况下，箍筋的最大间距和最小直径，应按表12-8采用。一级框架柱的箍筋直径大于12mm且箍筋肢距不大于150mm及二级框架柱的箍筋直径不小于10mm且箍筋肢距不大于200mm时，除底层柱下端外，最大间距应允许采用150mm；三级框架柱的截面尺寸不大于400mm时，箍筋最小直径应允许采用6mm；四级框架柱剪跨比不大于2时，箍筋直径不应小于8mm。框支柱和剪跨比不大于2的框架柱，箍筋间距不应大于100mm。

表12-8 柱箍筋加密区的箍筋最大间距和最小直径

抗震等级	箍筋最大间距（采用较小值，mm）	箍筋最小直径（mm）
一	6d，100	10
二	8d，100	8
三	8d，150（柱根100）	8
四	8d，150（柱根100）	6（柱根8）

注：1. d为柱纵筋最小直径；
  2. 柱根指底层柱下端箍筋加密区。

二、抗震墙结构的基本抗震构造

抗震墙的厚度，一、二级不应小于160mm且不宜小于层高或无支长度的1/20，三、四级不应小于140mm，且不宜小于层高或无支长度的1/25；无端柱或翼墙时，一、二级不宜小于层高或无支长度的1/16，三、四级不宜小于层高或无支长度的1/20。底部加强部位的墙厚，一、二级不应小于200mm且不宜小于层高或无支长度的 1/16，三、四级不应小于 160mm 且不宜小于层高或无支长度的 1/20；无端柱或翼墙时，一、二级不宜小于层高或无支长度的 1/12，三、四级不宜小于层高或无支长度的 1/16。

一、二、三级抗震墙的竖向和横向分布钢筋最小配筋率均不应小于 0.25%，四级抗震墙分布钢筋最小配筋率不应小于 0.20%。部分框支抗震墙结构的落地抗震墙底部加强部位，竖向和横向分布钢筋配筋率均不应小于 0.3%。

抗震墙两端和洞口两侧应设置边缘构件，边缘构件包括暗柱、端柱和翼墙。

三、框架—抗震墙结构的基本抗震构造

抗震墙的厚度不应小于 160mm 且不宜小于层高或无支长度的 1/20，底部加强部位的抗震墙厚度不应小于 200mm 且不宜小于层高或无支长度的 1/16。有端柱时，墙体在楼盖处宜设置暗梁，暗梁的截面高度不宜小于墙厚和 400mm 的较大值；端柱截面宜与同层框架柱相同，并应满足本节第一条对框架柱的要求；抗震墙底部加强部位的端柱和紧靠抗震墙洞口的端柱宜按柱箍筋加密区的要求沿全高加密箍筋。

抗震墙的竖向和横向分布钢筋，配筋率均不应小于 0.25%，钢筋直径不宜小于 10mm，间距不宜大于 300mm，并应双排布置，双排分布钢筋间应设置拉筋。

楼面梁与抗震墙平面外连接时，不宜支承在洞口连梁上；沿梁轴线方向宜设置与梁连接的抗震墙，梁的纵筋应锚固在墙内，也可在支承梁的位置设置扶壁柱或暗柱，并应按计算确定其截面尺寸和配筋。

第三节　钢结构房屋抗震

历次地震中，一些多层及高层钢结构房屋即使在设计时为考虑抗震，在强震下承载力仍足够，但其侧向刚度一般不足，一致窗户及隔墙收到破坏。钢结构在地震作用下虽极少整体倒塌，但常出现局部破坏，如梁、柱的局部失稳与整体失稳，交叉支持的破坏，结点的破坏，型钢支撑受压时由于失稳而导致屈曲破坏，受拉时在端部连接处拉脱或拉断等情况。此外，还可能发生柱与基础连接的破坏。因此，钢结构房屋的抗震加固构造设计也十分重要。

一、钢框架结构的抗震构造措施

框架柱的长细比，一级不应大于 $60\sqrt{235/f_{ay}}$（f_{ay} 为钢筋的屈服强度），二级不应大于 $80\sqrt{235/f_{ay}}$，三级不应大于 $100\sqrt{235/f_{ay}}$，四级时不应大于 $120\sqrt{235/f_{ay}}$。

框架梁、柱板件宽厚比,应符合表12-9的规定:

表12-9　框架梁、柱板件宽厚比限值

板件名称		一级	二级	三级	四级
柱	工字形截面翼缘外伸部分	10	11	12	13
	工字形截面腹板	43	45	48	52
	箱形截面壁板	33	35	38	40
梁	工字形截面和箱形截面翼缘外伸部分	9	9	10	11
	箱形截面翼缘在两腹板之间部分	30	30	32	36
	工字形截面和箱形截面腹板	$72-120N_b$ $f(Af) \leqslant 60$	$72-100N_b$ $f(Af) \leqslant 65$	$80-110N_b$ $f(Af) \leqslant 70$	$85-120N_b$ $f(Af) \leqslant 75$

注:1. 表列数值适用于Q235钢,采用其他牌号钢材时,应乘以$\sqrt{235/f_{wy}}$。

2. $N_b/(Af)$为梁轴压比。

梁柱构件受压翼缘应根据需要设置侧向支承。梁柱构件在出现塑性铰的截面,上下翼缘均应设置侧向支承。相邻两侧向支承点间的构件长细比,应符合现行国家标准《钢结构设计规范》GB 50017的有关规定。

梁与柱的连接宜采用柱贯通型。柱在两个互相垂直的方向都与梁刚接时宜采用箱形截面,并在梁翼缘连接处设置隔板;隔板采用电渣焊时,柱壁板厚度不宜小于16mm,小于16mm时可改用工字形柱或采用贯通式隔板。当柱仅在一个方向与梁刚接时,宜采用工字形截面,并将柱腹板置于刚接框架平面内。

梁与柱刚性连接时,柱在梁翼缘上下各500mm的范围内,柱翼缘与柱腹板间或箱形柱壁板间的连接焊缝应采用全熔透坡口焊缝。

框架柱的接头距框架梁上方的距离,可取1.3m和柱净高一半二者的较小值。上下柱的对接接头应采用全熔透焊缝,柱拼接接头上下各100mm范围内,工字形柱翼缘与腹板间及箱型柱角部壁板间的焊缝,应采用全熔透焊缝。

钢结构的刚接柱脚宜采用埋入式,也可采用外包式;6、7度且高度不超过50m时也可采用外露式。

二、钢框架—中心支撑结构的抗震构造

中心支撑杆件的长细比,按压杆设计时,不应大于$120\sqrt{235/f_{ay}}$;一、二、三级中心支撑不得采用拉杆设计,四级采用拉杆设计时,其长细比不应大于180。

支撑杆件的板件宽厚比,不应大于表12-10规定的限值。采用节点板连接时,应注意节点板的强度和稳定。

表 12-10 钢结构中心支撑板件宽厚比限值

板件名称	一级	二级	三级	四级
翼缘外伸部分	8	9	10	13
工字形截面腹板	25	26	27	33
箱形截面壁板	18	20	25	30
圆管外径与壁厚比	38	40	40	42

注：表列数值适用于 Q235 钢，采用其他牌号钢材应乘以 $\sqrt{235/f_{ny}}$，圆管应乘以 $235/f_{ny}$。

框架一中心支撑结构的框架部分，当房屋高度不高于 100m 且框架部分按计算分配的地震剪力不大于结构底部总地震剪力的 25% 时，一、二、三级的抗震构造措施可按框架结构降低一级的相应要求采用。

三、钢框架—偏心支撑结构的抗震构造措施

偏心支撑框架消能梁段的钢材屈服强度不应大于 345MPa。消能梁段及与消能梁段同一跨内的非消能梁段，其板件的宽厚比不应大于表 12-11 规定的限值。

表 12-11 偏心支撑框架梁的板件宽厚比限值

板件名称		宽厚比限值
翼缘外伸部分		8
腹板	当 $N/(Af) \leqslant 0.14$ 时	$90[1-1.65N(Af)]$
	当 $N/(Af) > 0.14$ 时	$33[2.3-N(Af)]$

注：表列数值适用于 Q235 钢，当材料为其他钢号时应乘以 $\sqrt{235/f_{ny}}$，$N(Af)$ 为梁轴压比。

偏心支撑框架的支撑杆件长细比不应大于 $120\sqrt{235/f_{ay}}$，支撑阵件的板件宽厚比不应超过现行国家标准《钢结构设计规范》GB 50017 规定的轴心受压构件在弹性设计时的宽度比限值。

框架—偏心支撑结构的框架部分，当房屋高度不高于 100m 且框架部分按计算分配的地震作用不大于结构底部总地震剪力的 25% 时，一、二、三级的抗震构造措施可按框架结构降低一级的相应要求采用。

第十三章 建筑智能化

第一节 概　　述

建筑智能化是指以建筑为平台,兼备建筑设备、办公自动化及通信网络三大系统,集结构、系统、服务、管理及它们之间最优化组合,向人们提供一个安全、高效、舒适、便利的综合服务环境。

建筑智能化系统是利用现代通信技术、信息技术、计算机网络技术、监控技术等,通过对建筑和建筑设备的自动检测与优化控制、信息资源的优化管理,实现对建筑物的智能控制与管理,以满足用户对建筑物的监控、管理和信息共享的需求,从而使智能建筑具有安全、舒适、高效和环保的特点,达到投资合理、适应信息社会需要的目标。

一、建筑智能化的建筑环境

建筑环境是智能建筑的平台,智能建筑的建筑环境应满足智能化建筑特殊功能的要求,比如必须具备安置智能化系统所需的电信基础设施;另外还要适应智能建筑动态发展的特点,要具有足够的应变能力,能够在用户变换,使用要求变动,技术升级时的设备系统变更,乃至建筑物内部配置发生变动时,都可以以最简便的方式将系统调整到新的要求。

智能建筑对建筑环境的要求主要有两个方面。

1. **电信基础设施**

智能建筑中要配置各种各样的智能化系统,其内部及相互间的信号传递主要通过建筑物内部的综合布线系统完成,所以建筑物中的电信基础设施除了要考虑系统机房以外,还必须要考虑设置综合布线系统所需的设备间、干线接线间以及垂直电井、水平布线线槽等设施。

2. **建筑空间**

为适应现代办公的需要,在智能建筑中一般都采用开敞空间设计,即采用大开间开放式的办公室,需要时可采用灵活隔断,以适应灵活多变的使用功能,但在大开间的办公环境对计算机网络、电源、电话、或其他电子设备诸多连接电缆的管理会比较困难,开放式办公室布线管理主要有如下几种方式:高架地板方式、预埋金属管线方式、地毯下安装扁平线缆的方式、网络地板配线方式。

二、建筑智能化的技术基础

智能建筑发展的技术基础包括现代计算机技术、现代控制技术、现代通信技术和现代图形显示技术。

1. 现代计算机技术

现代最先进的计算机技术是并行处理分布式计算机网络系统。其主要特点是采用统一的分布式操作系统。各软件资源管理没有明显的主从关系,强调分布式计算和并行处理,整个网络软硬件资源、任务和负载共享。

2. 现代控制技术

当前先进的自动控制系统是集散型监控系统,也称分布式控制系统。该系统采用具有实时多任务、多用户、分布式操作系统,其硬件和软件采用标准化、模块化和系列化的设计。系统的配置具有通用性强、系统组态灵活、控制功能完善、显示操作简单、人机界面友好,一级设计、安装、调试和维修容易等特点。以此构成的建筑物控制系统一般采用工控组态软件,组态灵活,应用编程模块很容易地实现各种控制策略和控制算法,一满足动态控制品质的要求。

3. 现代通信技术

现代通信技术建立在通信技术和计算机网络技术相结合的基础上,主要体现在 ISDN(综合业务数字网)的应用。该网络能在一个通信上同时实现语音、数据和图像的通信,在智能建筑中通过一体化的综合布线系统,实现通信功能。异步传输模式 ATM 是为适应宽带综合业务数字网的发展,将分组交换和电路交换技术融合在一起的一种宽带 ISDN 传输与交换技术。它将数据、图像、语音等信息分解成带有信头标记的短而定长的数据块(信元),以信元多路复用方式进行发送,大大提高了网络的传输速率。ATM 不仅传输速率高,而且信元差错率、丢失率、误串入率以及传输延时小,业务适应能力、服务能力及组网能力均很强,作为新一代计算机通信技术越来越受到人们的重视。

4. 现代图形显示技术

随着计算机窗口技术和多媒体技术的发展,计算机显示技术已由文字显示为主逐步变为以图形显示为主。通过窗口技术实现简单方便的屏幕操作,即可以完成开关量或模拟量的控制;信息和状态的参数变化,甚至信息所处的地理位置都可以通过动态图形和图形符号显示,达到对信息的采集和监视的目的;以动态图形显示为基础的人机界面使得监视和操作更为形象直观;同时,多媒体技术的应用也使管理中心的人机界面更为简洁生动。

三、智能化建筑结构构成

智能建筑可划分为通信网络系统、办公自动化系统、建筑设备自控系统三大功能子系统。为了做到三大功能子系统的软、硬件及信息共享，做到大楼中各项工作和任务共享、科学合理地利用计算机网络和通信技术，在三个子系统之间建立有机的联系把原来相对独立的资源、功能等集成到一个相关联、协调和统一的完整体系之中，要实现系统的集成，必须有一个一体化的集成监控和管理的实时系统，实现对大楼内的信息资源的采集、监视和共享，通过对信息的整理、优化、判断，给大楼各级管理者，提供决策的依据和执行控制与管理的自动化，给大楼使用者提供安全舒适、快捷的优质服务，这就是智能建筑的综合管理集成系统。通过智能建筑物管理系统的一体化集成管理，实现大楼的高功能、高效率和高回报率。

第二节 建筑智能化系统的构成

一、通信网络系统

通信网络系统是楼内的语音、数据、图像传输的基础，同时与外部通信网络（如公用电话网、综合业务数字网、计算机互联网、数字通信网及卫星通信网等）相联，确保信息畅通，主要包括电话通信系统、计算机网络系统、卫星通信系统、有线电视系统、移动通信覆盖系统、公共广播系统、会议系统和同声传译系统。

1. 电话通信系统

建筑或建筑群的固定电话通信系统应根据建筑物的用途、规模、使用属性以及公用网的具体情况，可选择接入远端模块局或采用虚拟交换、自设独立的数字程控用户交换机或综合业务程控用户交换机，并应与公用电话交换网连接。

2. 计算机网络系统

智能建筑本地网络的安全，应根据实际需要分别在通信子网和高层或应用系统中采取措施。计算机网络系统应为管理与维护提供相应的网络管理系统，并应提供高密度的网络端口，满足用户容量分批增加的需求。

3. 卫星通信系统

可设置多个端站和设备机房或预留天线安装位置和设备机房位置，供用户接收和传输数据和语音业务。

4. 有线电视系统（含闭路电视系统）

提供当地多套开路电视和多套自制电视节目，并与卫星系统联通。

5. 移动通信覆盖系统

建筑物由于屏蔽效应出现移动通信盲区时，设置移动通信中继收发通信设备。

6. 公共广播系统

公共广播系统的类别应根据建筑规模、使用性质和功能要求确定。公共广播系统一般可分为：业务性广播系统、服务性广播系统、火灾应急广播系统。

7. 会议系统

会议系统应是音频系统(电声、建声)、视频系统(投影、摄像、录制)等多系统的综合设计，所选用的音频、视频设备、计算机等的网络传输、语音与数字设备接口、终端等应符合相应的国家标准、规范。会议系统应实现计算机语音、文字、图形、图像、自动监管、多媒体实时同步网络传输、系统控制一体化功能。

8. 同声传译系统

(1) 同声传译一般可设有多种语种；

(2) 同声传译传输方式可采用有线同声传译和无线同声传译；

(3) 会议室译员间的位置应设置在主席台对面或主席台的两侧(或二层较高位置)，应使译员能观察到发言者的口型。

二、办公自动化系统

办公自动化系统是采用应用计算机技术、通信技术、多媒体技术和行为科学等先进技术，使人们的部分办公业务借助于各种办公设备，并由这些办公设备与办公人员构成服务于某种办公目标的人机信息系统，主要包括物业管理运营系统、办公管理系统、信息采集发布系统、网络管理系统和智能卡管理系统。

1. 物业管理运营系统

物业管理运营子系统应以高效便捷的方式来协调用户、物业管理人员、物业服务人员三者之间的关系，应能实现对投入使用的建筑物、附属配套设施、设备资产及场地、用户、服务、各类资料及各项费用以经营的方式进行管理，同时对建筑的环境、清洁绿化、安全保卫、租赁业务、建筑物内各类机电设备运行与维护实施一体化的专业管理。

2. 办公管理系统

办公管理子系统应能在日常办公中通过办公自动化系统协助管理人员对办公事务过程中大量的信息进行分析、整理、统计，协助领导对各项工作的分析、决策。提供公文管理、会务管理、档案管理、电子账号、人员管理、领导活动安排、突发事件处理、书面意见处理等功能，应能实现电子公告、规章制度、公用电话等公共事务功能。

3. 信息采集发布系统

信息采集发布子系统应具有物业信息服务、新闻、科技、金融信息服务、用户个体服务、文化娱乐服务、生活保障服务等功能以及电子显示屏信息发布及查询功能。

4. 网络管理系统

网络管理子系统应配置适宜、使用方便，为计算机网络的日常运行维护和监控提供有力的保障。

5. 智能卡管理系统

智能卡管理子系统应能对各种功能的智能卡实施统一的管理，如身份识别、员工考勤、车辆停泊、持卡消费、门禁等，并进行各类计费管理。

三、建筑设备自控系统

建筑设备自动化系统，实际上是一套中央监控系统。它通过对建筑物（或建筑群）内的各种电力设备、空调设备、冷热源设备、防火、防盗设备等进行集中监控，达到在确保建筑内环境舒适、充分考虑能源节约和环境保护的条件下，使建筑内的各种设备状态及利用率均达到最佳的目的。其主要设备安装包括远程处理机的安装、建筑电气设备自动化系统的布线、DDC 的安装、输入设备的安装、输出设备的安装及其他设备的安装。

1. 远程处理机的安装

楼宇自动控制系统与各可重构处理单元 RPU 之间的通信是透明的，可利用同一线路不同的 RPU 完成同一个控制系统。建筑电气设备自动化系统大量监控的是空调机组，所以将 RPU 布置在机房之中或附近，把空调机组控制系统使用后剩余的输入输出接口用于连接附近的水流量计、水位信号、照明控制等。为了日后的发展，RPU 的接口要留出 20%～30%为宜。

2. 建筑电气设备自动化系统的布线

在建筑电气设备自动化系统进行布线时，要注意某些线路需要专门的导线，如通信线路、温度湿度传感器线路、水位浮子开关线路、流量计线路等，它们一般需要屏蔽线，或者由制造商提供专门的导线。电源线与信号、控制电缆应分槽、分管敷设；数据显示通道（DDC）、计算机、网络控制器、网关等电子设备的工作接地应连在其他弱电工程共用的单独的接地干线上。智能建筑中安装有大量的电子设备，这些设备分属于不同的系统，由于这些设备工作频率、抗干扰能力和功能等都不相同，对接地的要求也不同。

3. DDC 的安装

DDC 即为直接数字式控制器，由 8 位微处理器，基础软件和自检软件，以及输入输出模块组成，此外还内置有后备电池。由于其组成部分比较复杂，对其安装要求也相对较高。第一，DDC 的安装位置应严格按照设计施工图纸进行，分散地配置在被监控设备较集中的场所,以减少管线敷设,便于进行原始数据资料的采样收集;在建筑电气工程施工中数字式控制器通常安装在光线充足、通风良好、便于检修的地方;一般将其放置在电控箱或电控柜内,并使强弱电系统分开以保证系统安全。第二,DDC 控制器的输入输出信号应与现场仪表的信号相匹配,数据转换和信号测量精度应符合系统的测量和控制要求。第三,现场控制器的电源要求,如果 BAS 系统是 II 类系统(1~649 点),DDC 控制器的电源可由就地邻近动力盘专路供给,而且装有 CPU 的现场控制器,必须要有备用电池组,以在停电时保证不间断供电。第四,楼宇自动控制系统与各 RPU 之间的通信应是透明的,可用同一线路不同的 RPU 完成同一个控制系统,而且为了日后发展,RPU 的接口还应留出 20%~30%。此外,现场控制器的安装应尽量平正、牢固,安装时的垂直度允许偏差为 3mm,水平的倾斜度允许偏差为 3mm。

4. 输入设备的安装

输入设备应安装在能正确反映其性能的位置,便于调试和维护的地方。不同类型的传感器应按设计、产品的要求和现场实际情况确定其位置:水管型温度传感器、蒸汽压力传感器、水流开关、水管流量计不宜安装在管道焊缝及其边缘上开孔焊接;风管型湿度传感器、室内温度传感器、风汽压力传感器、空气质量传感器应避开蒸汽放空口及出风口处;管型温度传感器、水管型压力传感器、蒸汽压力传感器、水流开关的安装应与工艺管道安装同时进行;风管压力、温度、湿度、空气质量、空气速度、压差开关的安装应在风管保温完成后进行。

5. 输出设备的安装

风阀箭头、电动阀门的箭头应与风门、电动阀门的开闭和水流方向一致;安装前宜进行模拟动作;电动阀门的口径与管道口径不一致时,应采取渐缩管件,阀门口径一般不应低于管道口径二个档次,并应经计算确定满足设计要求;电动与电磁调节阀一般安装在回水管上。

6. 其他设备的安装

建筑电气设备自动化系统的监控是由电脑按照编制好的程序进行的,设计工程大大简化,不需要各种设备的电气联锁控制调节原理图等,只需要简单的监控原理图就可以满足要求。但设计人员必须编制较为详细的监控说明软件,还要向制造商提供各测量元件、控制器使用的条件清单(如管道规格、流体名称、压力、温度、流量等),以便制造商选用各种元件规格。安装人员根据图纸及提供的主要元件的规格和数量进行组装。

第十四章 民用建筑工业化

第一节 概 述

建筑工业化是按照大工业生产方式改造建筑业,使之逐步从手工业生产转向社会化大生产的过程。它的基本途径是建筑标准化,构配件生产工厂化,施工机械化和组织管理科学化,并逐步采用现代科学技术的新成果,以提高劳动生产率,加快建设速度,降低工程成本,提高工程质量。

一、发展预制装配化结构

预制装配化结构是在加工厂生产预制构件,用各种车辆将构件运到施工现场,在现场用各种机械进行安装。这种方法的优点是生产效率高,构件质量好,受季节影响小,可以均衡生产。缺点是生产基地一次性投资大,在建设量不稳定的情况下,预制厂的生产能力不能充分发挥。这条途径包括以下建筑类型。

1. 砌块建筑

砌块建筑是装配式建筑的初级阶段,它具有适应性强、生产工艺简单、技术效果良好、造价低等特点。砌块按其质量大小可以分为大型砌块(350kg以上)、中型砌块(20~350kg)和小型砌块(20kg)以下砌块应注意就地取材和采用工业废料,如粉煤灰、煤矸石、炉渣、矿渣等。我国的南方和北方广大地区均采用砌块来建造民用和工业房屋。

2. 大板建筑

大板建筑是装配式建筑的主导做法。它将墙体、楼板等构件均做成预制板,在施工现场进行拼装,形成不同的建筑。我国的大板建筑从1958年开始试点,1966年以后批量发展。北方地区以北京、沈阳等地的大板住宅,南方地区以南宁的空心大板住宅效果最好。

3. 框架建筑

框架建筑的特点是采用钢筋混凝土的柱、梁、板制作承重骨架,外墙及内部隔墙采用加气混凝土、镀锌薄钢板、铝板等轻质板材建造的建筑。它具有自重轻、抗震性能好、布局灵活、容易获得大开间等优点,可以用于各类建筑中。

4. 盒子结构

盒子结构是装配化程度最高的一种形式。它以"间"为单位进行预制,分为六面体、五面体、四面体盒子。可以采用钢筋混凝土、铝、木材、塑料等制作。

二、发展工具式模板现浇与预制相结合的体系

工具式模板现浇与预制相结合体系的承重墙、板采用大块模板、台模、滑升模板、隧道模等现场浇筑,而一些非承重构件仍采用预制方法。这种做法的优点是所需生产基地一次性投资比全装配少,适应性强,节省运输费用,结构整体性好。缺点是耗用工期比全装配长。这条途径包括以下几种类型。

1. 大模建筑

不少国家在现场施工时均采用大模板。我国 1974 年起在沈阳、北京等地也逐步推广大模板建造住宅。这种做法的特点是内墙现浇,外墙采用预制板、砌筑砖墙和浇筑混凝土。它的主要特点是造价低,抗震性能好。缺点是用钢量大,模板消耗较大。

2. 滑升模板

滑升模板的特点是在浇筑混凝土的同时提升模板。采用滑升模板可以建造烟囱、水塔等构筑物,也可以建造高层住宅。它的优点是减轻劳动强度,加快施工进度,提高工程质量,降低工程造价。缺点是需要配置成套设备,一次性投资较大。

3. 隧道模

隧道模是一种特制的三面模板,拼装起来以后,可以浇筑墙体和楼板,使之成为一个整体。采用隧道模可以建造住宅或公共建筑。

4. 升板升层

升板升层的特点是先立柱子,然后在地坪上浇筑楼板、屋顶板,通过特制的提升设备进行提升。只提升楼板的叫"升板",在提升楼板的同时,连墙体一起提升的叫"升层"。升板升层的优点是节省施工用地,少用建筑机械。

第二节 砌 块 建 筑

一、材料选择

大砌块有生产工艺简单、施工简易等优点,并可以采用工业废料制作。它可以在工厂预制,也可以在现场制作。施工时只需小型机械即可吊装,所以用大砌

块代替小黏土砖,可以使住宅建筑初步走向工业化。因此,有的国家目前仍在采用这种简易可行的方法,并又对砖石结构进行了大量研究,主要是向大块、多孔、体轻、配筋方面发展。其主要特点是能够把承重结构与围护结构合一,且布置灵活不受结构构件制约。而且还具有很多优点,如采用工业废料来制作砌块,其容重大大降低,因而在保温、隔热、防潮等方面都比传统的黏土砖有利。此外,这种砌块建筑施工周期短,用工省,可减轻繁重的体力劳动,因而受到各国的重视。由于砌块的尺寸比较大,砌块墙的接缝内外贯通。因此,砌块墙的接缝不仅是保证砌体坚固性和稳定性的重要环节,而且也影响着砌体的保温、隔声和防水等性能。砌块墙的接缝有水平缝和垂直缝,缝的形式一般有平缝、凹槽缝和高低缝等。

二、灰缝构造

平缝构造简单,制作方便,多用于水平缝;凹槽缝和高低缝使砌块连接牢固,且凹槽缝灌浆方便,因此多用于垂直缝。砌块墙一般采用水泥砂浆砌筑,灰缝的宽度主要根据砌块材料的规格大小而定。一般情况下,小型砌块为10~15mm,中型砌块为15~20mm。缝中砂浆应饱满,其砂浆强度应由计算而定。

砌块砌体必须分皮错缝搭砌。中型砌块上下皮搭接长度不少于砌块高度的1/3且不小于150mm;小型空心砌块上下皮搭砌长度不小于90mm。当搭砌长度不满足这一要求或出现通缝时,应在水平灰缝内设置不小于 $2\phi 4$ 的钢筋网片,网片每端均应超过该垂直缝,其长应不少于300mm(图14-1)。

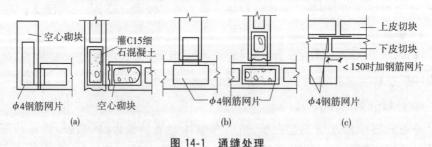

图 14-1　通缝处理
(a)转角配筋;(b)丁字墙配筋;(c)错缝配筋

三、加固构造

为了保证砌块建筑的整体性,砌块建筑应在适当的位置设置圈梁。通常可将圈梁与过梁合并在一起,以圈梁兼作过梁。空旷的单层砌块建筑,当墙厚小于240mm时,其檐口标高为4~5m,应设置一道圈梁,檐口高度大于5m应适当增设。对于住宅、办公楼等多层砌块房屋的外墙、内纵墙的屋盖处应设置圈梁,楼盖处应隔层设置。横墙的屋盖处宜设置圈梁,其水平间距不宜大于15m。

圈梁的位置、截面尺寸及配筋等其他要求均应符合砖砌体房屋的有关规定。混凝土空心砌块建筑,由于上下砌块之间的砂浆黏结面积较小,因此应采取加固措施,提高房屋的整体性。混凝土中型空心砌块建筑,应在外墙转角处,楼梯间四角的砌体孔洞内设置不少于1ϕ12的竖向钢筋,并用C20细石混凝土灌实,形成构造柱。竖向钢筋应贯通墙高并锚固于基础和楼盖圈梁内,使建筑物连成一个整体(图14-2)。混凝土小型空心砌块建筑,应在外墙转角处楼梯间四角,距墙中心线每边不小于300mm范围内的孔洞,采用不低于砌块材料强度等级的混凝土灌实,灌实高度应为全部墙身高度。

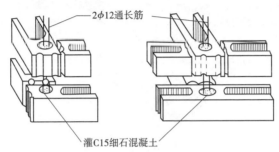

图 14-2 空心混凝土砌块建筑的构造柱

四、防潮措施

砌块建筑在室内外地坪以下部分的墙体,应做好防潮处理。除了应设防潮层以外,对砌块材料也有一定的要求,通常选用密实而耐久的材料,不能选用吸水性强的砌块材料,如加气混凝土砌块、粉煤灰砌块等。勒脚处应用水泥砂浆抹面。

第三节 装配式大板建筑

一、装配式大型板材建筑的特点及适用范围

装配式大板建筑简称大板建筑。除基础以外,地上的全部构件由工厂预制,上下左右组合连接,装配成为外形比较规整的建筑。这些板材通常既可在工厂也可在现场预制,是一种全装配式的工业化建筑,如图14-3所示。

1. 大板建筑的优点

(1)装配化程度高,建设速度快,可缩短工期,提高劳动生产率。

(2)施工现场湿作业少,施工受天气和季节的影响较少,大部分工作可在工厂进行,改善了工人的劳动条件。

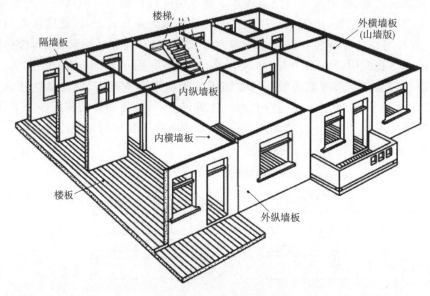

图 14-3 大板建筑示意图

(3)板材的承载能力比砖混结构高,可减少墙厚和结构自重,对抗震有利,并扩大了使用面积(5%～10%)。

2. 大板建筑存在的缺点

(1)一次性投资较大,即先要投入一笔资金修建大板工厂。
(2)需要有大型的吊装运输设备,而且运输比较困难。
(3)钢材和水泥用量比砖混结构大,房屋造价比砖混结构高(高 20%～30%)。

3. 大板建筑的适用范围

(1)大板建筑建设数量较稳定才能提高效益,降低造价。
(2)施工现场宜成街成坊建造,否则,每平方米摊销的机械台班费就会提高,因而会增加建筑造价。
(3)建筑的类型以住宅、宿舍、旅馆等小开间建筑为主。
(4)板材之间有可靠的连接,具有较好抗震性能,所以在地震区和非地震区都适合。
(5)由于大板建筑要求的施工设备和运输条件较高,所以宜在平坦的地段建造。

二、大板建筑的板材类型

大板建筑的板材类型包括内外墙板、楼板、屋面板等。

1. **墙板类型**

墙板按其安装的位置分为内墙板和外墙板；按其材料组成分为振动砖墙板、混凝土墙板、工业废渣墙板；按构造形式分为单一材料墙板和复合墙板。

(1) 内墙板

内墙板通常既是承重构件又是分隔构件，因此，应具有足够强度和刚度，还须有隔声、防火性能。为了减少墙板的规格并简化施工，从底层到顶层均采用同一厚度，多层建筑内墙板厚为 140~160mm，高层为 180~240mm。由于内墙板不需要考虑保温与隔热，多采用单一材料制作，常见的构造形式有实心墙板、空心墙板和振动砖墙板(图 14-4)。

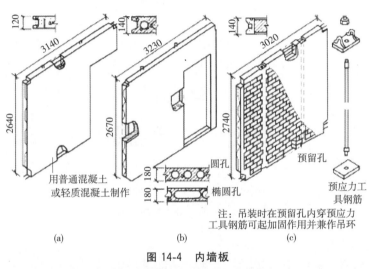

图 14-4　内墙板

(a)实心墙板；(b)空心墙板；(c)振动砖墙板

(2) 外墙板

外墙板主要应满足围护结构方面的要求，如防风遮雨、保温隔热及便于外装修等。因热工要求较高，外墙板常采用两种以上材料的复合板，如图 14-5 所示。复合板一般用钢筋混凝土作结构层，以轻质材料作保温隔热层。层数较少的大板建筑，也可采用轻质混凝土做成单一材料的外墙板，如矿渣混凝土墙板、陶粒混凝土墙板、加气混凝土墙板等。

2. **楼板和屋面板**

为了加强房屋的整体刚度，宜尽量采用整间式预应力钢筋混凝土大楼板和屋面板。当吊装运输能力不允许时，每间也可由两块板拼接起来。钢筋混凝土楼板形式可用空心板、实心板、肋形板，如图 14-6 所示。为了便于板材间的连接，楼板、屋面板的四边应预留缺口，并甩出连接用的钢筋。

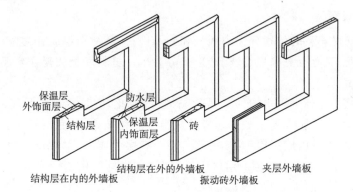

图 14-5　复合式外墙板

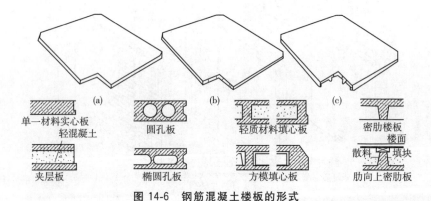

图 14-6　钢筋混凝土楼板的形式

3. 其他类型

（1）阳台板

阳台板可以与楼板合为一块整版，也可以单独预制。前一种方法楼板尺寸过大而不变运输，且受力状况不好，所以一般都倾向于后一种做法。应注意的是，应当将阳台板与楼板锚固成整体，确保阳台不致倾覆，如图14-7所示。

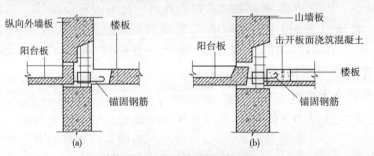

图 14-7　阳台板的锚固连接

(a) 阳台板布置在纵向墙板上；(b) 阳台板布置在山墙板上

(2)楼梯构件

楼梯可按梯段板、平台板分开预制,也可将梯段与平台连成一体预制,分开预制比较方便,故采用较多。平台板与楼梯间墙板的连接,一是直接支撑在墙板的钢牛腿上;二是将平台板做成出肋板,支撑在墙板的预留孔内(图14-8)。

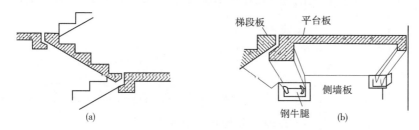

图 14-8 楼梯平台板的连接构造

(a)梯段、平台分开预制;(b)平台板与梯段侧墙板的连接

(3)挑檐板与女儿墙板

挑檐板可与屋檐板连接成一体预制,也可以单独预制,搁置与屋面板上。女儿墙板是非承重构件,可用轻质混凝土制作,其厚度通常与主体墙板一致,以便连接。由于女儿墙板悬于屋面上空,应与屋面板有可靠连接,如图14-9所示。

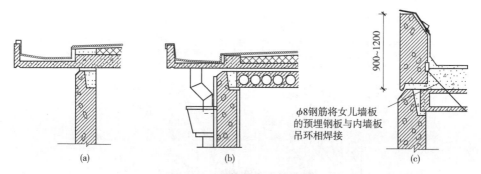

图 14-9 挑檐板和女儿墙板

(a)屋面板出挑檐口;(b)另加挑檐板檐口;(c)女儿墙板檐口

(4)烟风道

烟风道为钢筋混凝土或水泥石棉制作的筒状构件。一般按一层一段设计,其交接处为楼板附近。交接处要坐浆严密,不得串烟漏气。出屋顶后应砌筑排烟口并用预制钢筋混凝土块作压顶(图14-10)。

三、大板建筑的节点构造

大板建筑的节点构造包括板材间的连接、外墙板接缝处的防水处理及保温。

1. 板材连接

板材连接是大板建筑极为关键的构造措施,板材只有通过相互间牢固的连接,才能把墙板、楼板连成一体,使房屋的强度、刚度得以保证。板材连接有干法与湿法两种。

（1）干法连接

干法连接是借助于预埋铁件,通过焊接或螺栓将板材连成一体。其优点是施工简便,速度快;缺点是耗钢量较大,连接件易锈蚀,致使其使用受到限制。

（2）湿法连接

湿法连接是在板材边缘预留钢筋（也称甩筋）,安装时将这些甩筋相互绑扎或焊接,然后在板缝中浇灌混凝土,从而形成类似的圈梁和构造柱,使大板建筑的整体刚度增强,如图14-11所示。

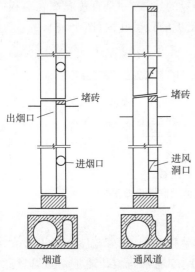

图 14-10　烟风道

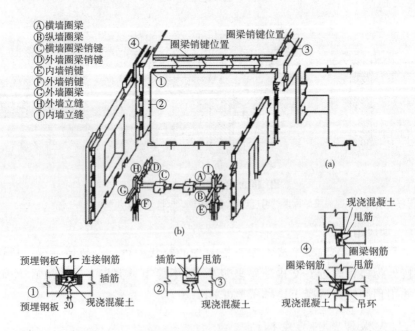

图 14-11　板材连接构造

(a)板材连接轴测图;(b)现浇圈梁及立缝中的小柱

湿法连接的优点是房屋结构整体性好、刚度大，连接钢筋被混凝土包住，不易锈蚀。但湿法连接必须有一定养护时间，使接头混凝土达到足够强度后才能继续安装上层板。

2. 外墙板接缝处的防水构造

外墙板之间的接缝是最易产生渗漏的地方。引起渗漏的原因主要是墙板间的灌缝混凝土和砂浆易开裂，雨水通过裂缝得以渗入室内。裂缝的产生多与环境温湿度变化、地基不均匀沉陷、灌缝材料干缩变形或灌缝不密实等因素有关。

板缝的防水包括以下几种做法：

在墙板四边设置滴水或挡水台凹槽等，它是利用水的重力作用排除雨水，切断接缝的毛细管通路，达到防水效果。这种方法的优点是经济、耐久、便于施工。但墙板外形较复杂，在运输、堆放、吊装时须注意防止墙边、墙角损坏。外墙壁板的接缝有平缝和立缝两个部位。接缝要求密闭，以防止雨水和冷风渗透。由于接缝处又是保温的薄弱环节，因此也要求有足够的热阻，防止出现"热桥"。

（1）水平缝

水平缝的构造形式参见图14-12。上下墙板之间的水平缝一般多用坐浆并用砂浆勾缝，但因温度的变化，砂浆经常与板脱离而产生裂缝。通缝容易造成渗漏。滴水缝可以排除一部分雨水，但不能杜绝渗漏。高低缝和企口缝比较常用。

1）高低缝防水

上下墙板互相咬口，构成高低缝。水平缝外部的填充料可采用水泥砂浆，但不能填得过深（图14-13）。

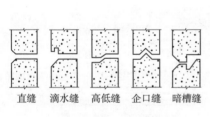

图 14-12 水平缝

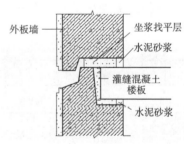

图 14-13 高低缝

2）企口缝防水

上下墙板做成企口形状，形成企口缝。企口中间为空腔，前端用水泥砂浆勾抹，并留排水孔（图14-14）。

水平缝不论采取哪种做法，都应注意以下几点：

①墙板与楼板（屋面板、基础）之间的水平接缝必须坐浆。

②地震区各墙板的水平缝内应至少设置一个销键，其做法可将墙板、楼板

(屋面板、基础)预留缺口处的吊环或预埋钢筋互相焊接,并浇筑混凝土或作其他抗剪措施(图14-15)。

图14-14 企口缝　　　　　图14-15 销键的做法

此外,水平缝还应嵌入保温条,然后在外侧勾抹防水砂浆。

(2)垂直缝

垂直缝的构造形式参见图14-16。在这些缝中,直缝最简单,采用时必须解决好砂浆勾缝才不会漏水;企口缝除产生毛细现象而造成漏水外,在制作、运输、安装时还会增加不少困难;暗槽的做法是在槽内浇筑混凝土,经过振捣,缝口再用砂浆勾严;空腔做法是当前使用较多的一种。

空腔的具体做法是在空腔前壁两立槽间嵌入塑料挡水板。挡水板靠本身的弹性所产生的横向推力牢固地嵌在凹槽内,在缝外勾抹水泥砂浆。塑料板上下端可以采用分段接缝的办法,以适应温度变化引起的胀缩变形。塑料挡雨板的主要作用是导水,抹水泥砂浆时它还起模板的作用。水泥砂浆勾缝的作用是避免塑料挡雨板直接暴露在大气中,以延缓塑料老化,保证空腔的排水效果,见图14-17。

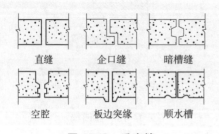

图14-16 垂直缝

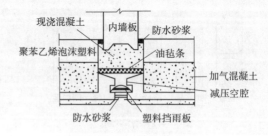

图14-17 节点防水做法

推荐采用的垂直缝做法如下:

纵横墙板交接处竖向接缝应采用现浇混凝土灌缝,灌缝净面积不应小于100cm²,截面最小边尺寸不应小于800mm。横墙板一般宜伸入纵墙内,不小于20mm。

在地震多发区,当横墙在纵墙两侧不对正时,横墙板与纵墙板宜采用现浇混凝土销键连接;或在墙板上、下端及中部预埋钢板,用角钢焊接连接。此外,上、下角还应与楼板连接。

竖缝内应设置竖向插筋。对地震区,钢筋等级不应小于$\phi 12$,在房屋四角及楼梯间的内墙板交接处宜用$2\phi 12$。非地震多发区插筋不小于$1\phi 10$,竖向插入上、下楼层(基础)的长度不小于500mm。

外墙板缝保温条应在墙板预埋件与连接铁件焊好后,顺竖缝空腔后壁插入。

3. 板缝的保温

板材建筑的突出热工问题是墙板接缝处和混凝土肋附近产生结露现象。

产生结露的主要原因是墙板的内表面温度低于室内露点,致使空气中的水分在墙板内表面凝结,构成传热热桥。

防止结露必须注意两点:一是消灭热桥,二是阻止热空气渗透。板缝和肋边处要采用高效能的保温材料,避免形成热桥。板缝外侧用砂浆勾抹效果较好。

节点处的保温材料以聚苯乙烯泡沫塑料比较理想,见图14-18。

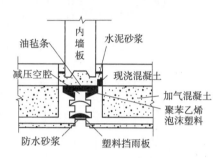

图 14-18 节点保温做法

第四节 大模板建筑

一、大模板建筑的特点和使用范围

大模板建筑是在现代化工业生产混凝土基础上的一种现浇建筑。它所用的钢制模板可作为工具重复使用,所以又称为工具式大模板建筑。模板尺寸与层高、开间、进深等参数相适应,或是经过简单的模板组合而成为与参数相应的大尺寸模板。大模板建筑的模板常有一定的专用性,为某类建筑所用。工具式大模板与操作台常常结合在一起,由大模板板面、支架和操作台3部分组成,见图14-19所示。

大模板建筑的优点在于:整体性好、刚度大、抗震抗风力强;工艺简单、劳动强度小、施工速度快、减少了室内外抹灰工程;不需大型预制厂,施工设备投资少,是工业化建筑体系中最经济的类型。

不足之处是现浇工程量大,施工组织较复杂,在寒冷地区冬季必须采取相应的施工防寒措施。

大模板建筑适用于多层以及高层居住和公共建筑。

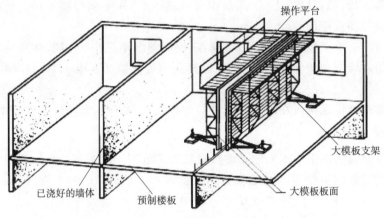

图 14-19 大模板建筑施

二、大模板建筑的分类

大模板建筑的类型主要区分在外墙做法上。常见的类型有以下三种。

1. 现浇与预制相结合

这种做法的内墙为现场浇筑的钢筋混凝土板墙，外墙采用预制外墙板。这种做法称为外板内模，俗称"内浇外挂"。它主要用来建造高层建筑。

2. 现浇与砌砖相结合

这种做法的内墙为现场浇筑的钢筋混凝土板墙，外墙采用黏土砖砌筑砖墙。这种做法称为外砖内模，俗称"内浇外砌"。它主要用来建造多层建筑。

3. 全现浇做法

这种做法是内、外墙板均采用现场浇筑的钢筋混凝土板墙。它主要用来建造高层住宅，这是当前的主导做法

三、大模板建筑的主要构件

这里以现浇与预制相结合（内浇外挂式）的建造方式为重点，简要介绍一些构件的特点。

1. 内墙板

现场浇筑，厚度 160～180mm 横墙 160mm，纵墙 180mm，内放 $\phi 6$～$\phi 8$，间距 200mm 的双面钢筋网片，采用 C20 混凝土浇筑。

2. 外墙板

加工厂预制，可以采用单一材料（如陶粒混凝土）或复合材料（如采用岩棉板

材填芯的钢筋混凝土板)制作。厚度为280～300mm。构件划分方法为:外横墙为每进深两块(个别中间进深为一块)板,外纵墙为每开间一块板,其形状与大板建筑外墙板相同。

3. 楼板

加工厂预制,可以采用130mm厚的预应力短向圆孔板,也可以采用110mm厚双向预应力的实心大板。

4. 楼梯

高层大模板建筑的楼梯有双跑和单跑两种作法,其组成包括楼梯段、楼梯梁和休息板。大模板建筑楼梯的休息板采用"担架"形,插入墙板中的预留孔内,如图14-20所示。

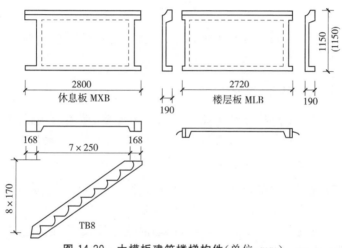

图 14-20　大模板建筑楼梯构件(单位:mm)

5. 阳台板

加工厂预制,呈正槽形。挑出墙板外皮1160mm,压墙尺寸为100mm,如图14-21所示。

6. 通道板

加工厂预制,呈反槽形。挑出墙板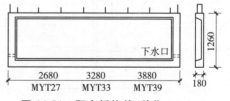

图 14-21　阳台板构件(单位:mm)

外皮1300mm,压墙为100mm,代号为TD,如图14-22所示。

7. 女儿墙板

加工厂预制。它是一种不带门窗洞口的小型外墙板,其高度为1500mm,如图14-23所示。

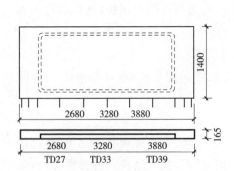

图 14-22 通道板构件(单位:mm)

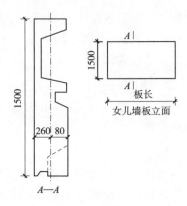

图 14-23 女儿墙板构件(单位:mm)

8. 隔墙板

一般采用 50mm 钢筋混凝土板隔墙,可以在加工厂预制或现场预制。亦可采用石膏多孔条板、加气混凝土条板或陶粒混凝土板。

三、大模板建筑的节点构造

大模板建筑的节点构造是指墙体与墙体的连接、墙体与楼板的连接。墙体与墙体的连接主要是在现浇内墙与外挂墙板、现浇内墙与外砌砖墙的连接上。

1. 现浇内墙与外挂墙板的连接

在"内浇外挂"的大模板建筑中,外墙板是在现浇内墙板之前先安装就位,并将预制外墙板端的甩筋与内墙钢筋绑在一起,然后在外墙板缝中插入竖向钢筋,上下墙板的甩筋也相互搭接焊牢,浇筑内墙混凝土后,这些接头连接钢筋便将内外墙锚固成整体,如图 14-24 所示。

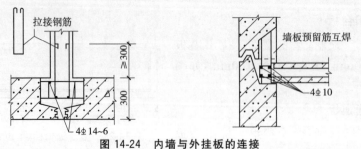

图 14-24 内墙与外挂板的连接

2. 现浇内墙与外砌砖墙的连接

在"内浇外砌"的大模板建筑中,砖砌外墙必须与现浇内墙相互拉结才能保证结构的整体性,如图 14-25 所示。施工时,先砌砖外墙,在与内墙交接处将砖砌成凹槽,并放置锚拉钢筋,内墙钢筋与这些拉筋绑扎在一起,浇筑内墙混凝土后,砖墙的预留凹槽形成混凝土构造柱,将内外墙牢固地连接在一起。山墙转角处则应专门现浇钢筋混凝土构造柱。

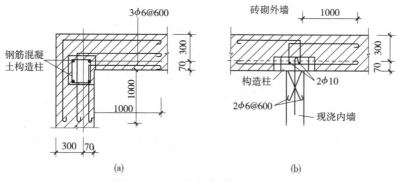

图 14-25 现浇内墙与砖外墙连接
(a)转角位置；(b)一般位置

楼板与墙体应有可靠的连接,如图 14-26 所示。安装楼板时,可将楼板伸进现浇墙内 35～45mm,相邻两楼板之间至少留有 70～90mm 宽的空隙作为浇筑混凝土的位置。楼板端头甩筋与墙体数值钢筋相互搭接,浇筑墙体后,在楼板之间形成一条钢筋混凝土现浇带,便将楼板与墙板连接成整体。若外墙采用砖砌筑时,应在楼板标高部位设钢筋混凝土圈梁。

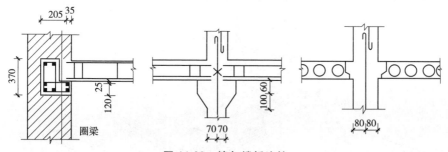

图 14-26 墙与楼板连接

3. 板缝保温和板缝防水

板缝保温多采用聚苯乙烯泡沫塑料板,现场插入节点中。板缝防水包括油毡、塑料条、防水砂浆等做法,一般在做好结构后做板缝防水。

第五节 其他工业化体系建筑

一、台模

台模一般与大模共同使用。它是在采用大模板浇筑的墙体达到一定强度时,拆去大模,放入台模,在台模上放置楼板钢筋网,再浇筑楼板。这种方法又称为"飞模"(图 14-27)。

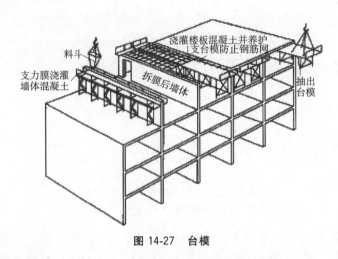

图 14-27 台模

二、隧道模

采用隧道模的目的是同时浇筑内墙与楼板,其模板呈"Π"形。拆模时应先抽出模板,再起吊至下一个流水段(图 14-28)。

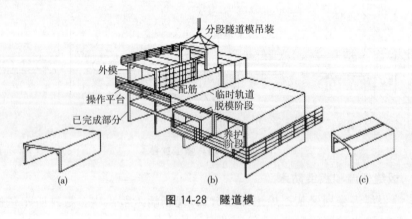

图 14-28 隧道模

三、滑升模板

采用钢筋混凝土墙体内的钢筋作导杆,用油压千斤顶不断提升模板,连续浇注墙体混凝土的施工方法称滑升模板。这种方法适用于简单的垂直形体及上下壁厚相同的构筑物,如烟囱、水塔、筒仓等和 25 层以下的建筑物,如图 14-29、图 14-30 所示。

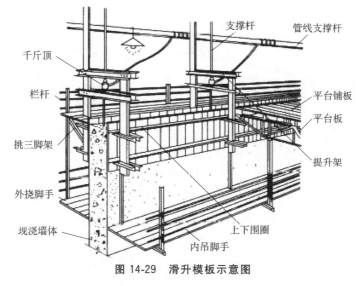

图 14-29 滑升模板示意图

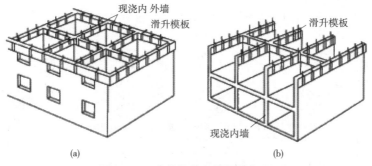

图 14-30 建筑物的不同滑模部位
(a)内外墙均为滑模施工;(b)纵横内墙为滑模施工,外墙用装配大板

四、升板升层建筑

升板升层建筑是在房屋做完基础或底层地坪后,在底层地坪上重叠浇注各层楼板和屋顶板,插立柱子,并以柱子作导杆,用提升设备逐层提升各层楼板。只提升楼板的叫升板,在楼板上砌好墙体连同墙体一起提升的叫升层,如图14-31所示。

五、盒子建筑

在加工厂预制的整间盒子形结构构件,运输到现场吊装组合而成的建筑,称为盒子建筑。在加工厂不但可以完成盒子的结构部分,还可以完成内部装修,甚至家具设备等均可一次预制完成。

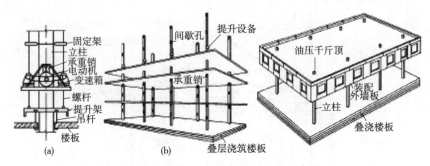

图 14-31 升降升层
(a)升层建筑；(b)升板建筑

单个盒子的结构组成有整浇式、骨架条板组装式和预制板组装式等几种方式。按板材数量分六面体、五面体、四面体盒子等。

盒子建筑的组合方式有：叠合式组合，错位式组合，盒子板材组合，盒子框架组合，盒子筒体组合等。

盒子建筑的结构组成及组合方式如图 14-32 所示。

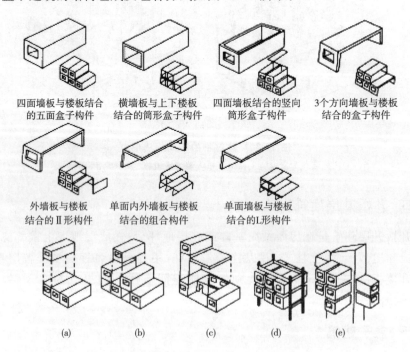

图 14-32 盒子结构组成、组合方式
(a)叠合式组合；(b)错位式组合；(c)盒子板材组合；(d)盒子框架组合；(e)盒子筒体组合

第十五章 工业建筑

第一节 概　　述

工业建筑指各类工厂为工业生产的需要建造的各种不同用途的建筑物和构筑物的总称。从事工业生产的房屋主要包括生产厂房、辅助生产用房以及为生产提供动力的房屋,这些房屋往往称为"厂房"或"车间"。它承担着国民经济各部门需要的基础装备,为社会生产提供原料、燃料、动力及其他工业品,成为农业、科学技术、国防及其本身的物质技术基础,是工业建筑必不可少的物质基础。

1. **工业建筑的特点**

工业建筑与民用建筑一样,要体现适用、安全、经济、美观的方针;在设计、建筑用材、施工技术等方面,两者有着许多共同之处。但由于生产工艺复杂多样,在设计配合、使用要求、建筑构造等方面,工业建筑又具有如下特点。

(1)厂房的建筑设计是在工艺设计人员提出的工艺设计图的基础上进行的,建筑设计在适应生产工艺要求的前提下,应为工人创造良好的生产环境,并使厂房满足适用、安全、经济和美观的要求。

(2)厂房中的生产设备多,体量大,各部分生产联系密切,并有多种起重运输设备通行,致使厂房内部需要较大的敞通空间。

(3)当厂房宽度较大时,特别是多跨厂房,为满足室内采光、通风的需要,屋顶上往往设有天窗;为了屋面防水、排水的需要,还应设置屋面排水系统(天沟及水落管)。这些设施均使屋顶构造复杂。由于设有天窗,室内大都无顶棚,屋顶承重结构袒露于室内。

(4)在单层厂房中,由于跨度大,屋顶及吊车荷载较重,多采用钢筋混凝土排架结构承重;在多层厂房中,由于楼面荷载较大,广泛采用钢筋混凝土骨架承重。对于特别高大的厂房,或有重型吊车的厂房,或高温厂房,或地震烈度较高地区的厂房,宜采用钢骨架承重。

2. **工业建筑的分类**

工业生产的类别繁多,生产工艺不同,工业建筑的分类随之而异,在建筑设计中常按厂房的用途、内部生产状况及层数进行分类。

(1) 按厂房的用途分

1) 主要生产厂房

主要生产厂房指进行产品加工主要工序的厂房。例如，机械制造厂中的铸工车间、机械加工车间及装配车间等。这类厂房的建筑面积较大，职工人数较多，在全厂生产中占重要地位，是工厂的主要厂房。

2) 辅助生产厂房

辅助生产厂房指为主要生产厂房服务的厂房。例如，机械制造厂中的机修车间、工具车间等。

3) 动力类厂房

动力类厂房指为全厂提供能源和动力的厂房。如发电站、锅炉房、变电站、压缩空气站等。动力设备的正常运行对全厂生产特别重要，故这类厂房必须具有足够的坚固耐久性、妥善的安全措施和良好的使用质量。

4) 储藏类建筑

储藏类建筑指用于储存各种原材料、半成品或成品的仓库。由于所储物质的不同，在防火、防潮、防爆、防腐蚀、防变质等方面将有不同要求。设计时应根据不同要求按有关规范、标准采取妥善措施。

5) 运输类建筑

运输类建筑指用于停放各种交通运输设备的房屋，如汽车库、电瓶车库等。

(2) 按厂房层数分

1) 单层厂房

单层厂房广泛地应用于各种工业企业，占工业建筑总量的75%左右。它对具有大型生产设备、振动设备、地沟、地坑或重型起重运输设备的生产，有较大的适应性，如冶金、机械制造等工业部门。

单层厂房便于沿地面水平方向组织生产工艺流程，布置生产设备，生产设备和重型加工件荷载直接传给地基，也便于工艺改革。单层厂房按跨数的多少有单跨与多跨之分。多跨大面积厂房在实践中用得较多，其面积可达数万平方米，单跨用得较少。但有的生产车间，如飞机装配车间和飞机库常采用跨度很大（36~100m）的单跨厂房。

单层厂房占地面积大，围护结构面积大（特别是屋顶面积大各种工程技术管道较长，维护管理费用高，厂房偏长，立面处理单调。

2) 多层厂房

多层厂房对于垂直方向组织生产及工艺流程的生产企业（如面粉厂），和设备及产品较轻的企业具有较大的适应性，多用于轻工、食品、电子、仪表等工业部门。因它占地面积少,更适用于在用地紧张的城市建厂及老厂改建。在城市中修建多层厂房,还易于适应城市规划和建筑布局的要求。

3)混合层次厂房

混合层次厂房是既有单层又有多层的厂房。

(3)按车间内部生产状况分

1)热加工车间

热加工车间指在生产过程中散发出大量热量、烟尘等有害物的车间,如炼钢、轧钢、铸工、锻压车间等。

2)常温加工车间

常温加工车间指在正常温度、湿度条件下进行生产的车间,如机械加工车间、装配车间等。

3)有侵蚀性介质作用的车间

有侵蚀性介质作用的车间指在生产过程中会受到酸、碱、盐等侵蚀性介质的作用,对厂房耐久性有影响的车间。这类车间在建筑材料选择及构造处理上应有可靠的防腐蚀措施,如化工厂和化肥厂中的某些生产车间,冶金工厂中的酸洗车间等。

4)恒温恒湿车间

恒温恒湿车间指在温度、湿度波动很小的范围内进行生产的车间。这类车间室内除装有空调设备外,厂房也要采取相应的措施,以减少室外气候对室内温度、湿度的影响,如纺织车间、精密仪表车间等。

5)洁净车间

洁净车间指产品的生产对室内空气的洁净程度要求很高的车间。这类车间除对室内空气进行净化处理,将空气中的含尘量控制在允许的范围内以外,厂房围护结构应保证严密,以免大气灰尘的侵入,以保证产品质量,如集成电路车间、精密仪表的微型零件加工车间等。

车间内部生产状况是确定厂房平、剖、立面及围护结构形式和构造的主要因素之一,设计时应予充分考虑。

第二节 单层工业厂房的构造

一、单层工业厂房的组成及类型

1. 组成

单层工业厂房的结构支承方式基本上可分为承重墙结构与骨架结构两类。

仅当厂房跨度、高度、吊车荷载较小及地震烈度较低时才用承重墙结构;当厂房的跨度、高度、吊车荷载较大及地震烈度较高时,广泛采用骨架承重结构。骨架结构由柱基础、柱子、梁、屋架等组成,以承受各种荷载,墙体在厂房中只起围护或分隔作用。

图15-1为装配式钢筋混凝土骨架组成的单层厂房。厂房承重结构由横向骨架和纵向连系构件组成。横向骨架包括屋面大梁(或屋架)、柱子、柱基础。它承受屋顶、天窗、外墙及吊车荷载。纵向连系构件包括大型屋面板(或檩条)、连系梁、吊车梁等。它们能保证横向骨架的稳定性,并将作用在山墙上的风力和吊车纵向制动力传给柱子。此外,为了保证厂房的稳定性,往往还要分别在屋架之间和柱子之间设置支撑系统。组成骨架的柱子、基础、屋架、吊车梁等厂房的主要承重构件,关系到整个厂房的坚固、耐久及安全性,必须予以足够的重视。

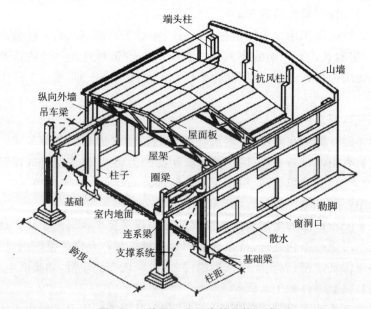

图 15-1 单层工业厂房的结构组成

2. 结构类型

单层工业厂房的结构形式,主要有排架结构和刚架结构两种。其中,排架结构是目前单层工业厂房结构的基本形式,其应用比较普遍。排架结构由屋架(或屋面梁)、柱和基础组成。

(1)排架结构的特点。柱顶与屋架(或屋面梁)铰接,柱底与基础刚接。根据生产工艺和用途的不同,排架结构可以设计成等高、不等高和锯齿形(通常用于单向采光的纺织厂)等多种形式,如图15-2所示。

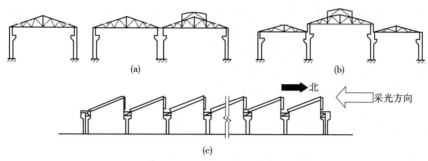

图 15-2 排架结构形式

(a)等高排架;(b)不等高排架;(c)锯齿形排架

(2)排架结构的荷载。单层工业厂房中的荷载包括动荷载和静荷载两大类,静荷载一般包括建筑物自重,动荷载主要由吊车运行时的启动和制动力构成。

横向排架由屋架(或屋面梁)、柱和基础组成。其承受的主要荷载是屋盖荷载、吊车荷载、纵墙风荷载及纵墙自重等,并将荷载传至基础和地基,如图 15-3 所示。

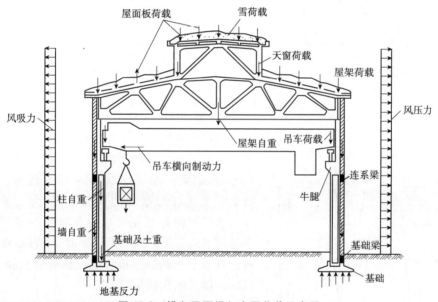

图 15-3 横向平面排架主要荷载示意图

二、承重构造

1. 基础与基础梁

(1)基础

单层工业厂房的基础主要采用杯形基础。这种基础呈独立形,其底面积由计算确定。基础的剖面形状一般做成锥形或阶梯形,预留杯口以便插入预制柱(图 15-4)。

当厂房地形起伏、局部地质软弱,或基础旁有深的设备基础时,为了使柱子的长度统一,应采用高杯形基础,如图 15-5 所示。

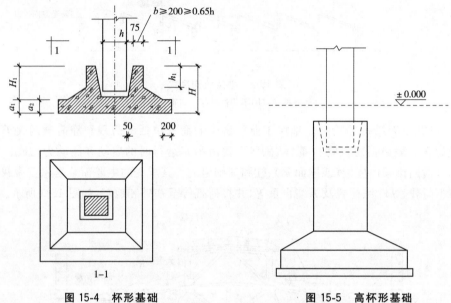

图 15-4 杯形基础　　　　图 15-5 高杯形基础

(2)基础梁

采用排架结构的单层工业厂房,外墙通常不再做条形基础,而是将墙砌筑在特制的基础梁上,基础梁的断面形状如图 15-6 所示。基础梁搁置在杯形基础的顶面上,成为自承重墙。这样做的好处是可以避免排架与砖墙的不均匀下沉,当基础埋置较深时,可将基础梁放在基础上表面加的垫块上或柱的小牛腿上,以减少墙身的用砖量(图 15-7)。

基础梁在放置时,梁的表面应低于室内地坪 50mm,高于室外地坪 100mm,并且不单做防潮层。在寒冷地区,基础梁下部应采取防止土层冻胀的措施。一般做法是把梁下冻土挖除,换以干砂、矿渣或松散土层,以防止基础梁受冻土挤压而开裂,其做法如图 15-8 所示。

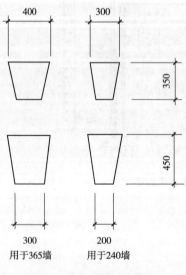

图 15-6 基础梁的断面形式

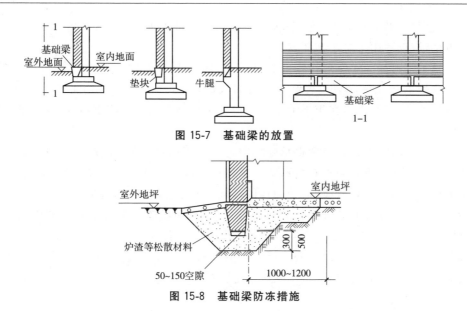

图 15-7 基础梁的放置

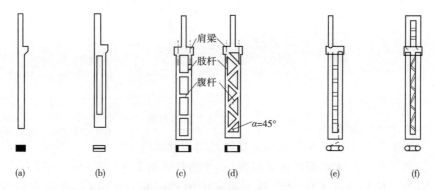

图 15-8 基础梁防冻措施

2. 柱

厂房中的柱由柱身(又分为上柱和下柱)、牛腿及柱上预埋铁件组成,柱是厂房中的主要承重构件之一,在柱顶上支承屋架,在牛腿上支承吊车梁。

(1)柱的类型、特点及适用条件

柱的类型很多,按材料分有砖柱、钢筋混凝土柱、钢柱等;按截面形式分有单肢柱和双肢柱两大类。目前一般多采用钢筋混凝土柱,如图 15-9 所示。

图 15-9 常用的钢筋混凝土柱

(a)矩形柱;(b)工字形柱;(c)平腹杆双肢柱;(d)斜腹杆双肢柱;
(e)平腹杆双肢管柱;(f)斜腹杆双肢管柱

钢筋混凝土柱按截面的构造尺寸分为以下几种。

1)矩形柱。其特点是外形简单,受弯性能好,施工方便,容易保证质量要求;

但柱截面中间部分受力较小,不能充分发挥混凝土的承载能力,混凝土用量多,自重也重,仅适用于中小型厂房。

2)工字形柱。工字形柱与截面尺寸相同的矩形柱相比,承载力几乎相等,可节约混凝土 30%~50%。若截面高度较大时,为了方便水、暖、电等管线穿过,又减轻柱的自重,也可在腹板上开孔。但工字柱制作比矩形柱复杂,在大中型厂房内采用较为广泛。

3)双肢柱。双肢柱由两根承受轴向力的肢杆和联系两肢的腹杆组成。其腹杆有平腹杆和斜腹杆两种布置形式。平腹杆双肢柱的外形简单,施工方便,腹杆上的长方孔便于布置管线,但受力性能和刚度不如斜腹杆双肢柱。

4)管柱。管柱有单肢管柱和双肢管柱之分,单肢管柱的外形和等截面的矩形柱相似,可伸出支撑吊车梁的肩梁(牛腿)钢筋混凝土管柱在工厂预制,可采用机械化方式生产,可在现场拼装,受气候的影响较小;但因管的外形是圆的,设置预埋件较困难,与墙的连接也不如其他形式的柱方便。

(2)柱牛腿

单层厂房结构中的屋架、托梁、吊车梁和连系梁等构件,常由设置在柱上的牛腿支钢筋混凝土柱上牛腿有实腹式和空腹式之分,通常多采用实腹式牛腿如图 15-10 所示。

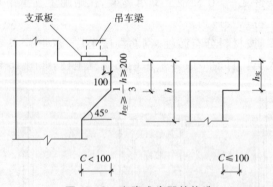

图 15-10 实腹式牛腿的构造

钢筋混凝土实腹式牛腿的构造要满足如下要求。

1)为了避免沿支承板内侧剪切破坏,牛腿外缘高 $h \geqslant h/3 \geqslant 200mm$。

2)支承吊车梁的牛腿,其外缘与吊车梁的距离为 100mm,以免影响牛腿的局部承压能力,造成外缘混凝土剥落。

3)牛腿挑出距离 $c > 100mm$ 时,牛腿底面的倾斜角 $\alpha \leqslant 45°$,否则会降低牛腿的承载能力;当 $c \leqslant 100mm$ 时,α 可为 $0°$。

(3)柱的预埋件

柱上除了按结构计算需要配置钢筋外,还要根据柱的位置以及柱与其他构件连接的需要等,要求在柱上预先埋设铁件。如柱与屋架、柱与吊车梁、柱与连系梁或圈梁、柱与砖墙或大型墙板及柱间支撑等相互连接处,均须在柱上埋设如钢板、螺栓、锚拉钢筋等铁件。

3. 屋盖结构

(1)屋盖的两种体系

单层工业厂房的屋盖起着围护和承重两种作用,包括承重构件(屋架、屋面梁、托架和檩条)和屋面板两大部分。

1)无檩体系

将大型屋面板直接放置在屋架或屋面梁上,屋架(或屋面梁)放在柱子上。这种做法的整体性好,刚度大,可以保证厂房的稳定性,而且构件数量少,施工速度快。

2)有檩体系

将各种小型屋面板或瓦直接放在檩条上,檩条可以采用钢筋混凝土或型钢做成,支承在屋架或屋面梁上。有檩体系的整体刚度较差,适用于吊车吨位小的中小型工业厂房(图15-11)。

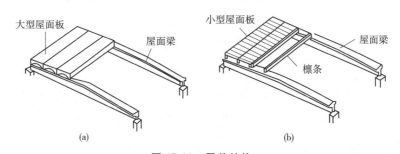

图 15-11 屋盖结构
(a)无檩体系;(b)有檩体系

(2)屋面大梁

屋面大梁又称薄腹梁,其断面呈丁形或工字形,有单坡和双坡之分。

单坡屋面梁适用于 6,9,12m 的跨度,双坡屋面梁适用于 9,12,15,18m 的跨度。

屋面大梁的坡度比较平缓,一般统一定为 $1/12 \sim 1/10$,适用于卷材屋面和非卷材屋面。屋面大梁可以悬挂 5t 以下的电动葫芦和梁式吊车。其特点是形状简单,制作安装方便,稳定性好,可以不加支撑,但它的自重较大。

(3)屋架

屋架的类型很多,有钢筋混凝土屋架、钢屋架、钢网架等,这里介绍几种常用的钢筋混凝土屋架。

1) 桁架式屋架

当厂房跨度较大时,采用桁架式屋架比较经济。

①预应力钢筋混凝土折线形屋架

这种屋架的上弦杆件是由若干段折线形杆件组成的,坡度分别为 1/5 和 1/15,适用于 15,18,21,24,30,36m 的中型和重型工业厂房中(图 15-12)。

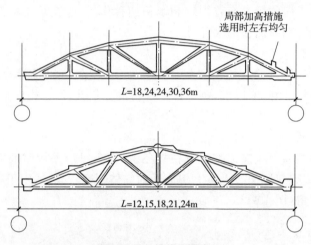

图 15-12 折线形屋架

②钢筋混凝土梯形屋架

屋架的上弦杆件坡度一致,常采用 1/12～1/10 坡度,其端部高度较高,中间更高,因而稳定性较差,一般通过支撑系统来保证稳定。这种屋架的跨度为 18、21、24、30m。

③三角形组合屋架

屋架的上弦采用钢筋混凝土杆件,下弦采用型钢或钢筋。上弦坡度为 1/5～1/3.5,适用于有檩屋面体系,其跨度为 9、12、15m。在小型工业厂房中均可采用这种屋架。

2) 两铰拱和三铰拱屋架

屋架上弦采用钢筋混凝土或预应力钢筋混凝土杆件,下弦采用角钢或钢筋。不适用于振动大的厂房,其跨度为 12 或 15m,上弦坡度为 1/4。上弦上部可以铺放屋面板或大型瓦(图 15-13)。

3) 屋架与柱子的连接

屋架与柱子的连接一般采用焊接,即在柱头预埋钢板,在屋架下弦端部也有埋件,通过焊接连在一起。屋架与柱子也可以采用拴接,即在柱头预埋螺栓,在屋架下弦的端部焊有连接钢板,吊装就位后,用螺母将屋架拧牢。

4)屋面板

①预应力钢筋混凝土大型屋面板

预应力钢筋混凝土大型屋面板是广泛采用的一种屋面板,其标志尺寸为 1.5m×6.0m,适用于屋架间距 6m 的一般工业厂房。这种板呈槽形,四周有边肋,中间有三道横肋,使用时槽口向下,屋顶面平整光滑。大型屋面板的四角有预埋铁件,提供了与屋架(或屋面梁)的焊接条件。用于横向变形缝和山墙外的屋面板,其预埋件距端部 600mm。需要安装雨水口时,只允许在板肋范围内开洞(图 15-14)。

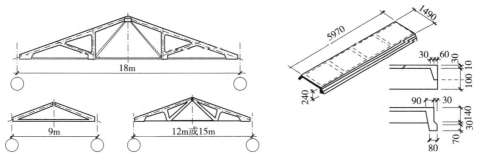

图 15-13 两铰拱屋架　　　　图 15-14 大型屋面板

与大型屋面板配合使用的还有一种檐口板,主要用于单层工业厂房的外檐处,其标志尺寸也是 1.5m×6.0m,板的一侧有挑出尺寸为 300mm 和 500mm 的挑檐。

②预应力钢筋混凝土 F 形屋面板

F 形板包括 F 形板、脊瓦、盖瓦三部分,常用坡度为 1/4(图 15-15)。它属于构件自防水屋面。

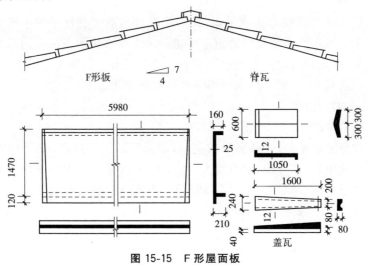

图 15-15 F 形屋面板

③预应力钢筋混凝土V形折板

它是一种轻型屋盖,属于板架合一体系(图15-16)。

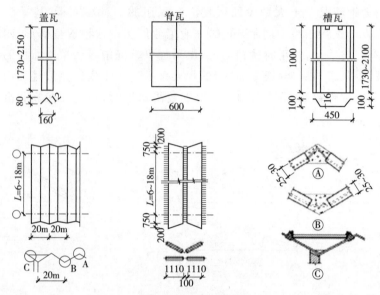

图 15-16　V形折板

5)托架

因工艺要求或设备安装的需要,柱距需保证12m,而屋架(或屋面梁)的间距和大型屋面板的长度仍为6m时,应加设承托屋架的托架,通过托架将屋架上的荷载传给柱子。托架一般采用钢筋混凝土制作。

4. 吊车梁

当单层工业厂房设有桥式吊车(梁式吊车)时,需要在柱子的牛腿处设置吊车梁。吊车在吊车梁上铺设的轨道上行走。吊车梁直接承受吊车的自重和起吊物件的重量,以及刹车时产生的水平荷载。吊车梁由于安装在柱子之间,因此也起着传递纵向荷载,保证厂房纵向刚度和稳定的作用。

(1)吊车梁的类型

1)T形吊车梁

T形截面的吊车梁,上部翼缘较宽,以增加梁的受压面积,便于固定吊车轨道。它施工简单、制作方便,但自重大,耗料多,不经济。一般用于柱距为6m、厂房跨度不大于30m、吨位在10t以下的厂房,预应力钢筋混凝土T形吊车梁适用于10~30t的厂房,如图15-17所示。

2)工字形吊车梁

工字形吊车梁腹壁薄,节约材料,自重较轻。

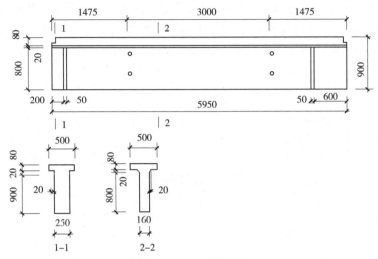

图 15-17 T形吊车梁

先张法吊车梁适用于厂房柱距 6m、厂房跨度 12～33m、吊车起重量为 5～25t 的厂房。后张自锚吊车梁适用于厂房柱距 6m、厂房跨度 12～33m 的厂房（图 15-18）。

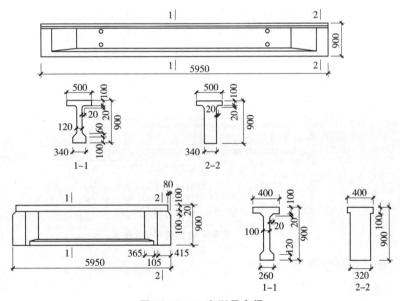

图 15-18 工字形吊车梁

3) 鱼腹式吊车梁

鱼腹式吊车梁腹板薄，外形像鱼腹，故称鱼腹式吊车梁。外形与弯矩包络图形相近,受力合理,能充分发挥材料强度和减轻自重,节省材料,可承受较大荷载,梁的刚度大。但构造和制作较复杂,运输、堆放需设专门支垫。预应力混凝土鱼腹式吊车梁适用于厂房柱距不大于12m、跨度12～33m、吊车吨位为15～150t的厂房(图15-19)。

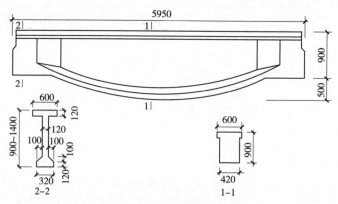

图15-19 鱼腹式吊车梁

(2)吊车梁的预埋件、预留孔

吊车梁两端上下边缘各预埋有铁件,以与柱连接用。由于端柱处、变形缝处的柱距不同,在预制和安装吊车梁时,要注意预埋件设置位置的要求。在吊车梁上翼缘处留有作固定轨道用的预留孔,腹部预留滑触线安装孔。有车挡的吊车梁应预留与车挡构件连接用的钢管或预埋铁件(图15-20)。

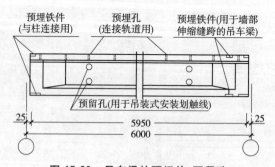

图15-20 吊车梁的预埋件、预留孔

5. 连系梁与圈梁

(1)连系梁

连系梁是厂房纵向柱列的水平连系构件,常做在窗口上皮,并代替窗过梁。连系梁对增强厂房纵向刚度、传递风力有明显的作用。当墙体高度超过15m时,应设置连系梁,以承受上部的墙体重量并传给柱子。

连系梁与柱子的连接,可以采用焊接或拴接,其截面形式有矩形和 L 形,分别用于 240mm 和 365 mm 厚度的砖墙中(图 15-21)。

(2)圈梁

圈梁是在同一标高上设置的连续、封闭的梁,其作用是将墙体同厂房的排架柱、抗风柱连在一起,以加强整体刚度和稳定性。圈梁应在墙体内,按照上密下疏的原则每 5m 左右加一道。其断面高度应不小于 180mm,配筋数量主筋为 4φ12,箍筋为 φ6 @250 mm。圈梁应与柱子伸出的预埋筋进行连接(图 15-22)。

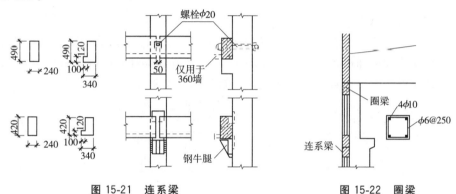

图 15-21 连系梁　　　　图 15-22 圈梁

在进行厂房结构布置时,应尽可能将圈梁、连系梁和过梁结合起来,以节约材料、简化施工,使一个构件在一般的厂房中,能起到两种或三种构件的作用。

6. 支撑系统及抗风柱

在单层工业厂房中,支撑的主要作用是保证和提高厂房结构和构件的承载力、稳定性和刚度,并传递一部分水平荷载。

(1)支撑系统

单层工业厂房的支撑系统包括屋盖支撑和柱间支撑两大部分。

1)屋盖支撑

屋盖支撑主要是为了保证上下弦杆件在受力后的稳定性,并保证山墙受到风力以后的荷载传递。

① 水平支撑

水平支撑布置在屋架上弦或下弦之间,沿柱距横向布置或沿跨度纵向布置。水平支撑有上弦横向水平支撑、下弦横向水平支撑、纵向水平支撑、纵向水平系杆等(图 15-23)。

② 垂直支撑

垂直支撑主要是保证屋架与屋面梁在使用和安装阶段的侧向稳定,并能提高厂房的整体刚度(图 15-24)。

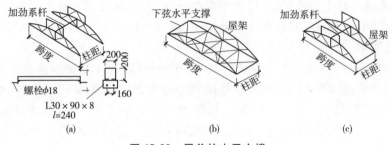

图 15-23 屋盖的水平支撑

2）柱间支撑

柱间支撑一般设在厂房变形缝的区段中部，其作用是承受山墙抗风柱传来的水平荷载及传递吊车产生的纵向刹车力，以加强纵向柱列的刚度和稳定性，是厂房必须设置的支撑系统。柱间支撑一般采用钢材制成（图 15-25）。

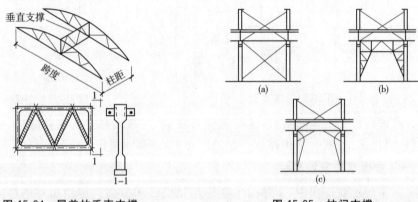

图 15-24 屋盖的垂直支撑　　　　　　图 15-25 柱间支撑

（2）抗风柱

在厂房的山墙处设置抗风柱，用以承受墙面上的风荷载。一部分风荷载由抗风柱上端通过屋盖系统传到纵向柱列上，一部分由抗风柱直接传给基础。当厂房高度或跨度较大时，一般都设置钢筋混凝土抗风柱。在抗风柱外做砖墙。为了减少抗风柱的截面尺寸，可在山墙内侧设置水平抗风梁，作为抗风柱的支点。

抗风柱的间距，在不影响端部开门的情况下，取 4.5m 或 6m。抗风柱的下端插入杯形基础内，柱上端应通过特制的弹簧板与屋架（屋面梁）做构造连接（图 15-26）。

三、维护构造

单层工业厂房的维护构造包括外墙、门窗等，其中外墙也有承重的作用。

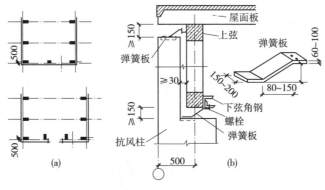

图 15-26 抗风柱
(a)抗风柱的位置；(b)抗风柱与屋架的连接

1. 外墙构造

(1) 承重砖墙

当厂房跨度及高度不大,没有或只有较小的起重运输设备时,可采用承重砖墙直接承担屋盖与起重运输设备等荷载(图 15-27)。承重砖墙经济实用,但整体性差,抗震能力弱,这使它的使用范围受到很大的限制。

根据《建筑抗震设计规范》GB 50011 的规定,它只适用于以下范围:

1) 单跨和等高多跨且无桥式吊车的车间、仓库等。
2) 6~8 度抗震设防时,跨度不大于 15m 且柱顶标高不大于 6.6m。
3) 9 度抗震设防时,跨度不大于 12m,且柱顶标高不大于 15m。

(2) 自承重砖墙与砌块墙

当厂房跨度及高度较大、起重运输设备较重时,通常由钢筋混凝土(或钢)排架柱来承担屋盖与起重运输设备等荷载,而外墙只承担自重,仅起围护作用,这种墙称为自承重墙(图 15-28)。它是单层厂房常用的外墙形式之一,可采用砖砌体或砌块砌筑。

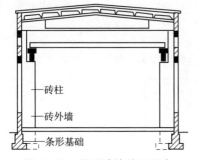

图 15-27 承重砖墙单层厂房

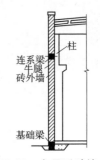

图 15-28 自承重砖墙剖面

1) 墙和柱的相对位置及联结构造

① 墙和柱的相对位置：排架柱和外墙的相对位置通常有四种构造方案（图 15-29）其中方案（a）构造简单、施工方便、热工性能好，便于厂房构配件的定型化和统一化，采用最多。

② 墙和柱的联结构造：为使自承重墙与排架柱保持一定的整体性与稳定性，必须加强墙与柱的联结。其中最常见的做法是采用钢筋拉结（图 15-30）。

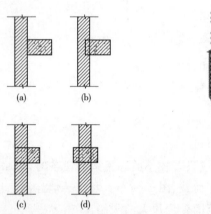

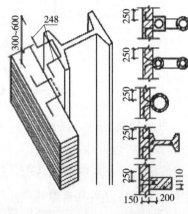

图 15-29　厂房外墙与柱的相对位置　　　　图 15-30　墙和柱的联结

③ 女儿墙的拉结构造：女儿墙厚一般不小于 240mm，其高度应满足安全和抗震的要求。在非地震区，宜设置高度 1m 左右的女儿墙或护栏。在地震区或受震动影响较大的厂房，女儿墙高度不应超过 500mm，并设钢筋混凝土压顶。女儿墙拉结构造如图 15-31 所示。

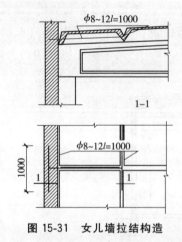

图 15-31　女儿墙拉结构造

④ 抗风柱的联结构造:山墙承受水平风荷载,应设置钢筋混凝土抗风柱来保证自承重山墙的刚度和稳定性。抗风柱的间距以 6m 为宜,个别可采用 4.5m 和 7.5m 柱距。抗风柱的下端插入基础杯口,其上端通过一个特制的"弹簧"钢板与屋架相联结,使二者之间只传递水平力而不传递垂直力(图 15-32)。

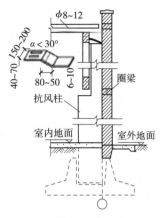

图 15-32 山墙与抗风柱的联结

2)自重承砖墙的下部构造

① 自承重墙的支承:单层厂房中自承重墙直接支承在基础梁上,基础梁支承在杯形基础的杯口上,这样可以避免墙、柱、基础交接的复杂构造,同时加快施工进度,方便构件的定型化和统一化。

根据基础埋深不同,基础梁有不同的搁置方式(图 15-33)。不论哪种形式,基础梁顶面的标高通常低于室内地面 50mm,并高于室外地面 100mm,车间室内外高差为 150mm,可以防止雨水倒流,也便于设置坡道,并保护基础梁。

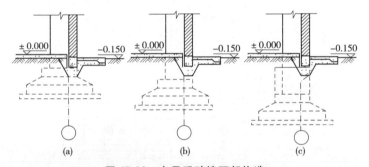

图 15-33 自承重砖墙下部构造
(a)基础梁设置在杯口上;(b)基础梁设置在垫块上;
(c)基础梁设置在小牛腿(或高杯基础的杯口)上

② 连系梁构造:连系梁是连系排架柱并增强厂房纵向刚度的重要措施,同时它还承担着上部墙体荷载。连系梁多采用预制装配式和装配整体式的构造方式,跨度一般为 4~6m 支承在排架柱外伸的牛腿上,并通过螺栓或焊接与柱子联结(图 15-34)。若梁的位置与门窗过梁一致,并在同一水平面上能交圈封闭时,可兼做过梁和圈梁。

(3)大型板材墙

采用大型板材墙可成倍地提高工程效率,加快建设速度。同时它还具有良好的抗震性能。因此大型板材墙是我国工业建筑应优先采用的外墙类型之一。

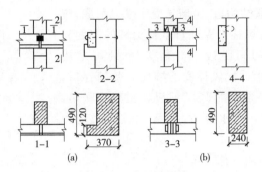

图 15-34 连系梁构造

(a)螺栓联结;(b)焊接联结

1)墙板的布置

墙板在墙面上的布置方式,最广泛采用的是横向布置,其次是混合布置,竖向布置采用较少(图 15-35)。

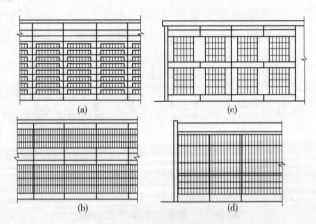

图 15-35 墙板布置方式

(a)横向布置(有带窗板);(b)横向布置(通长带形窗);(c)混合布置;(d)竖向布置

横向布置时板型少,以柱距为板长,板柱相连,板缝处理较方便。山墙墙板布置与侧墙同,山尖部位可布置成台阶形、人字形、折线形(图 15-36)等。台阶形山尖异形墙板少,但连接用钢较多;人字形则相反;折线形介乎两者之间。

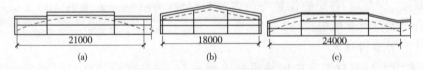

图 15-36 山墙山尖墙板布置

(a)台阶形;(b)人字形;(c)折线形

2)墙板连接

①板柱连接

板柱连接应安全可靠,便于制作、安装和检修。一般分柔性连接和刚性连接两类。

柔性连接的特点是墙板与厂房骨架以及板与板之间在一定范围内可相对独立位移,能较好地适应振动引起的变形。抗震设防烈度高于7度的地震区宜用此法连接墙板。

刚性连接就是将每块板材与柱子用型钢焊接在一起,无需另设钢支托。其突出的优点是连接件钢材少,但由于失去了能相对位移的条件,对不均匀沉降和振动较敏感,主要用在地基条件较好,振动影响小和地震烈度小于7度的地区。

②板缝处理

对板缝的处理首先要求是防水,并应考虑制作及安装方便,对保温墙板尚应注意满足保温要求。水平缝,高低缝,滴水平缝和肋朝外的平缝,如图15-37(a)所示。对防水要求不严或雨水很少的地方也可采用平缝。较常用的垂直缝有直缝、喇叭缝、单腔缝、双腔缝等,如图15-37(b)所示。

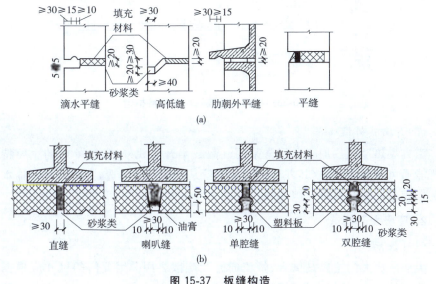

图 15-37　板缝构造

(a)水平缝构造示例;(b)墙板垂直缝构造示例

(4)轻质板材墙

在单层厂房外墙中,石棉水泥波瓦、塑料外墙板、金属外墙板等轻质板材的使用日益广泛。它们的连接构造基本相同,以石棉水泥波瓦墙为例:石棉水泥波瓦墙具有自重轻、造价低、施工简便的优点,但属于脆性材料,容易受到破坏。多用于南方中小型热加工车间、防爆车间和仓库。对于高温高湿和有强烈振动的车间不宜采用。

石棉水泥波瓦通常是通过连接件悬挂在厂房骨架水平连系梁上(图 15-38),连系梁采用钢筋混凝土和钢材制作。其垂直距离应与瓦长相适应,瓦缝上下搭接不小于 100mm,左右搭接为一个瓦垅,搭缝应与主导风向相顺。为避免碰撞损坏,墙角、门洞和勒脚等部位可采用砌筑墙或钢筋混凝土墙板。

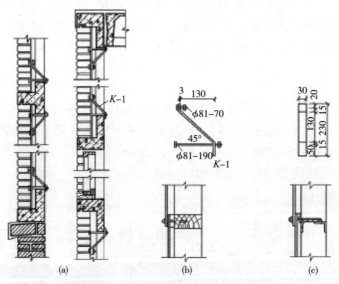

图 15-38 石棉水泥波瓦墙板连接构造

(5) 开敞式外墙

南方炎热地区热加工车间常采用开敞或半开敞式外墙,该外墙的主要特点是既能通风又能防雨,故其外墙构造主要就是挡雨板的构造,常用的有石棉水泥波瓦挡雨板和钢筋混凝土挡雨板。

2. 厂房大门构造

(1) 门的类型

工业厂房大门主要是供人、货流通行及疏散之用。因此门的尺寸应根据所需运输工具类型、规格、运输货物的外形并考虑通行方便等因素来确定。一般大门的材料有钢木、普通型钢和空腹薄壁钢等几种。门宽 1.8 m 以内时采用木制大门。当门洞尺寸较大时,为了防止门扇变形常用钢木大门或钢板门。高大的门洞需采用各种门或空腹薄壁钢门。

大门的开启方式有平开、推拉、折叠、升降、上翻、卷帘等,如图 15-39 所示。

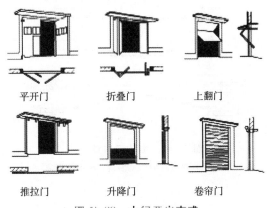

图 15-39 大门开启方式

(2)大门的构造

1)平开门

平开门是由门扇、铰链及门框组成。门洞尺寸一般不宜大于 3.6m×6m,门扇可由木、钢或钢木组合而成。门框有钢筋混凝土和砖砌两种。当门洞宽度大于 3m 时,设钢筋混凝土门框。洞口较小时可采用砖砌门框,墙内砌入有预埋铁件的混凝土块。一般每个门扇设两个铰链。图 15-40 为常用钢木平开大门示例。

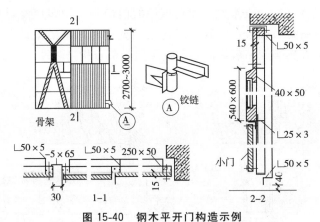

图 15-40 钢木平开门构造示例

2)推拉门

推拉门由门扇、门轨、地槽、滑轮及门框组成。门扇可采用钢木门、钢板门、空腹薄壁钢门等。根据门洞大小,可布置成多种形式(图 15-41)。推拉门的支承方式分为上挂式和下滑两种。当门扇高度小于 4 m 时,用上挂式。当门扇高度大于 4m 时,多用下滑式,在门洞上下均设导轨,下面的导轨承受门扇的重量。推拉门位于墙外时,需设雨篷。

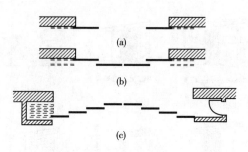

图 15-41 推拉门布置形式

(a)单轨双扇；(b)双轨多扇；(c)多轨多扇

3)卷帘门

卷帘门主要由帘板、导轨及传动装置组成。帘板由铝合金页板组成。页板的下部采用钢板和角钢增强刚度，并便于安设门锁。页板的上部与卷筒连接，开启时，页板沿着门洞两侧的导轨上升并卷在卷筒上。门洞的上部安设传动装置，传动装置分手动和电动两种。

4)特殊要求的门

防火门：防火门用于加工易燃品的车间或仓库。根据耐火等级的要求选用。防火门目前多采用自动控制联动系统启闭。

保温门、隔声门：一般保温门和隔声门的门扇常采用多层复合板材，在两层面板间填充保温材料或吸声材料。门缝密闭处理和门框的裁口形式对保温、隔声和防尘有很大影响。一般保温门和隔声门的节点构造如图 15-42 所示。

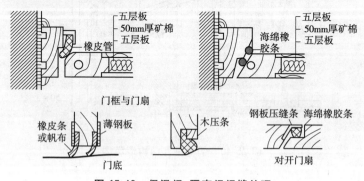

图 15-42 保温门、隔声门门缝处理

3. 天窗构造

在大跨度和多跨的单层工业厂房中，为了满足天然采光和自然通风的要求，常在厂房的屋顶上设置各种天窗。

天窗的类型很多，一般就其在屋面的位置常分为：上凸式天窗（常见的有矩形、三角形、M形天窗等);下沉式天窗(常见的有横向下沉式、纵向下沉式及井式天窗等);平天窗(常见的有采光罩、采光屋面板等),如图15-43所示。

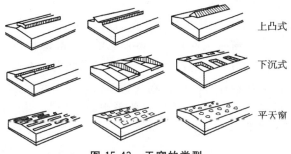

图 15-43 天窗的类型

一般天窗都具有采光和通风双重功能。但采光兼通风的天窗一般很难保证排气的效果,故这种做法只用于冷加工车间;而通风天窗排气稳定,故只应用于热加工车间。

(1)上凸式天窗

上凸式天窗是我国单层工业厂房采用最多的一种,它沿厂房纵向布置,采光、通风效果均较好。下面以矩形天窗为例,介绍上凸式天窗的构造。

矩形天窗由天窗架、天窗屋面、天窗端壁、天窗侧板和天窗扇等组成(图15-44)。

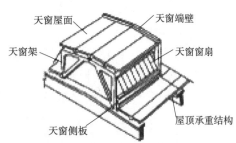

图 15-44 矩形天窗的组成

1)天窗架

天窗架是天窗的承重结构,它直接支承在屋架上,天窗架的材料一般与屋架、屋面梁的材料一致。天窗架的宽度约占屋架、屋面梁跨度的 1/3~1/2,同时也要照顾屋面板的尺寸,天窗扇的高度为天窗架宽度的 0.3~0.5 倍。

矩形天窗的天窗架通常用 2~3 个三角形支架拼装而成(图 15-45)。

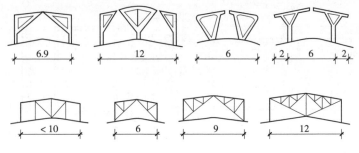

图 15-45 矩形天窗的天窗架(单位:m)

2) 天窗端壁

天窗端壁又叫天窗山墙,它不仅是天窗尽端封闭起来,同时也支承天窗上部的屋面板。它也是一种承重构件。

天窗端壁由预制的钢筋混凝土肋形板组成。当天窗架跨度为 6m 时,用两个端壁板拼接而成。天窗架的跨度为 9m 时,用三个端壁板拼接而成。天窗端壁也采用焊接的方法与房屋的承重结构连接。其做法时天窗端壁的支柱下端预埋铁板与屋架的预埋铁板焊在一起。端壁肋形板之间用螺栓连接。天窗端壁的肋间应填入保温材料,常用块材填充。一般采用加气混凝土块,表面用铅丝网拴牢,再用砂浆抹平(图 15-46)。

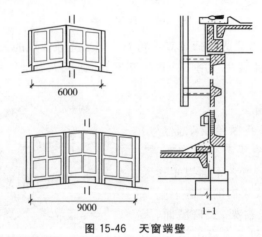

图 15-46 天窗端壁

3) 天窗侧板

天窗侧板是天窗窗扇下的维护结构,相当于侧窗的窗台部分,其作用是防止雨水溅入室内。

天窗侧板可以做成槽形板式,其高度由天窗架的尺寸确定,一般为 400～600mm,但应注意高出屋面 300mm。侧板长为 6m。槽形板内应填充保温材料,并将屋面上的卷材用木条加以固定(图 15-47)。

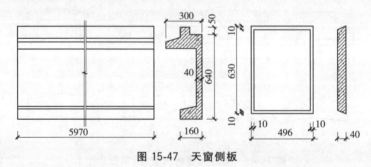

图 15-47 天窗侧板

4)天窗窗扇

天窗窗扇可以采用钢窗扇或木窗扇。钢窗扇一般为上悬式;木窗扇一般为中悬式。

① 上悬式钢窗扇

上悬式钢窗扇防飘雨较好,最大开启角度为 30°,窗高有 900 mm,1200mm,1500mm 三种(图 15-48)。

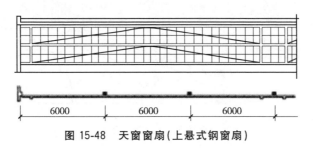

图 15-48 天窗窗扇(上悬式钢窗扇)

② 中悬式木窗扇

中悬式木窗扇高邮 1200mm,1800mm,2400mm,3000mm 四种规格(图 15-49)。

5)天窗屋面

天窗屋面与厂房屋面相同,檐口部分采用无组织排水,把雨水直接排在厂房屋面上。檐口挑出尺寸为 300~500mm。在多雨地区可以采用在山墙部位做檐沟,形成有组织的内排水。

6)天窗挡风板

天窗挡风板主要用于热加工车间。有挡风板的天窗叫避风天窗。

矩形天窗的挡风板不宜高过天窗檐口的高度。挡风板与屋面板之间应留出 50~100mm 空隙,以利于排水,又使风不容易倒灌。挡风板的端部应封闭,并留出供清除积灰和检修时通行的小门。

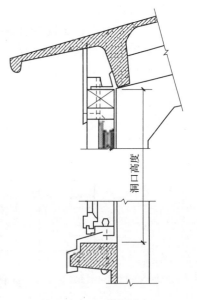

图 15-49 天窗窗扇
(中悬式木门扇)

挡风板的立柱焊在屋架上弦上,并用支撑与屋架焊接。挡风板采用石棉板,并用特制的螺钉将石棉板拧在立柱的水平檩条上(图 15-50)。

(2)下沉式天窗

以井式天窗的构造做法为例。

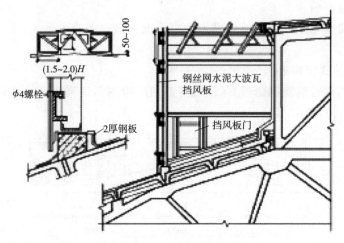

图 15-50 天窗挡风板

1)布置方法

井式天窗布置比较灵活,可以沿屋面的一侧、两侧或居中布置。热加工车间可以采用两侧布置。这种做法容易解决排水问题。在冷加工车间对上述几种布置方式均可采用(图 15-51)。

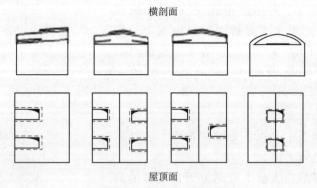

图 15-51 天井式天窗的布置

2)井底板的铺设

天井式天窗的井底板位于屋架上弦,搁置方法有横向铺放与纵向铺放两种。

横向铺放时井底板平行于屋架摆放。普板墙应先在屋架下弦上搁置檩条,并应有一定的排水坡度。若利用标准屋面板,其最大长度为 6m。

纵向铺板是把井底板直接放在屋架下弦上,可省去檩条,增加天窗垂直口净空高度。但屋面有时受到屋架下弦节点的影响,故采用非标准板较好。如图15-52所示为上述两种做法。

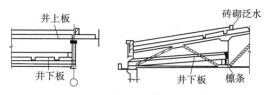

图 15-52　下沉式天窗井底板铺设

3) 挡雨措施

井式天窗通风口常布设窗扇,做成开敞式。为防止屋面雨水落入天窗内,敞开口应设挑檐,并设挡雨板,以防雨水飘落室内。

井上口挑檐,由相邻屋面直接挑出悬臂板,挑檐板的长度不宜过大。井上口应设挡雨片,在井上口先铺设空格板上。挡雨片的角度采用 $30°\sim 60°$,材料可用石棉瓦、钢丝网水泥板、钢板等(图 15-53)。

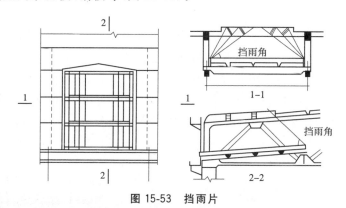

图 15-53　挡雨片

4) 窗扇

窗扇可以设在井口处或垂直口处,垂直口一般设在厂房的垂直方向,可以安装上悬或中悬窗扇,但窗扇的形式不是矩形,而应屋架的坡度而变,一般呈平行四边形。井上口窗扇的做法有两种。一种是在井口作导轨,在平窗扇下面安装滑轮,窗扇沿导轨移动;另一种做法是在口上设中悬窗扇,窗扇支承在上口空格板上,可根据需要调整窗扇角度(图 15-54)。

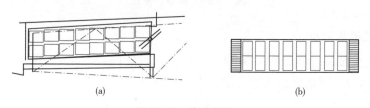

图 15-54　窗扇做法
(a)平行四边形窗扇;(b)矩形窗扇

5)排水设施

天井式窗有上下两层屋面,排水比较复杂。其具体做法可以采用无组织排水(在边跨时)、上层通长天沟排水、下层通长天沟排水和双层天沟排水等,如图15-55所示。

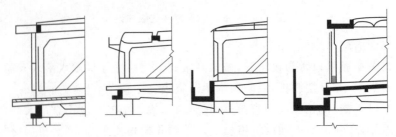

图 15-55 下沉式天窗的排水设施

(3)平天窗

平天窗是与屋面基本相平的一种天窗。平天窗有采光屋面板、采光罩、采光带等做法。下面介绍一种采光屋面板的构造实例。

采光屋面板的长度为 6m,宽度为 1.5m,它可以取代一块屋面板。采光屋面板应比屋面稍高,常做成 450mm,上面用 5mm 的玻璃固定在支承角钢上,下面铺有铅丝网作为保护措施,以防因玻璃破碎坠落伤人。在支承角钢的接缝处应该用铁皮泛水遮挡(图15-56)。

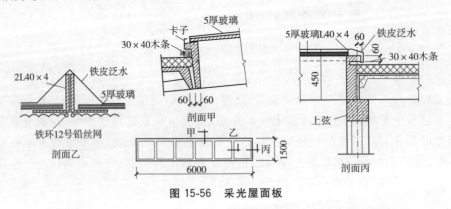

图 15-56 采光屋面板

4. 走道板构造

走道板是为维修吊车轨道和检修吊车而设置的,沿吊车梁顶面铺设,由支架、走道板和栏杆组成。常用的走道板为预制钢筋混凝土板,其宽度有 400mm、600mm 和 800mm 三种。走道板的两端搁置在柱子侧面的钢牛腿上,并与之焊牢,如图 15-57 所示。

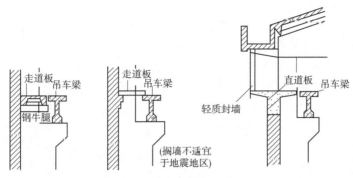

图 15-57 边柱走道板布置

5. 钢梯

(1) 作业平台梯

作业平台梯是指工人上下生产作业平台或跨越生产设备的交通联系工具。作业平台梯由踏步、斜梁和平台三部分组成,坡度一般较陡,有 45°、59°、73° 和 90° 四种。作业平台钢梯如图 15-58 所示。

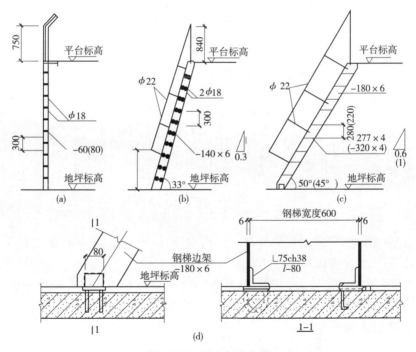

图 15-58 作业平台钢梯

(a) 90°钢梯;(b) 73°钢梯;(c) 45°、59°钢梯;(d) 45°、59°钢梯下固定梯

(2)吊车梯

吊车梯是为吊车驾驶人上下操作室而设置的。吊车梯的位置宜布置在厂房端部的第二个柱距内。一般情况下,每台设一部吊车梯。吊车梯由梯段和平台两部分组成,梯段坡度一般为63°,宽度为600mm,平台标高应低于吊车梁底面1800mm以上,避免驾驶人上下时碰头。吊车钢梯及连接如图15-59所示。

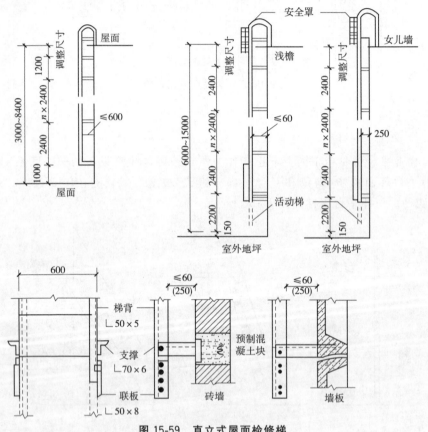

图 15-59 直立式屋面检修梯

(3)屋面检修梯 屋面检修梯是为屋面检修、清灰、清除积雪和擦洗天窗而设置的,同时兼作消防梯用。

屋面检修梯通常是沿厂房周边,每200mm以内设置一部,当厂房面积较大时,可根据实际情况增设1~2部。检修梯的形式多采用直立式,如图15-60所示。

6. 隔断构造

在单层工业厂房中,根据生产和使用的要求,需在车间内设车间办公室、工具库、临时库房等。有时因生产状况的不同,也需要进行分隔。分隔用的隔断常采用2100mm高的木板、砖墙、金属网、钢筋混凝土板、混合隔断等。

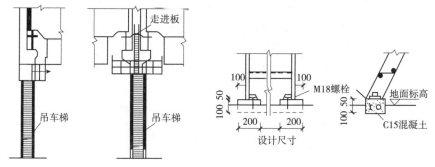

图 15-60　吊车钢梯及连接

(1) 木隔断

这种隔断多用于车间内的工具室、办公室。由于构造的不同,可分为全木隔断和组合木隔断。隔断木扇也可装玻璃,木隔断的造价较高。

(2) 砖隔断

砖隔断常采用 240mm 厚的砖墙,或带有壁柱 120mm 厚的砖墙。这种做法造价低,防火性能较好。

(3) 金属网隔断

金属网隔断是由金属网和框架组成的。金属网可用钢板网或镀锌铁丝网。像钢筋混凝土隔断这种做法多为预制装配,施工方便,适用于火灾危险性大和湿度大的车间。

(4) 混合隔断

混合隔断的下部用 1m 左右的 120mm 厚砖墙,上部用玻璃木隔扇或金属网隔扇。隔断的稳定性靠砖柱来保证,砖柱距离为 3000mm 左右(图 15-61)。

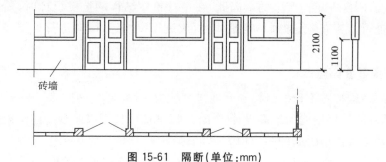

图 15-61　隔断(单位:mm)

四、抗震构造

在一般情况下,单厂结构主要承受水平地震作用。它又分为沿厂房两个主轴方向的横向水平地震作用和纵向水平地震作用[图 15-62 (a)]。前者由厂房的横向排架结构承担,后者由厂房的纵向柱间支撑、纵向柱列以及纵向围护墙承担。只有对跨度大于24m的屋架和平板型网架屋盖等大跨度结构,才考虑竖向地震作用。水平地震作用可视作集中在单厂结构屋盖和吊车梁顶标高处的水平力[图15-62(b)、(c)],它们使单厂结构产生较大的地震水平剪力和弯矩。

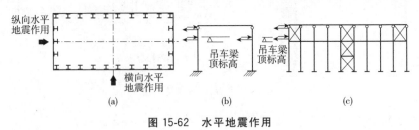

图 15-62 水平地震作用
(a)单厂结构的两个主轴;(b)横向水平地震作用;(c)纵向水平地震作用

1. 抗震的作用

未作抗震设防的单层钢筋混凝土厂房排架结构的横向抗震能力稍强,纵向抗震能力很弱;横向排架结构中,上柱根部和高低跨厂房中柱支承低跨屋架处为抗震薄弱部位;突出屋面的天窗结构所受的地震作用较大,其抗震能力很弱;厂房的支撑结构是承受纵向水平地震作用的重要构件,但如只按一般构造要求设置,往往因其杆件强度和刚度偏低而发生破坏;屋盖较重,产生的地震作用较大,而屋盖结构的整体性却显得不足;强烈地震时,往往局部区段先遭破坏或塌落;预制构件间的连接构造单薄,强烈地震时往往因强度或延性不足而破坏。围护墙与柱、屋盖结构拉结不牢,圈梁布置不尽合理且与柱拉结不牢。这些弱点主要由于结构布置不当,构造措施不力,未经必要的抗震计算致使构件和连接件的强度、刚度不足而产生的。因此,在进行单厂结构的抗震设计时,要针对上述弱点进行结构布置、加强厂房整体性,改进连接构造,同时进行地震作用下的计算。

2. 抗震设计要求

单厂结构抗震设计的目标和其他建筑结构一样,是"小震不坏、中震可修、大震不倒"。故单厂结构的抗震设计要求是,以本地区抗震设防烈度的地震参数求出由水平地震作用引起的结构内力,再根据此内力和其他荷载引起内力的组合进行构件的截面承载力设计,同时按本地区抗震设防要求(相应于中震)采取相应的抗震措施,故包括进行地震作用的验算和确定抗震构造措施两大部分。但对于8度Ⅲ、Ⅳ类场地和9度时的高大的单层厂房,还需要进行在大震作用下的抗震变形验算。至于在设防烈度为6度的地区,则可不进行地震作用验算,仅需按照抗震设计基本要求制定的抗震构造措施进行抗震设计。

由此可见,在抗震设计中,使结构符合相应的抗震基本要求和抗震构造措施比进行地震作用计算更为重要。这是由于地震作用有很大的不确定性,地震计算模型也往往与实际结构受力情况有一定差距,使得地震作用计算难以有效地控制结构薄弱部位不发生损坏,而按照实践经验制定的抗震设计基本要求和构造措施却能在宏观上防止地震引起的各种损坏。尽管如此,地震作用计算毕竟是人们至今能够做到的建筑结构在地震作用下的定量分析,是各种建筑结构在地震中做到"小震不坏、中震可修、大震不倒"的重要保证。

3. 抗震构造要求

(1) 钢筋混凝土柱厂房抗震构造

有檩屋盖的檩条应与混凝土屋架(屋面梁)焊牢,并应有足够的支承长度;双脊檩应在跨度 1/3 处相互拉结;压型钢板应与檩条可靠连接,瓦楞铁、石棉瓦等应与檩条拉结。

无檩屋盖的大型屋面板应与屋架(屋面梁)焊牢,靠柱列的屋面板与屋架(屋面梁)的连接焊缝长度不宜小于 80mm;6 度和 7 度时有天窗厂房单元的端开间,或 8 度和 9 度时各开间,宜将垂直屋架方向两侧相邻的大型屋面板的顶面彼此焊牢;8 度和 9 度时,大型屋面板端头底面的预埋件宜采用角钢并与主筋焊牢;非标准屋面板宜采用装配整体式接头,或将板四角切掉后与屋架(屋面梁)焊牢;屋架(屋面梁)端部顶面预埋件的锚筋,8 度时不宜少于 $4\phi10$,9 度时不宜少于 $4\phi12$。

屋盖支撑的天窗开洞范围内,在屋架脊点处应设上弦通长水平压杆;8 度 Ⅲ、Ⅳ 类场地和 9 度时,梯形屋架端部上节点应沿厂房纵向设置通长水平压杆;屋架跨中竖向支撑在跨度方向的间距,6~8 度时不大于 15m,9 度时不大于 12m;当仅在跨中设一道时,应设在跨中屋架屋脊处;当设二道时,应在跨度方向均匀布置;屋架上、下弦通长水平系杆与竖向支撑宜配合设置;柱距不小于 12m 且屋架间距 6m 的厂房,托架(梁)区段及其相邻开间应设下弦纵向水平支撑;屋盖支撑杆件宜用型钢。

(2) 钢结构厂房抗震构造

无檩屋盖的支撑布置,宜符合表 15-1 的要求;有檩屋盖的支撑布置,宜符合表 15-2 的要求。当轻型屋盖采用实腹屋面梁、柱刚性连接的钢架体系时,屋盖水平支撑可布置在屋面梁的上翼缘平面。屋面梁下翼缘应设置隅撑侧向支承,隅撑的另一端可与屋面檩条连接。屋盖横向支撑、纵向天窗架支撑的布置可参照表 15-1 的要求。

厂房框架柱的长细比,轴压比小于 0.2 时不宜大于 150;轴压比不小于 0.2 时,不宜大于 $120\sqrt{235/f_{ay}}$。

表 15-1　无檩屋盖的支撑系统布置

支撑名称		烈度		
		6、7	8	9
屋架支撑	上、下弦横向支撑	屋架跨度小于18m时同非抗震设计；屋架跨度不小于18m时，在厂房单元端开间各设一道	厂房单元端开间及上柱支撑开间各设一道；天窗开洞范围的两端各增设局部上弦支撑一道；当屋架端部支承在屋架上弦时，其下弦横向支撑同非抗震设计	
	上弦通长水平系杆		在屋脊处、天窗架竖向支撑处、横向支撑节点处和屋架两端处设置	
	下弦通长水平系杆		屋架竖向支撑节点处设置；当屋架与柱刚接时，在屋架端节间处按控制下弦平面外长细比不大于150设置	
	竖向支撑 屋架跨度小于30m	同非抗震设计	厂房单元两端开间及上柱支撑各开间屋架端部各设一道	同8度，且每隔42m在屋架端部设置
	竖向支撑 屋架跨度大于等于30m		厂房单元的端开间，屋架1/3跨度处和上柱支撑开间内的屋架端部设置，并与上、下弦横向支撑相对应	同8度，且每隔36m在屋架端部设置
纵向天窗架支撑	上弦横向支撑	天窗架单元两端开间各设一道	天窗架单元端开间及柱间支撑开间各设一道	
	竖向支撑 跨中	跨度不小于12m时设置，其道数与两侧相同	跨度不小于9m时设置，其道数与两侧相同	
	竖向支撑 两侧	天窗架单元端开间及每隔36m设置	天窗架单元端开间及每隔30m设置	天窗架单元端开间及每隔24m设置

表 15-2　有檩屋盖的支撑系统布置

支撑名称		烈度		
		6、7	8	9
屋架支撑	上弦横向支撑	厂房单元端开间及每隔60m各设一道	厂房单元端开间及上柱柱间支撑开间各设一道	同8度，且天窗开洞范围的两端各增设局部上弦横向支撑一道
	下弦横向支撑	同非抗震设计；当屋架端部支承在屋架下弦时，同上弦横向支撑		
	跨中竖向支撑	同非抗震设计		屋架跨度大于等于30m时，跨中增设一道

(续)

支撑名称		烈度		
		6、7	8	9
屋架支撑	两侧竖向支撑	屋架端部高度大于900mm时,厂房单元端开间及柱间支撑开间各设一道		
	下弦通长水平系杆	同非抗震设计	屋架两端和屋架竖向支撑处设置;与柱刚接时,屋架端节间处按控制下弦平面外长细比不大于150设置	
纵向天窗架支撑	上弦横向支撑	天窗架单元两端开间各设一道	天窗架单元两端开间及每隔54m各设一道	天窗架单元两端开间及每隔48m各设一道
	两侧竖向支撑	天窗架单元端开间及每隔42m各设一道	天窗架单元端开间及每隔36m各设一道	天窗架单元端开间及每隔24m各设一道

重屋盖厂房,板件宽厚比限值参见第十二章第三节的相关内容,7、8、9度的抗震等级可分别按四、三、二级采用。轻屋盖厂房,塑性耗能区板件宽厚比限值可根据其承载力的高低按性能目标确定。塑性耗能区外的板件宽厚比限值,可采用现行《钢结构设计规范》GB 50017弹性设计阶段的板件宽厚比限值。

(3) 单层砖柱厂房构造

钢屋架、压型钢板、瓦楞铁等轻型屋盖的支撑,可按表15-2的规定设置,上、下弦横向支撑应布置在两端第二开间;木屋盖的支撑布置,宜符合表15-3的要求,支撑与屋架或天窗架应采用螺栓连接;木天窗架的边柱,宜采用通长木夹板或铁板并通过螺栓加强边柱与屋架上弦的连接。

表15-3 木屋盖的支撑布置

支撑名称		烈度		
		6、7	8	
		各类屋盖	满铺塑板	稀铺塑板或无塑板
屋架支撑	上弦横向支撑	同非抗震设计		屋架跨度大于6m时,房屋单元两端第二开间及每隔20m设一道
	下弦横向支撑	同非抗震设计		
	跨中竖向支撑	同非抗震设计		
天窗架支撑	天窗两侧竖向支撑	同非抗震设计		不宜设置天窗
	上弦横向支撑			

单层厂房屋盖宜采用轻型屋盖。抗震烈度为6度和7度时,可采用十字形截面的无筋砖柱;8度时不应采用无筋砖柱。厂房纵向的独立砖柱柱列,可在柱

间设置与柱等高的抗震墙承受纵向地震作用;不设置抗震墙的独立砖柱柱顶,应设通长水平压杆。纵、横向内隔墙宜采用抗震墙,非承重横隔墙和非整体砌筑且不到顶的纵向隔墙宜采用轻质墙;当采用非轻质墙时,应计及隔墙对柱及其与屋架(屋面梁)连接节点的附加地震剪力。独立的纵向和横向内隔墙应采取措施保证其平面外的稳定性,且顶部应设置现浇钢筋混凝土压顶梁。

第三节 钢结构厂房的构造

随着我国建筑业的不断发展,钢结构厂房以其建设速度快、适应条件广泛等特点,受到普遍关注,并被广泛应用。

钢结构厂房按其承重结构的类型可分为普通钢结构厂房和轻型钢结构厂房两种,在构造组成上与钢筋混凝土结构厂房大同小异。其差别主要表现为钢结构厂房,因使用压型钢板外墙板和屋面板而在构造上增设了墙梁和屋面檩条等构件,从而在构造上产生了相应的变化。其构件组成如图15-63所示。

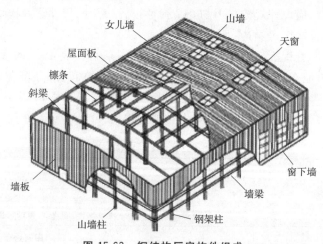

图 15-63 钢结构厂房构件组成

一、压型钢板外墙

1. 外墙构造

钢结构厂房的外墙,一般采用下部为砌体(一般高度不超过1.2m),上部为压型钢板墙体,或全部采用压型钢板墙体的构造形式。当抗震烈度为7度、8度时,不宜采用柱间嵌砌砖墙;9度时,宜采用与柱子柔性连接的压型钢板墙体。

压型钢板外墙构造力求简单,施工方便,与墙梁连接可靠,转角等细部构造应有足够的搭接长度,以保证防水效果。图15-64、图15-65分别为非保温型(单层板)和保温型外墙压型钢板墙梁、墙板及包角板的构造图。图15-66为窗侧、窗顶、窗台包角构造。图15-67、图15-68为山墙与屋面处泛水构造。图15-69为彩板与砖墙节点构造。

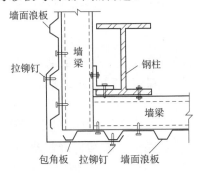

图15-64 非保温外墙转角构造

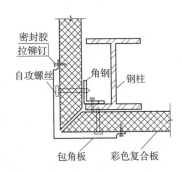

图15-65 保温外墙转角构造

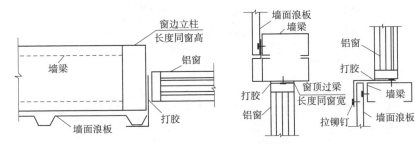

图15-66 窗户包角构造

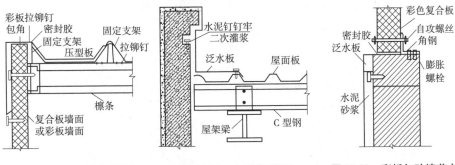

图15-67 山墙与屋面处泛水构造

图15-68 山墙与屋面处泛水构造

图15-69 彩板与砖墙节点

2. 围护结构保温

寒冷和严寒地区冷加工车间冬季室内温度较低,对生产工人身体健康不利,一般应考虑采暖要求。为节约能源,不使围护结构(外墙、屋面、外门窗)流失的热量过多,外墙、屋面及门窗应采取保温措施。

二、压型钢板屋顶

厂房屋顶应满足防水、保温隔热等基本围护要求。同时,根据厂房需要设置天窗解决厂房采光问题。

钢结构厂房面采用压型板有檩体系,即在刚架斜梁上设置C或Z形冷轧薄壁刚檩条,再铺设压型钢板屋面。彩色压型钢板屋面施工速度快,重量轻,表面带有色彩涂层,防锈、耐腐、美观,并可根据需要设置保温、隔热、防结露涂层等,适应性强。

压型钢板屋面构造做法与墙体做法有相似之处。图15-70为压型板屋面及檐沟构造做法。图15-71为屋脊节点构造。图15-72为檐沟构造做法。图15-73为双层板屋面构造。图15-74为内天沟构造做法。

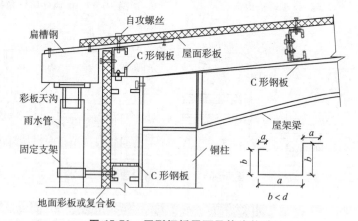

图 15-70 压型钢板屋面及檐沟构造

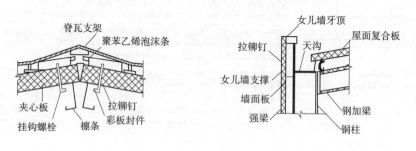

图 15-71 屋脊节点构造　　图 15-72 檐沟构造

屋面采光一般采用平开窗,其构造简单,但天窗采光板与屋面板相接处防水处理要可靠。图15-75为天窗采光带构造做法。图15-76为屋面变形缝做法。

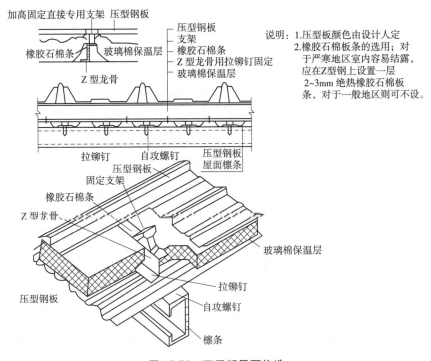

图 15-73 双层板屋面构造

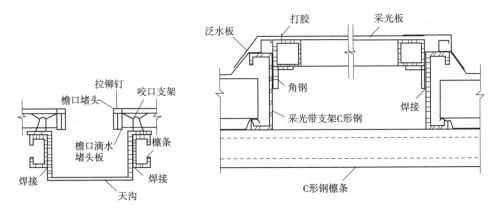

图 15-74 内天沟构造　　　图 15-75 天窗采光带构造

厂房屋面的保温隔热应视具体情而定，一般厂房高度较大，屋面对工作区的冷热辐射影响随高度的增加而减小。因此，柱顶标高在 7m 以上的一般性生产厂房屋可不考虑保温隔热，而恒温车间，其保温隔热要求则偏高。屋面的保温层厚度确定方法与墙体保温层厚度确定方法相同，此处不再赘述。

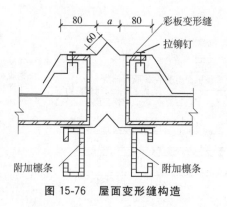

图 15-76 屋面变形缝构造

第四节 多层厂房构造

一、多层厂房的结构方案

多层厂房结构形式的选择首先应该结合生产工艺及层数的要求进行。其次还应该考虑建筑材料的供应、当地的施工安装条件、构配件的生产能力以及基地的自然条件等。目前我国多层厂房承重结构有混合结构、钢筋混凝土结构、钢结构。

1. 混合结构

混合结构为钢筋混凝土楼（屋）盖和砖墙承重的结构。分为墙承重和内框架承重两种形式。适用于楼面荷载不大，又无振动设备，层数在五层以下的中小型厂房。在地震区不宜选用。

2. 钢筋混凝土结构

钢筋混凝土结构是我国目前采用最广泛的结构形式。它的构件截面较小，强度较大，能适应层数较多、荷重较大、空间较大的需要。

（1）框架结构

一般可分为梁板式结构和无梁楼板结构两种。其中梁板式结构可分为横向承重框架、纵向承重框架及纵横向承重框架三种。横向承重框架刚度较好，适用于室内要求空间比较固定的厂房，是目前经常采用的一种形式。纵向承重框架的横向刚度较差，横向需设置抗风墙、剪力墙，但由于横向连系梁的高度较小，楼层净空较高，有利于管道的布置。一般适用于需要灵活分隔的厂房。纵横向承重框架，采用纵横向均为刚接的框架，厂房整体刚度好，适用于地震区及各种类型的厂房。

(2) 框架-剪力墙结构

框架与剪力墙共同工作的结构形式,具有较大的承载能力。一般适用于层数较多,高度和荷载较大的厂房。

(3) 无梁楼板结构

无梁楼板结构系由板、柱帽、柱和基础组成,其特点是没有梁。因此楼板底面平整、室内净空可有效利用。它适用于布置大统间及需灵活分间布置的要求,一般应用于荷载较大($10kN/m^2$以上)及无较大振动的厂房。柱网尺寸以近似或等于正方形为宜。

除上述的结构形式外,还可采用为设置技术夹层而设计的无斜腹杆平行弦屋架的大跨度桁架式结构。

3. 钢结构

钢结构具有重量轻、强度高、施工方便等优点,是国内外采用较多的一种结构形式。它施工速度快,能使工厂早日投产(一般认为可提高速度1倍左右)。

目前钢结构主要趋向是采用轻钢结构和高强度钢材。采用高强度钢结构较普通钢结构可节约钢材15%~20%,造价降低15%,减少用工20%左右。

二、多层厂房的平面形式

由于各类企业的生产性质、生产特点、使用要求和建筑面积不同,其平面布置形式也不相同,一般有以下几种布置形式。

1. 内廊式

内廊式中间为走廊,两侧布置生产房间的办公、服务房间。这种布置形式适宜于各工段面积不大,生产上既需要相互紧密联系,但又不希望互相干扰(图15-77)。各工段可按工艺流程的要求布置在各自的房间内,再用内廊(内走道)联系起来。对一些有特殊要求的生产工段,如恒温恒湿、防尘、防振的工段可分别集中布置,以减少空调设施并降低建筑造价。

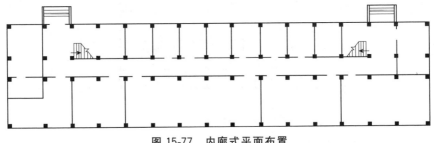

图 15-77 内廊式平面布置

2. 统间式

中间只有承重柱,不设隔墙。由于生产工段面积较大,各工序相互间又需紧密联系,不宜分隔成小间布置,这时可采用统间式的平面布置(图 15-78)。这种布置对自动化流水线的操作较为有利。在生产过程中如有少数特殊的工段需要单独布置时,可将它们加以集中,分别布置在车间的一端或一隅。

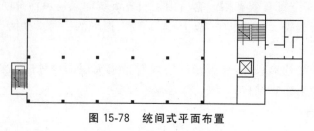

图 15-78 统间式平面布置

3. 大宽度式

为使厂房平面布置更为经济合理,亦可采用加大厂房宽度,形成大宽度式的平面形式。这时,可把交通运输枢纽及生活辅助用房布置在厂房中部采光条件较差的地区,以保证生产工段所需的采光与通风要求[图 15-79(a)]。此外对一些恒温恒湿、防尘净化等技术要求特别高的工段,亦可采用逐层套间的布置方法来满足各种不同精度的要求。这时的通道往往布置成环状,而沿着通道的外围尚可布置一些一般性的工段或生活行政辅助用房[图 15-79(b)、(c)]。

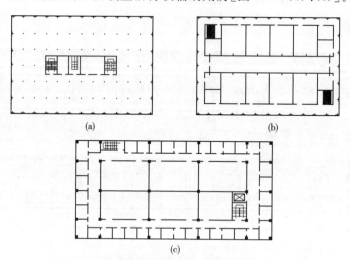

图 15-79 大宽度式平面布置
(a)中间布置交通服务性用房;(b)环状布置通道(通道在外围);
(c)环状布置通道(通道在中间)

4. 混合式

混合式由内廊式与统间式混合布置而成。依生产工艺需要可采取同层混合或分层混合的形式。它的优点是能满足不同生产工艺流程的要求,灵活性较大。缺点是施工较烦,结构类型较难统一,常易造成平面及剖面形式的复杂化,对防震也不利。

三、柱网布置

多层厂房的柱网由于受楼层结构的限制,其尺寸一般比单层厂房小。柱网的选择是平面设计的主要内容之一,选择时首先应满足生产工艺的需要,并应符合《建筑模数协调标准》GB 50002 和《厂房建筑模数协调标准》GB 50006 的要求。此外,还应考虑厂房的结构形式、采用的建筑材料、构造做法即在经济上是否合理等。多层厂房的柱网一般有以下几种类型。

1. 对称不等跨布置

对称不等跨布置是指在跨度方向沿中线对称的柱网布置形式。内廊式也是这种形式之一。它能较好地适应某种特定工艺的具体要求,提高面积利用率,但厂房构件种类过多,不利于建筑工业化[图 15-80(a)、(c)]。

2. 等跨布置

这类柱网可以是两个以上连续等跨的形式,易于形成大空间,亦可用轻质隔墙分隔成小空间或改成内廊式平面。它主要适用于需要大面积布置生产工艺的厂房。如机械、仪表、电子等工业生产。一般情况下,利用底层布置机加工、仓库和总装车间,甚至可以在底层布置起重运输设备[图 15-80(b)]。

等跨式常采用的柱网尺寸柱距多为 6.0m、7.5m、9.0m 及 12m。

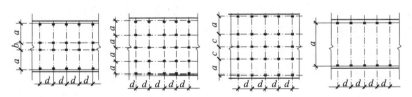

图 15-80 柱网布置类型
(a)不等跨式;(b)等跨式;(c)对称不等跨式;(d)大跨度式

3. 对称不等跨式柱网

这种柱网的特点及适用范围基本上与等跨式柱网相同,从建筑工业化角度来看,厂房构建种类比等跨式多一些,不如前者优越,但能满足生产工艺,合理利用面积,如图 15-80(c)所示。

4. 大跨度柱网

柱网的跨度一般大于 9m，中间不设柱，它为生产工艺的变革提供了灵活性。因为跨度较大，在设计和施工上都应采取技术措施。楼层常采用桁架结构，桁架空间可作为技术夹层，用以布置各种管道和辅助用房。由于近年来高强混凝土技术和大跨度预应力混凝土现浇技术的出现，即使较大的跨度，也可不用桁架结构，最大跨度可达 24m。它为多层厂房提供了更大、更开敞、更灵活的生产空间环境［图 15-80(d)］。

四、多层厂房定位轴线布置

1. 墙承重时定位轴线的定位

小型多层厂房采用墙承重时，其定位轴线的划分相当于砖混结构定位轴线的划分，与单层厂房建筑的划分方法相一致。横向承重墙时，横向定位轴线一般与顶层横墙的中心线相重合。山墙顶层墙内缘与横向定位轴线间的距离可按砌体块材类别，分别为半块或半块的倍数或墙厚的一半，如图 15-81 所示。

图 15-81 墙承重时定位轴线的定位

纵向外墙为承重砌体时，因层高和荷载的原因，多在墙体内侧设置壁柱，此时，纵向定位轴线与墙体的内缘相重合，也可定位于砌体中半块或半块的倍数处。纵向中间墙承重时，纵向定位轴线通过墙体中心线，一般这种情况较少，因其影响到空间的使用。

2. 框架承重时定位轴线的定位

在框架承重时，定位轴线的定位不仅涉及框架柱，而且也与梁板等构件有关。这里着重谈定位轴线和墙柱的关系。

（1）墙、柱与横向定位轴线的定位

横向定位轴线一般与柱中心线相重合。在山墙处定位轴线仍通过柱中心，这样可以减少构件规格品种，使山墙处横梁与其他部分一致，虽然屋面板与山墙间出现空隙，但构造上是易于处理的，如图 15-82(a) 所示。

横向伸缩缝或防震缝处应采用加设插入距的双柱并设两条横向定位轴线，柱的中心线与横向定位轴线相重合，插入距 a_i 一般取 900mm。此处节点可采用加长板的方法处理，如图 15-82(b) 所示。

（2）墙、柱与纵向定位轴线的定位

纵向定位轴线在中柱处应与柱中心线垂直重合。在边柱处、纵向定位轴线

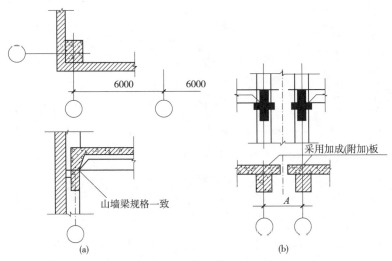

图 15-82 框架承重时横向定位轴线定位

在边柱下柱截面高度(h_1)范围内浮动定位。浮动幅度 a_n 值最好为 50mm 的整倍数,这与厂房柱截面的尺寸应是 50mm 的整倍数时一致的。a_n 值也可以是零,也可以是 h_1,当 a_n 为零时,纵向定位轴线及定于边柱的外缘了,如图 15-83 所示。

图 15-83 边柱与纵向定位轴线的定位

(3)纵横跨处定位轴线的定位

厂房纵横跨处的连接,应采用双柱并设置含有升缩缝或抗震缝的插入距。插入距应包括伸缩缝或防震缝,还应包括山墙处柱宽的一般、纵向边柱浮动幅度、墙体厚度以及施工所需净空尺寸等,如图 15-84 所示。

五、楼梯、电梯布置及人、货流组织方式

1. 楼、电梯布置

多层厂房的平面布置常将楼、电梯组合在一起,成为厂房垂直交通运输的枢纽。它对厂房的平面布置、立面处理均有一定影响。处理得好还可丰富立面造型。

楼梯在平面设计中,首先应使人货互不交叉和干扰,布置在行人易于发现的部位,从安全、疏散考虑在底层最好能直接与出入口相连接。

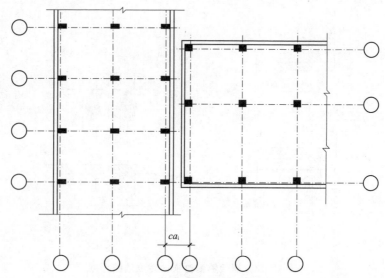

图 15-84　纵横跨处的定位轴线定位

电梯在平面中的位置,主要应考虑方便货运,最好布置在原料进口或成品、半成品出口处。尽量减少水平运输距离,以提高电梯运输效率。为使货运畅通无阻,水平运输通道应有一定宽度,在电梯间出入口前,需留出供货物临时堆放的缓冲地段。电梯间在底层平面最好有直接对外出入口。电梯间附近宜设楼梯或辅助楼梯,以便在电梯发生故障或检修时能保证运输。

2. 人、货流组织方式

结合楼、电梯布置,人、货流有以下两种组织方式。

(1)人、货流同门进出。在同门进出中,可组合成楼、电梯相对布置,楼、电梯斜对布置,楼、电梯并排布置。不论选择哪种组合方式,均要达到人、货同门进出,平行前进,互不交叉,直接通畅。

(2)人、货流分门进出。在设计厂房底层平面时,楼、电梯要分别设置人行和货运大门。这种布置的特点是:人、货流线分工明确,互不交叉,互不干扰。对要求清洁的生产厂房尤其适用。其组合方式有:楼、电梯同侧进出;楼、电梯对侧进出;楼、电梯邻侧进出等。

六、生活及辅助用房布置

1. 房间的组成

多层厂房的生活间按其用途,像单层厂房一样也可分为三类。

(1)生活卫生用房(如盥洗室、存衣室、卫生间、吸烟室、保健室等)。

(2)生产卫生用房(如换鞋室、存衣室、淋浴间、风淋室等)。

(3)行政管理用房(如办公室、会议室、检验室、计划调度室等)。

2. 生活间的位置

多层厂房生活间的位置与生产厂房的关系,从平面布置上可归纳为两类。

(1)设于生产厂房内,将生活间布置在生产车间所在的同一结构体系内。其特点是可以减少结构类型和构件,有利于施工。生活间在车间内的具体位置有两种。

1)布置在车间端部。这种布置不影响车间的采光、通风,能保证生产面积集中,工艺布置灵活。但对厂房的纵向扩建有一定限制,由于生活间布置在一端,当厂房较长时,生活间到车间的另一端距离就太远,造成使用上不方便。为此,在车间的两端都需要设置生活间。

2)布置在车间中部。这种布置可避免位于端部的缺点,与厂房两端距离都不太远,使用方便,还可将生活间与垂直交通枢纽组合在一起,但应注意不影响工艺布置和妨碍厂房的采光、通风。当生产车间的层高低于 3.6m 时,将生活间布置在主体建筑内是合理的,有利于车间与生活间的联系,使用方便,结构施工简单,设计时采用这种布置方式较多。

在生产车间的层高大于 4.2m 时,生活间应与车间采用不同层高,否则会造成空间上的浪费。降低生活间层高有利于增加生活间面积,充分合理地利用建筑空间。此时生活间的层高可采用 2.8~3.2m,以能满足采光、通风要求为准。但此种布置的缺点是剖面较复杂,会增加结构、施工的复杂性。

(2)设于生产厂房外,生活间布置在与生产车间相连接的另一独立楼层内,构成独立的生活单元。这种布置可使主体结构统一,还可以区别对待,使生活间可以采用不同于生产车间的层高、柱网和结构形式,这就有利于降低建筑造价,有利于工艺的灵活布置与厂房的扩建。生活间与车间的位置关系通常有以下两种。

1)布置在车间的山墙外。生活间紧靠车间的山墙一端,与生产车间并排布置,不影响车间的采光、通风,占地面积较省,但服务半径受到限制,车间的纵向发展要受到影响。

2)布置在车间的侧墙外。将生活间布置在车间纵向外墙的一侧,这样,可将生活间布置在比较适中的位置,车间的纵向发展不受生活间的制约,但生活间与车间的连接处,会影响车间部分采光与通风,占地面积也较大。

3. 房间组合

生活间位置基本确定后,进一步的任务就是将所需房间进行合理组合。多层厂房的生活间,主要根据生产车间内部生产的清洁程度和上下班人流的管理情况,一般分两种组合方式:一种是非通过式,另一种是通过式。

(1)非通过式是对人流活动不进行严格控制的房间组合方式。它适用于对生产环境清洁度要求不严的一般生产车间,如服装厂的缝制车间,玻璃器皿厂的磨花车间等。这类车间的生活房间位置关系没有严格要求,只要使用上方便就行了。如将更衣室布置在上、下班人流线上,将用水的房间集中,上下对位以节约管道,统一结构。

(2)通过式是对人流活动要进行严格控制的房间组合方式。它适用于对生产环境清洁度要求严格的空调车间、超净车间、无菌车间等,如光学仪器厂的光学车间,电视机厂的显像管车间等。布置房间时,应使工人按照特定的路线活动,禁止将不清洁的东西带进车间。清洁度要求愈高,控制路线也应愈严,通常按以下程序布置生活房间:工人在通过式生活间的换鞋室换鞋,由于上下班人流集中,换鞋室面积不应太小。换鞋室是生活间脏、洁区的分界处,布置时要注意不要使已换上清洁拖鞋的工人再去经过踩脏的地面(图 15-85)。

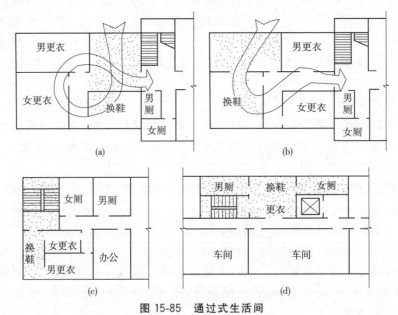

图 15-85 通过式生活间
(a)生活间集中布置,脏洁线路交叉;(b)生活间集中布置;(c)、(d)生活间分层布置

七、多层厂房剖面设计

多层厂房的剖面设计主要是研究确定厂房的层数和层高。

1. 厂房层数的确定

多层厂房的层数确定是一个综合性问题。目前,由于考虑到用地紧张和经济效益,多层厂房层数向更多发展,六、七层厂房已属常见。从结构技术上保证其层数更多已不成问题,关键是结合具体情况,合理地确定层数。确定层数主要取决于生产工艺、城市规划和经济因素,以及建筑场地的地质条件和厂房的结构形式等因素。

(1)生产工艺对层数的影响

厂房根据生产工艺流程进行竖向布置,在确定各工段的相对位置和面积时,厂房的层数也相应地确定了。

(2)城市规划及其他条件的影响

多层厂房布置在城市时,层数的确定要符合城市规划、城市建筑面貌、周围环境及工厂群体组合的要求。此外,厂房层数还要随着厂址的地质条件、结构形式、施工方法及是否位于地震区等而有所变化。

(3)经济因素的影响

多层厂房的经济问题,通常应从设计、结构、施工、材料等多方面进行综合分析。从我国目前情况来看,经济的层数为3~5层。有些由于生产工艺的特殊要求,或位于市区受城市用地限制,也有提高到6~9层,甚至更高的。

2. 厂房层高的确定

多层厂房的层高是指由地面(或楼面)至上一层楼层的高度。

厂房的层高与宽度首先取决于生产工艺布置和设备尺寸与排列方式。层高的确定应满足生产工艺的同时,满足生产运输设备对厂房的高度要求。同时还要考虑厂房宽度、采光、通风等因素。

(1)层高与生产、运输设备的关系

多层厂房的层高在满足生产工艺要求的同时,还要考虑起重运输设备对厂房层高的影响。一般只要在生产工艺许可的情况下,都应把一些质量大、体积大和运输量繁重的设备布置在底层,这样可相应地加大底层层高。有时在遇到个别特别高大的设备时,还可以把局部楼层抬高,处理成参差层高的剖面形式。

(2)层高与采光、通风的关系

为了保证多层厂房室内有必要的天然光线,一般采用双面侧窗天然采光居多。当厂房宽度过大时,就必须提高侧窗的高度,相应地需增加建筑层高才能满足采光要求。

在确定厂房层高时,采用自然通风的车间,还应按照《工业企业设计卫生标准》GBZ 1 的规定,保证每名工人所占容积大于 $40m^3$。

(3)层高与管道布置的关系

生产上所需要的各种管道对多层厂房层高的影响较大。在要求恒温、恒湿的厂房中空调管道的高度是影响层高的重要因素。如图 15-86 所示为常用的几种管道的布置方式。其中图 15-86(a)、图 15-86(b)表示干管布置在底层或顶层,这时就需要加大底层或顶层的层高,以利于集中布置管道。图15-86(c)、图15-86(d)则表示管道集中布置在各层走廊上部或吊顶层的情形,这时厂房层高也将随之变化。当需要的管道数量和种类较多,布置又复杂时,则可在生产空间上部采用吊天棚,设置技术夹层集中布置管道。这时就应根据管道高度,检修操作空间高度,相应地提高厂房层高。

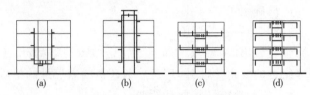

图15-86　多层厂房的管道布置

(4) 层高与室内空间比例关系

在满足生产工艺要求和经济合理的前提下,厂房的层高还应适当考虑室内建筑空间的比例关系,具体尺度可根据工程的实际情况确定。

(5) 层高与经济的关系

层高的增加会带来单位面积造价的提升,在确定厂房层高时,除需综合考虑上述几个问题外,还应从经济角度予以具体分析。目前,我国多层厂房常采用的层高有:3.9m、4.2m、4.5m、4.8m、5.1m、5.4m、6.0m等几种。

第五节　特殊工业厂房构造

工业厂房的生产环境,除通常所指的天然采光、自然通风外,还包括防爆、防腐蚀、电磁屏蔽和防震、噪声控制、恒温恒湿、无菌消毒等有关内容,这些特殊环境涉及大量的专业技术问题。

一、防爆构造

对于有爆炸危险的厂房,防爆技术设施分为两大类:一类是预防性技术措施;另一类是防护性技术措施。厂房防爆除应注意建筑平面布置和结构外,可考虑采取以下构造措施。

1. 不发火花地面

常用的几种不发火花地面的构造如下。

(1) 不发火沥青砂浆地面

不发火沥青砂浆所用的砂子、碎石可选用石灰石、白云石、大理石等。为了增强不发火沥青砂浆的抗裂性、抗张拉强度、韧性及密实性,可于浆料中掺入少量粉状石棉和硅藻土等。

(2)不发火混凝土地面或不发火水泥砂浆地面

不发火混凝土及砂浆的制作与普通混凝土及砂浆相同,只是注意选取不发火碎石及砂子作骨料即可。碎石粒度不超过 10mm,砂子粒度为 0.5~5mm,碎石用量为 $1m^3$ 混凝土中不少于 $0.8m^3$,砂子用量占碎石孔隙体积的 1.1~1.3 倍。

(3)不发火水磨石地面

不发火水磨石地面的性能比不发火水泥砂浆地面好些,它不仅强度及耐磨性高,而且表面光滑平整,不起灰尘,便于冲洗,又有导电性。用于既要求防爆又要求清洁的厂房地面。它的缺点是无弹性,造价较高。在实际设计过程中,应根据所设计房屋的用途以及当地建筑材料市场情况,进行设计和选材。

2. 防爆墙

(1)材料选择

有爆炸危险的厂房和仓库,在发生爆炸时,往往引为火灾,因而建筑防爆墙的材料,除应具有高强度外,还应具有不燃烧性,如黏土砖、混凝土、钢筋混凝土、钢板及型钢、钢绳防爆幕、砂袋等都是建造防爆墙的合适材料。

(2)防爆墙构造

防爆墙不宜穿管留洞,当必须穿越管道或设备时,需采用密封措施;如需设观察窗时,应采用钢窗、夹层玻璃;开设门洞时,应设置双门斗,并采用带有密封措施和自动关闭装置的防火门。防爆墙不可用作承重墙。防爆墙的厚度除由结构计算决定外,还应分别不同情况满足防火、施工、维修等要求。

3. 防爆观察窗

在有爆炸危险的建筑内的操作室,为了观察工艺生产情况,往往需要设置防爆观察窗。一般尺寸以 300mm×500mm 为宜[见图 15-87(b)]

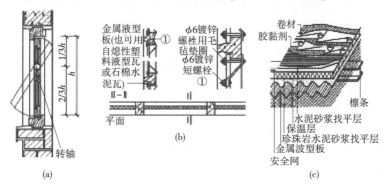

图 15-87 泄压构造举例

(a)泄压金属外墙构造;(b)泄压窗构造;(c)有保温层泄压轻质屋盖

4. 泄压构造

(1) 材料选择

选择建造泄压轻质屋盖和外墙的材料,除应具有重量轻、耐水、不燃烧的特性。

(2) 泄压外墙、窗、轻质屋盖构造

图 15-87 为泄压外墙、窗、轻质屋盖构造举例。其中泄压轻质屋盖的自重(包括保温层、找平层、防水层)应作严格控制,在一般情况下不宜大于 $1.176kN/m^2$,有保温层泄压轻质屋盖除适用于寒冷地区采暖保温要求的有爆炸危险厂房和仓库外,还适用于炎热地区有隔热降温要求的有爆炸危险厂房和仓库。此类屋盖构造设计是在石棉水泥波形瓦上面铺设轻质水泥砂浆找平层和保温层、防水层,由于其自重不宜大于 $1.176kN/m^2$,因而保温层必须选用容重小的保温材料,如泡沫混凝土、加气混凝土、水泥膨胀蛭石、水泥膨胀珍珠岩等(图 14-80)。

泄压构造中,优先设置泄压轻质屋盖,以朝向天空泄压,使爆破碎片朝向天空释放,避免碎片直接击中人员。设置泄压轻质外墙时,分布要合理,应靠近可能发生爆炸的部位,不要朝向人员较多的地方和主要交通道路。

二、防腐蚀构造

在工业生产过程中,建筑结构的某些部位或部件经常受到化学介质的作用而逐渐破坏,各种介质对材料所产生的破坏作用,通常称为腐蚀。

腐蚀性介质按其形态和作用部位分为五大类:气态介质、腐蚀性水、酸碱盐溶液、固态介质和污染土。介质对建筑材料的腐蚀性等级根据介质的类别,结合环境湿度、作用量大小等因素确定,分为强、中、弱、无等四级。

防腐蚀构造:建筑防腐蚀构造设计的任务是选择经济适用的材料,采用合理的防护构造,防止腐蚀性介质的作用而影响建筑物、构筑物的使用和耐久性。

(1) 基础防腐蚀

地基与基础的腐蚀因素包括有地下水和土壤的侵蚀性;生产中侵蚀性液体沿地面渗入地下的污染;工业污水管或检查井中酸性污水的渗漏;杂散电流漏入地下引起对金属的电化学腐蚀等。

酸性介质渗入土壤造成地下水及土壤的酸化,对基础造成腐蚀。在亚黏土中与土壤内的金属盐类作用生成新的结晶物。当遇有地下水流作用时,又使部分结晶物溶解消失,造成土壤孔隙率增加,导致地基下沉量加大,承载能力降低。

1) 基础材料的选择

受液相腐蚀建筑物的基础材料,应采用毛石混凝土、素混凝土或钢筋混凝土;钢筋混凝土强度等级不应低于C20,毛石混凝土和素混凝土的强度等级不应低于C15。

2)基础埋置深度的要求

当地面上有较多的硫酸、氢氧化钠、硫酸钠等液体作用时,基础的埋置深度不宜小于1.5m。

3)基础、基础梁的表面防护

当腐蚀性等级为强级或中级时,基础底部设耐腐蚀(碎石灌沥青)垫层,表面涂冷底子油两道、沥青胶泥两道或涂环氧沥青厚浆涂料两道,如图15-88所示。基础梁表面包裹环氧沥青玻璃布两层,或包沥青玻璃布两层或涂环氧沥青厚浆涂料两道。当腐蚀性等级为弱级时,基础不加防护,基础梁表面涂冷底子油和沥青胶泥两道。

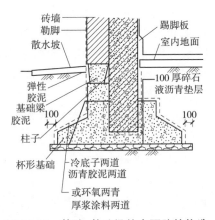

图15-88 基础、基础梁的表面防护构造

(2)楼地面防腐蚀

地面的防护作用主要是防止腐蚀性介质对楼地面的腐蚀,对楼板和基础等下层结构起保护作用,如图15-89所示。

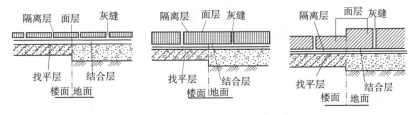

图15-89 块材楼、地面构造层次

1)楼地面组成层次及各层次的作用和要求

面层直接承受介质的腐蚀和摩擦、冲击等机械作用。应具有良好的耐腐蚀

性和一定的热稳定性和抗渗、抗压、抗冲击、耐磨等机械性能。在工程中使用颇多的是耐酸石材,如花岗石、石英石等,这些石材均有优良的耐蚀性及物理机械性能。目前已经推广的还有树脂砂浆、树脂稀胶泥面层。

结合层:起黏结面层和下面层的作用,采用耐腐蚀材料或水泥砂浆。面层及灰缝材料好或腐蚀轻微时,才采用1:2或1:3水泥砂浆。

隔离层:可提高地面的抗渗能力和弥补面层的不足,从总体上提高防腐地面工程的可靠性。隔离层应采用耐腐蚀的防水材料。适用作隔离层的主要有两类:一是沥青类,各种聚合物改性沥青卷材、橡胶改性沥青卷材、沥青玻璃布卷材等。二是合成高分子类,聚氯乙烯卷材、氯化物乙烯卷材、聚乙烯卷材及各种高分子防水涂料等。

找平层一般供粘贴隔离层用。树脂材料的隔离层用1:2水泥砂浆,其他隔离层用1:3水泥砂浆。

垫层承受楼、地面自重和楼、地面传来的荷载。混凝土垫层厚度不宜小于120mm,强度不低于C15。钢筋混凝土楼板应有足够的强度和刚度。

基土层承受上部所有重量和荷载。基土层应尽量避免回填土。

2)滴漏防腐蚀

地漏是腐蚀性厂房中楼层地面或底层地面的重要配件。因此地漏要选择耐腐蚀而有一定强度的材料,尺寸比普通排水地漏大,而且在构造上要严密,关键是防止连接处的渗漏,如图15-90所示。

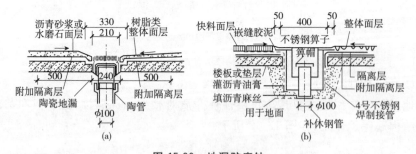

图 15-90　地漏防腐蚀
(a)陶瓷地漏构造示意;(b)不锈钢地漏构造示意

3)地面变形缝防腐蚀

地面变形缝是防腐蚀的薄弱环节,腐蚀性介质极易在此处渗漏造成腐蚀,故必须作严密的防渗漏处理。一般在缝底设置能变形的伸缩片,其上嵌入耐腐蚀、有弹性且黏结性能好的材料,如聚氯乙烯胶泥等,如图15-91所示。

厂房防腐蚀设计尚应注意其中的金属构件防腐蚀问题。

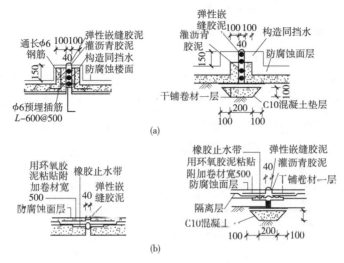

图 15-91 变形缝防腐蚀构造(单位:mm)
(a)突沿式变形缝构造示意;(b)平缝式变形缝构造示意

三、厂房屏蔽构造

屏蔽主要是抑制外来的或向外的电磁波干扰或电场和磁场干扰的措施。屏蔽室即为隔绝(或减弱)室内或室外电磁场和电磁波干扰的房间,使通信、电子设备、系统和子系统在特定的工作环境中正常工作。屏蔽室是电磁兼容(EMC)技术和电磁波干扰(EMC)控制技术的综合应用。

1. 屏蔽方式

(1)静电屏蔽:只要抑制干扰源产生的电荷和静电荷电场,静电屏蔽是把屏蔽空间用导电金属几何封闭,遮挡电力线通过,不要求无缝连接,对金属外壳进行电磁连接,且必须接地。

(2)磁屏蔽:用以抑制磁场的影响,采用高磁导率的铁磁物质封包屏蔽室和磁设备。建筑上常用的铁磁材料为镀锌钢板。对磁场的有效屏蔽较困难,根据低频磁场辐射不远的原理,使磁干扰源远离试验区域,是一种简便和有效的措施。

(3)电磁屏蔽:利用电磁波穿过金属屏蔽层的反射损耗和二次反射损耗将干扰场削弱,屏蔽层应是电磁封闭的。任何孔洞、缝隙和进出管线、电源线、信号线都需采取相应措施。一般应用一点接地。

(4)电磁波吸收室、半暗室或无回波场地:为了抑制屏蔽室电磁波乱反射,发射场地的反射干扰,采用尖楔形吸波材料构成无回波电磁波暗室或半暗室,或采用定向反射造成区域性无回波场地。

2. 屏蔽室的构造

屏蔽室中的屏蔽层与地面应有良好的绝缘处理。施工须保持清洁,不得有施工废料如铁钉、钢筋等留在屏蔽之间。基层找平应平整。屏蔽层焊接后应进行超声波探伤检查焊接的可靠性。屏蔽层施工完毕后,应再进行屏蔽层效能测试。屏蔽室各部做法简述如下(图 15-92)。

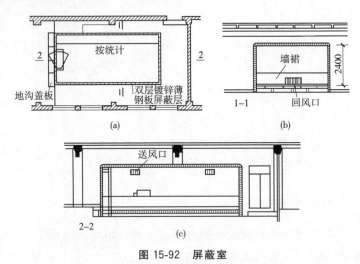

图 15-92 屏蔽室
(a)平面图;(b)1—1 剖面图;(c)2—2 剖面图

(1)沿室内顶棚、墙面、地面、门窗连接满铺镀锌钢丝网构成的六面屏蔽整体。

(2)屏蔽材料用 $\phi 1$ 钢丝编织的 10mm×10mm 方孔镀锌网或钢板网,在施工前应进行检查,如有浮锈、油垢等均须清除干净。钢丝网应整体刷锡。

(3)屏蔽钢丝网的搭接长度为 50mm,随铺随用锡焊牢(在靠电气接触点间隔应小于 100mm),焊条用含锡量大于 50%的铅锡合金。焊接完毕经检查合格后,须涂防锈漆一道。

(4)施工时不得将建筑材料遗留在屏蔽夹层内,尤其是铁磁性类材料,施工程序为先底、里,后外面。还必须与有关工种密切配合。

(5)在施工地面及地沟混凝土垫层时,应预埋绑扎屏蔽铁丝网用 75mm 长铁钉,中距 500mm 双向。绑扎处应再用钢丝网覆盖且焊接良好。地面及地沟混凝土垫层下部及四周应做 100mm 厚 3∶7 灰土,用以加强防潮,保护屏蔽钢丝网不受腐蚀。如室内有设备基础,应该在基础面及四周围做屏蔽钢丝网,焊成整体,并做防潮层及保护层。

(6)在预制钢筋混凝土板板缝内用φ8钢筋吊平顶格栅中距500mm,绑扎屏蔽层铁丝网用16号。镀锌钢丝中距500mm双向。绑扎处应再做铁丝网覆盖且焊接良好,穿过屏蔽处应用夹板固定且焊接良好。现浇钢筋混凝土顶板内预埋16号镀锌钢丝,中距500mm双向。

(7)在砌承重墙时应预埋60mm×120mm×120mm防腐木砖,中距500mm双向,内墙面原浆刮平。屏蔽钢丝网用U形钉固定于木砖上,再覆盖钢丝网封焊良好,然后用M10水泥砂浆砌筑砖衬墙,横竖灰缝砂浆必须密实饱满。用125mm长铁钉钉于防腐砖上,中距500mm双向,做衬墙锚拉,锚接金属穿过屏蔽层处应用夹板封焊,衬墙门窗洞口处应附加钢筋混凝土过梁。穿墙金属管道在穿墙处应加套管,套管长为其直径的4~5倍,套管靠室内一端与金属管道周围焊牢,套管与墙身屏蔽钢丝网周围用锡焊牢。

(8)门框、门扇采用一级松木,含水率小于15%,胶合板采用二等板,施工应按图纸及说明要求在现场制作,以保证门框、门扇尺寸准确。当门关闭时能使磷铜梳形片与门框镀铬扁钢压条接触良好。门框四周包边的扁钢压条表面镀铬,以保证良好的电气接触。连接处用锡焊牢,不得有间断。所有露面钉头,孔缝全部用锡焊满,表面磨平。

门扇四周梳形片应用冲床冲出,表面应平直,边缘应无毛刺。梳形片用镀铬扁钢压条及木螺钉钉固于门扇上,然后梳形片与门扇包边扁钢用木钉固定并焊锡。窗选用32mm钢窗料,一层玻璃及一层镀锌钢丝网作屏蔽层。纱窗与窗框及窗框与四周墙面屏蔽钢丝网通长用锡焊牢。屏蔽效能为80dB左右。